BÄUME

DER GROSSE NATURFÜHRER

BÄUME

In Garten, Park und freier Natur

Enrico Banfi · Francesca Consolino
Zeichnungen Annalisa und Marina Durante

VERLEGT BEI
KAISER

Titel des italienischen Originals: »Alberi«
Einzig berechtigte Übertragung aus dem Italienischen:
Manuela Eder
Fachlich redigiert: Mag. Klaus Kugi

Redaktion: Valeria Camaschella
Bildredaktion: Centro Iconografico dell' Istituto Geografico de Agostini
Bildnachweis: Archivio IGDA (2P, G. Berengo, G. Cappelli, N. Chasseriau,
F. Cirillo, G. Cozzi, A. Curzi, C. Dani - I. Jeske, P. Giordano, P. Jaccod, G. Magrini, S. Montanari,
M. Pedone, G. Roli, C. Sappa, C. Soli, A. Tessore)

Herausgegeben von: Studio Booksystem, Novara

Deutsche Erstausgabe

Neuauflage 2002
E-Mail: office@kaiserverlag.com
Homepage: www.kaiserverlag.com

Einbandgestaltung: Volkmar Reiter
Satz: Context Type & Sign Pink, St. Veit/Glan
Gesamtherstellung: Gorenjski Tisk, Kranj-Slowenien

Inhaltsverzeichnis

Deutsches Artenverzeichnis

Einführung

Gerade in unserer hoch technisierten Zeit wird das Interesse an intakter Natur immer größer, doch obwohl in bestimmten kulturellen und sozialen Umfeldern die Belange des Naturschutzes als äußerst wichtig empfunden werden, findet dieser Umstand weltweit in politischer und ökonomischer Hinsicht nur wenig Ausdruck.
Die Zahl der Weltbevölkerung steigt immer noch stetig an, und damit untrennbar verbunden ist die zunehmende Erschöpfung der natürlichen Ressourcen unseres Planeten. Angesichts dieser Lage sind die Bemühungen um die Erhaltung der ursprünglichen Artenvielfalt, ein Problem von großer Aktualität, oft aussichtslos, vielfach überaus aufwendig. Es ist wohl nicht von der Hand zu weisen, dass sich die Erfordernisse der Weltwirtschaft auf die Natur immer destruktiver auswirken und die Umwelt immer stärker belasten. Andererseits erkennen immer mehr Menschen die große Bedeutung der genetischen Vielfalt dieser Erde, und das nicht nur um der Forschung willen, oder wegen der Möglichkeit, im tropischen Regenwald Mittel gegen Krankheiten wie Krebs oder AIDS zu finden, sondern auch aufgrund eines universell gültigen ethischen Prinzips: Zum Schutz der Schöpfung. Es geht hier primär um den Respekt gegenüber der Natur und all ihren Lebensformen, die die Evolution in Jahrmillionen hervorgebracht hat, und um das Bewusstsein, dass wir Menschen letztlich nur eine der jüngsten Spezies auf diesem Planeten sind und diesen erst seit kurzer Zeit bewohnen.
Im Laufe der letzten Jahrzehnte sind zahlreiche nationale und internationale Institutionen entstanden, deren oberstes Ziel der Schutz der Natur und die Erhaltung der ursprünglichen Artenvielfalt ist. Diese Gruppen operieren oft auf politischer Basis und verbreiten wichtige Informationen, um das Bewusstsein für die Gesetze der Natur und Ökologie in der Gesellschaft zu fördern. Gerade die Holzpflanzen stellen einen zentralen Angelpunkt der Artenvielfalt unter den Pflanzen dar und sind, ohne damit die Bedeutung der krautigen Pflanzen schmälern zu wollen, auch Teil einer Welt der Symbole und Traditionen, man denke nur an den germanischen »Hausbaum« und seine Bedeutung als Beschützer des Menschen. Aus all diesen Gründen behandelt dieses Werk ausschließlich Bäume, wobei dieser Führer unter den zahlreichen Publikationen zu diesem Thema sicherlich zu den umfassendsten und wertvollsten botanisch-wissenschaftlichen Nachschlagewerken zählt.

WAS IST EIN BAUM?

Dazu die Auskunft des Lexikons zum Begriff Baum: »Ein Holzgewächs mit mehr oder weniger hohem Stamm und einer Krone aus beblätterten Zweigen bzw. ein Stamm, umgeben von großen Blättern in einer gewissen Entfernung vom Boden.« In der Praxis ist es nicht einfach, den Begriff Baum eindeutig zu definieren. Wie soll man da zum Beispiel die Bananenpflanze *(Musa x paradisiaca)*, die Papayapflanze *(Carica papaya)* oder die Tamarinde einordnen, alles hochwüchsige, aber krautige Pflanzen, die das Aussehen von Bäumen haben? Wie andererseits die Zwergweide taxieren, welche verholzte Stämmchen entwickelt, dabei aber äußerst kleinwüchsig ist? In der Geobotanik, einer Disziplin, die sich mit Geografie und Pflanzenökologie beschäftigt, gilt jede Pflanze als Baum, die in erwachsenem Zustand mindestens 4 m über dem Boden Sprossen mit Vegetationskegeln bzw. Erneuerungsknospen trägt. Bäume zählen also nach dieser Einleitung zu den Phanerophyten, was so viel bedeutet wie »gut sichtbare Pflanzen«.
Diese Fachbezeichnug wurde vom dänischen Biologen C. C. Raunkiaer (1860 - 1938) geprägt, um damit den Begriff »Baum« objektiv zu definieren. Damit erfüllt also auch die nicht verholzte Papayapflanze, die ihre Triebe bis zu 6 oder 8 m Höhe über dem

Ein Buchenwald im Herbst. Wälder, die nur aus Exemplaren einer einzigen Gattung bestehen, kommen häufig vor.

Boden trägt, diese Voraussetzungen; die Zwergweide hingegen fällt, obwohl sie verholzte Stämmchen ausbildet, nicht in die Kategorie Baum. Der Abstand der Triebe und Knospen einer Pflanze vom Boden ist aber nicht nur ein äußerliches Unterscheidungskriterium zwischen Phanerophyten und anderen Pflanzenkategorien, sondern setzt auch voraus, dass alle Organe dieser hoch gewachsenen Lebewesen den Besonderheiten ihres jeweiligen Lebensraumes, wie etwa kalten Wintertemperaturen in gemäßigten und kühlen Klimazonen, Trockenzeiten in Monsungebieten und den langen, niederschlagsfreien Perioden in der Savanne oder stetigem Wind vorzüglich angepasst sein müssen. In den tropischen Regenwäldern, wo praktisch an jedem Tag des Jahres Niederschläge auftreten und sich die Luftfeuchtigkeit von einer Stunde auf die andere sprunghaft ändern kann, herrschen um nichts weniger extreme Lebensbedingungen. Pflanzen, die in Bodennähe wachsen, stehen hingegen vor ganz anderen Problemen. Wenn Wind und Wetter wenige oder gar keine Auswirkungen zeigen wie etwa bei niedrigen Sträuchern, Bodendeckern oder Knollen- und Zwiebelpflanzen, ist eine komplizierte strukturelle und anatomisch-physiologische Anpassung an das Leben in luftiger Höhe nicht nötig. Daher unterscheiden sich diese niederwüchsigen Pflanzen in vielem maßgeblich von den hochwüchsigen Phanerophyten, die einen Großteil ihrer Vitalität in das Höhenwachstum investieren, um im stetigen Wettbewerb um Licht und Raum bestehen zu können. So entwickelten sich die baumförmigen Pflanzen im Laufe der Evolution stetig zu größeren Dimensionen und erreichten dabei nicht selten spektakuläre Formen und riesenhafte Ausmaße, dies jedoch immer unter der Voraussetzung, dass alle Teile des Pflanzenorganismus in der Lage waren, den jeweiligen ökologischen Bedingungen und Gegebenheiten vollständig zu entsprechen.

MERKMALE EINES BAUMES

Wie die meisten anderen Pflanzen besteht auch der Organismus Baum aus mehreren Arten von Geweben; man unterscheidet aber nach Bau und Funktion nur drei verschiedene Organe, und zwar Blatt, Stamm oder Sprossachse und Wurzel.

Der Blattapparat

Zum Blattapparat zählt man alle blattförmigen grünen Teile der Krone, auch die isoliert am Stamm oder an Einzelzweigen bzw. an Wurzelschösslingen und an Knospen des Stammes sitzenden Blätter. Die Funktion des Blattapparates der Pflanze kann man im weitesten Sinne und etwas oberflächlich betrachtet mit der Aufgabe des Verdauungstraktes von Tieren vergleichen, deren Aufgabe es ist, Nährstoffe zu assimilieren, d. h., sie verwandeln körperfremde in körpereigene Stoffe, wobei sich der Vorgang der Photosynthese im Blatt natürlich grundlegend von dem der tierischen Nahrungsaufbereitung unterscheidet. Was die Anzahl der Blätter anbelangt, welche Bäume entwickeln, so ist es schwer, Zahlen zu nennen: zum einen, weil viele Arten eine gigantische Blattmasse entwickeln, und zum anderen, weil die Menge der ausgebildeten Blätter je nach Anatomie und Größenentwicklung jeder einzelnen Baumart sehr unterschiedlich ist. Die Zahl der ausgebildeten Blätter bewegt sich so zwischen mehreren Zehntausend und einigen wenigen wie etwa bei der Dattelpalme, wo es kaum mehr als 150, bisweilen sogar nur 25 sind, wobei sich Blattgröße und Anzahl der Blätter umgekehrt proportional zueinander verhalten. Da für die ausreichende energetische Versorgung der Biomasse eines Baumes die Gesamtoberfläche der Blätter ein gewisses Maß nicht unterschreiten darf, ist es verständlich, dass kleinere Blätter umso zahlreicher vorliegen müssen.

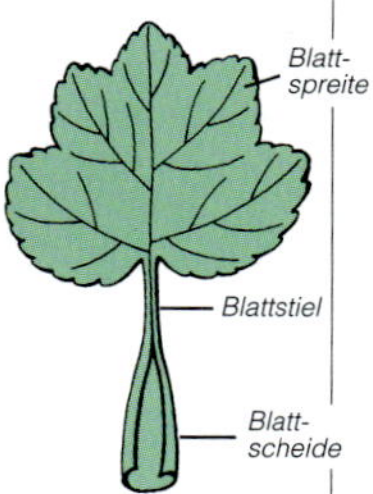

Wie bei vielen Regeln der Biologie gibt es jedoch auch hier Ausnahmen. Der Keulenbaum *Casuarina* zum Beispiel, oder die Art *Carnegiea gigantea* wie auch der Kaktus *Jasminocereus thouarsii* auf Galápagos sind Beispiele für Bäume, die ganz kleine oder gar keine Blätter entwickeln. Beim Keulenbaum sind die Blättchen noch als solche zu erkennen, sie stehen dort ähnlich wie bei Schachtelhalmen in Form dreieckiger Schuppen zusammen, bei den anderen beiden Arten haben sie sich jedoch zu spitzen Stacheln entwickelt, die zur Photosynthese nicht mehr fähig sind, wobei diese Aufgabe vom chlorophyllhältigen grünen Stamm dieser Pflanzen übernommen wird. Diese spezialisierte Anpassung von Blättern an extreme klimatische Bedingungen finden sich bei vielen Pflanzen, aber so klein und absonderlich manche Blätter auch geformt sein mögen, sie werden immer ausgebildet und erfüllen stets eine Funktion.

Die riesigen Blätter der Palmfarne (Cykadeen) haben eine deutlich erkennbare, gefiederte Struktur.

BLATTFORMEN UND -ARTEN

Unter allen Blattgebilden des Pflanzenreichs sind es sicherlich die Blätter der Bäume, bei welchen die Natur die vielfältigsten Formen entwickelt hat. Das typische Laubblatt besteht aus einer mehr oder weniger flächig ausgebildeten dünnen und meist grünen Blattspreite sowie dem Blattstiel und dem Blattgrund, der am sogenannten Knoten ansetzt. Der Blattstiel kann lang, kurz oder überhaupt nicht ausgebildet sein und weist zumeist einen halbrunden, an der Oberseite fla-

Formen der Blattspreite (einfache Blätter)

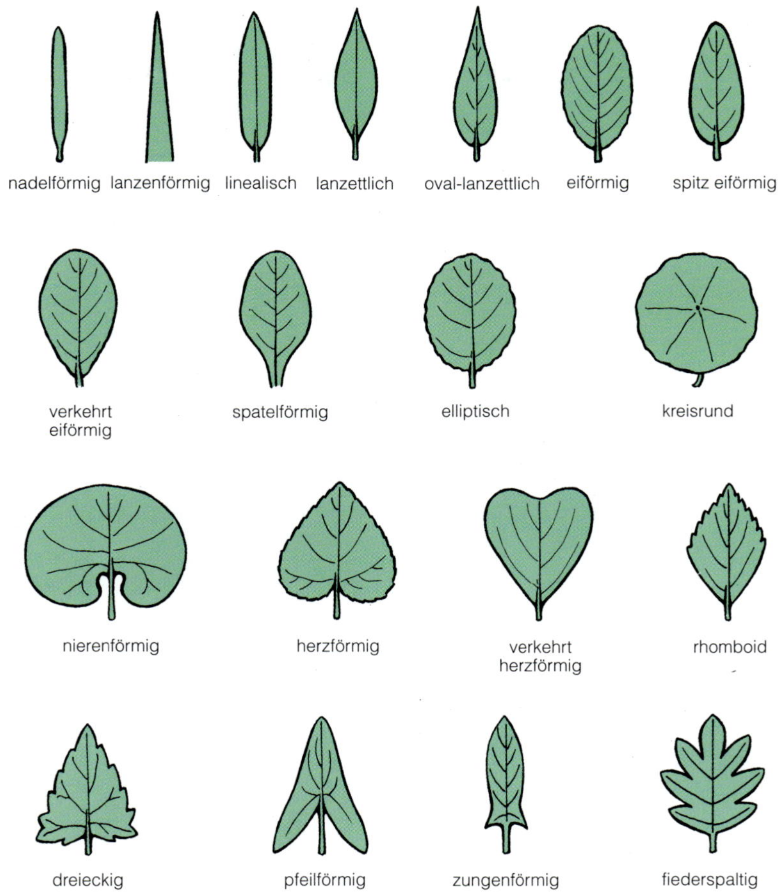

Zusammengesetzte Blätter

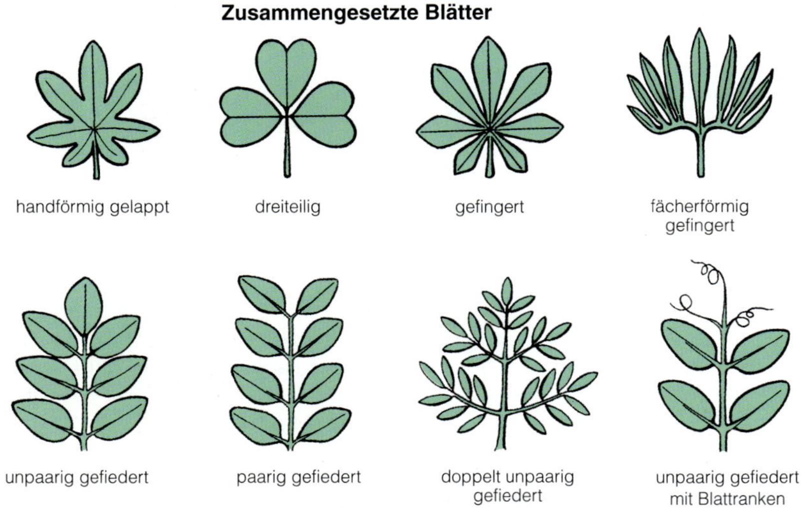

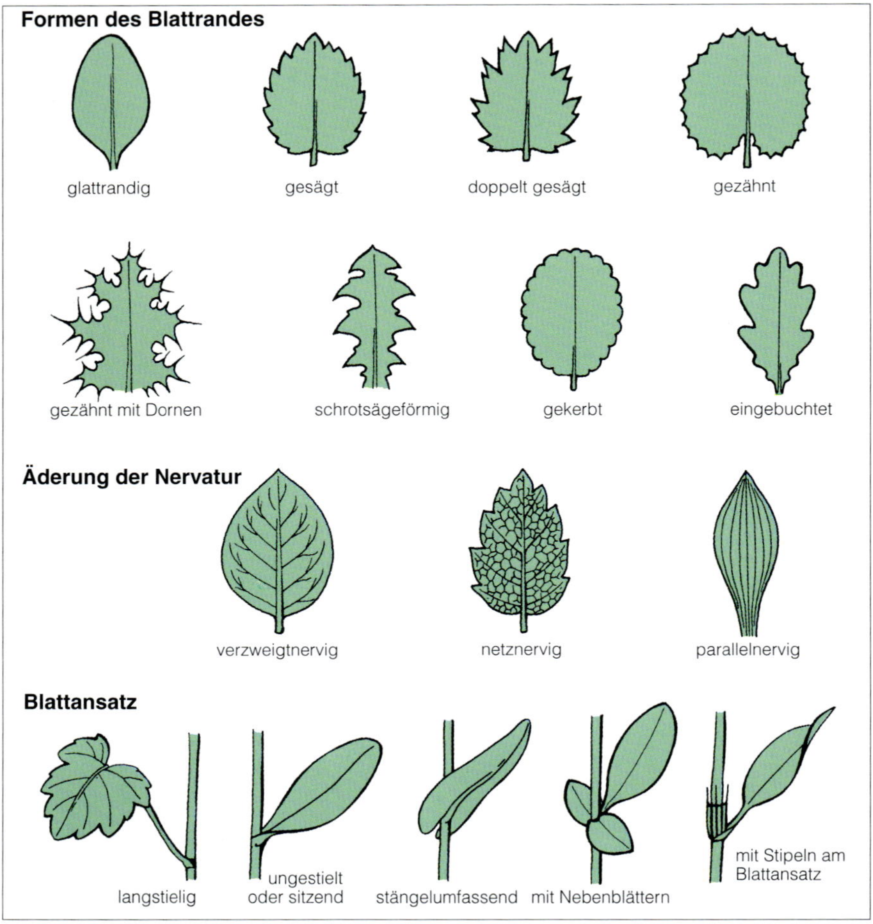

chen oder konkaven, an der Unterseite konvexen Querschnitt auf. Sowohl der Stiel als auch bei Fehlen des Stiels der Blattgrund können eine stammumgreifende sogenannte Blattscheide bilden. Sehr unterschiedlich und arttypisch gestaltet ist der Blattrand, der etwa bei *Magnolia grandiflora* vollkommen glatt erscheint, bei Edelkastanie bzw. Vogelkirsche hingegen gesägt oder gezähnt ist. Viele Blätter haben tiefe Einkerbungen bis hin zur Teilung in mehrere Einzelblättchen. Sind diese kleinen Einzelblätter eigenständig an Stielchen sitzend ausgebildet, wie es z. B. bei Schmetterlingsblütlern häufig vorkommt, so spricht der Botaniker von zusammengesetzten Blättern.

Sehr unterschiedlich ausgebildet sind auch die Blattadern oder Nervatur. Bei gefiederten Blättern unterscheidet man eine kräftige, zentrale Ader, aus der die Hauptadern der Einzelblätter entspringen und sich innerhalb der Blattspreite reich verzweigen, sodass ein Netz aus Adern entsteht, das viele kleine, vieleckige grüne Parenchyminseln umschließt. Die gelappten Blätter des *Acer palmatum* und die herzförmigen Blätter des Judasbaumes zeigen mehrere Hauptadern, die fächerförmig angeordnet sind. Sie begrenzen einzelne Blattabschnitte so, als sei das Blatt aus mehreren zusammengewachsenen Einzelblättern entstanden. Diese Theorie, dass solche Blätter durch Verwachsung aus Einzelblättchen entstanden sind, lässt sich durch weitere Beispiele erhärten, wie etwa durch die Blattform von Rosskastanie und *Brassaia (Schefflera) actinophylla,* eine beliebte Zieraralie, oder des Schirmbaums *Musanga cecropoides,* der ein typischer Bewohner der afrikanischen Sekundärwäl-

der ist. Die Blätter all dieser Arten sind aus einzelnen, voneinander unabhängigen Abschnitten zusammengesetzt, wobei sie an einem gemeinsamen Stiel sitzen. Bei den Blättern der Einkeimblättrigen oder Monocotyledonen, zu denen auch Palmen, Yucca, Bambus etc. gehören, gibt es keine Hauptader im eigentlichen Sinne. Die Nervatur verläuft hier annähernd parallel vom Blattgrund bis zur Blattspitze (parallelnervig), wobei zwischen den parallelen Adern gelegentlich zarte, mit freiem Auge kaum sichtbare Querverbindungen bestehen.

Zur exakten Beschreibung der Morphologie aller Blattformen und Strukturen steht dem Botaniker ein umfangreiches Fachvokabular zur Verfügung. Die Hauptunterscheidungskriterien sind Form, Rand und Unterteilung der Blattspreite, Blattspitze, Blattgrund, Nervatur und Stiel sowie die Art des Ansatzes. Darüber hinaus werden noch spezielle Bildungen an der Blattoberfläche, z. B. Stomata, Haare oder Brennhaare und überdies Blattumformungen wie Dornen, Ranken - oder am Ansatz - Nebenblätter, Stipeln etc., unterschieden.

Auch die Art und Weise, wie die Blätter am Stängel ansetzen und vor allem ihre Stellung zueinander sagt einiges über die Pflanze aus und ist ein wichtiges Kriterium zur

Links: Einige Zweige der Sumpfzypresse. Die Blätter sind nadelförmig. Oben: Die Blätter der Roteiche mit ihrem typischen, tief eingebuchteten Rand.

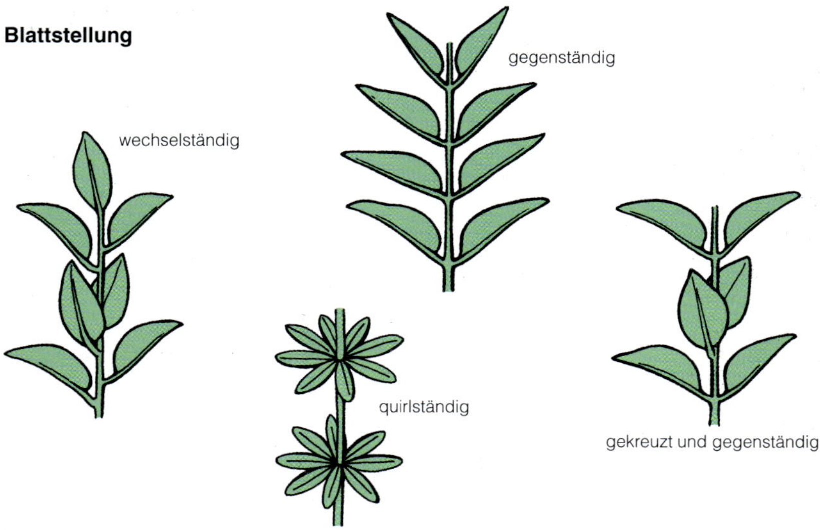

Bestimmung einer Spezies. Bei der Blattstellung unterscheidet man hauptsächlich, ob an einem Knoten ein oder mehrere Blätter sitzen. Im ersten Fall spricht man von wechselständiger Blattstellung, im zweiten (zwei Blätter pro Knoten) von gegenständiger oder (mehrere Blätter pro Knoten) quirlständiger Stellung. Bei parallel gegenständiger Blattstellung liegen alle Blattpaare an einem Zweig in einer Ebene, bei abwechselnd gegenständiger Blattstellung steht die Achse der Blattpaare um jeweils 90° zu der darunter liegenden gedreht. Parallel gegenständige Blätter findet man hauptsächlich bei Arten mit horizontal ausgerichteten Ästen und Zweigen, wie etwa bei der Weißtanne, der Eibe und manchen Liguster- und Heckenkirschenarten etc. Für vertikal ausgerichtete Zweige sind abwechselnd gegenständige Blätter typisch (Esche, Holunder, junge Eukalyptustriebe etc.), weil diese so die beste Lichtausbeute gewährleistet. Quirlständige Blätter sind bei Holzpflanzen eher selten, Beispiele dafür sind Oleander, Zeder und einige Myrtengewächse. Jeder der Quirle ist gegenüber dem darüber beziehungsweise darunter liegenden so versetzt, dass alle Blätter möglichst viel Licht auffangen können.

Früher galt die Ausprägung des Blattstandes für den Botaniker häufig als Indikator für einen höheren oder niedrigeren Entwicklungsstand einer bedecktsamigen Pflanze, das sind jene Pflanzen, die »klassische« Blüten ausbilden. Heutzutage weiß man jedoch, dass etwa ein wechselständiger Blattstand nicht unbedingt bedeuten muss, dass man es mit einer primitiveren Pflanze zu tun hat. Wie jedes andere Merkmal unterlag auch der Blattstand im Laufe der Evolution mehrmals einem Wechsel und wurde so zu einem Auswahlkriterium.

Manchmal trägt das Blatt an ein und demselben Knoten auch Nebenblätter, die entweder nur rudimentär ausgebildet sind oder eine spezielle Funktion erfüllen. Diese sogenannten Stipeln sitzen an der Basis des Blattstiels. Ihre Funktion ist für manche Arten nicht gänzlich geklärt, wenn sie auch bei manchen Pflanzen durch die Form deutlich zu Tage tritt. Bei manchen tropischen Akazienarten sind die Stipeln verholzt und bilden im Inneren einen Hohlraum, der eine bestimmte Ameisenart beherbergt, die die Pflanze vor Blattsaugern schützt. Einige Arten der *Bauhinia,* einer Hülsenfrucht, haben Stipeln, die wie Blüten Nektar absondern. Diese Organe dienen natürlich dem Zweck, eine größere Anzahl von Insekten anzulocken. Die Stipeln von *Smilax,* einer Gattung von Kletterpflanzen der immergrünen Wälder, eine davon, *Smilax aspera,* gehört übrigens zur mediterranen Macchie, sind zu langen Ranken ausgebildet, durch die sie sich an anderen, hoch wachsenden Pflanzen festhalten kann.

Bei der Robinie oder Scheinakazie sind die Stipeln zwei spitze Stacheln, die keinem anderen Zweck dienen können als dem, Pflanzenfresser abzuschrecken, die in ihrem natürlichen Verbreitungsgebiet, dem Norden der Vereinigten Staaten, leben. Schließlich gibt es noch Akazienarten, bei welchen die Stipeln die Blätter in Form und Funktion zur Gänze ersetzen, wobei es in all diesen Fällen leicht fällt, ihre Aufgaben zu erkennen. Die anderen Formen von Stipeln sind jedoch weniger auffällig ausgebildet und haben keine augenscheinliche Funktion, außer vielleicht die einer Vergrößerung der photosynthesefähigen Oberfläche, sofern sie Chlorophyll enthalten. Grüne Dauerstipeln haben beispielsweise die Platanen, während sie bei den Eichen länglicher ausgebildet und bräunlich sind und leicht abfallen. Bei vielen, wahrscheinlich den meisten Bäumen, sind sie klein, unscheinbar oder gar nicht vorhanden, zumindest aber mit freiem Auge nicht zu erkennen.

DIE ANATOMIE DES BLATTES

Wie bereits erwähnt, stellen die Blätter sozusagen den »Verdauungsapparat« der Pflanze dar, es ist aber exakter, von Assimilationsorganen zu sprechen. Der Blattapparat hält die Energiebilanz der Pflanze aufrecht, er ernährt sie und befähigt sie so zu Wachstum und Fortpflanzung.

Gleichzeitig stellen die Blätter für den Baum jenes Organ dar, welches Kohlendioxid aufnimmt und den bei der Photosynthese entstehenden Sauerstoff und Wasserdampf abgibt, der anatomische Bau des Blattes muss also zwangsläufig mit dieser wichtigen Funktion in Zusammenhang stehen. Ein dünner Querschnitt eines Blattes zeigt uns unter dem Mikroskop, wie das Gewebe im Blattinneren aufgebaut ist.

An der Oberseite des Blattes bildet eine Lage gas- und wasserundurchlässiger Zellen, die sogenannte Oberhaut, ein Gewebe, das die Oberfläche des Blattes nach außen abgrenzt. Darunter liegt das zweischichtige Mesophyll, das aus sehr chloroplastenreichen Zellen besteht. Die Chloroplasten sind Photosynthese betreibende scheibenförmige Organellen, die Chlorophyll enthalten und somit für die grüne Farbe des Blattes verantwortlich sind. Aus diesem Grunde wird das Mesophyll auch Chlorenchym genannt, was wörtlich übersetzt Grüngewebe heißt. Die obere Schicht des Meso-

Die dunkelgrünen Blätter des Ahorns nehmen im Herbst die lebhaftesten Rottöne an. Auf unserem Bild die des Zuckerahorns.

Formen der Baumkronen

phylls, das sogenannte Palisadenparenchym, besteht aus länglichen, zylindrischen Zellen, die palisadenartig stehend angeordnet sind. Die untere Schicht, das unregelmäßige Schwammparenchym aus lappenförmigen oder rundlichen Zellen, steht durch dazwischenliegende gasgefüllte Hohlräume mit den Spaltöffnungen in der unteren Epidermis in Verbindung. Diese unterscheidet sich von der oberen Epidermis durch das Auftreten von kleinen und speziell geformten Zellen, den sogenannten Schließzellen, welche die Spaltöffnungen umschließen. Diese speziellen Zellen mit asymmetrisch verdickten Zellwänden können die Spaltöffnungen bei Wassermangel schließen und bei Sättigung für den Gasaustausch wieder öffnen.
Dieser Art des anatomischen Baues sowie des Gasaustauschs entsprechen so gut wie alle Laubbäume der gemäßigten Klimazonen, während einkeimblättrige Pflanzen wie zum Beispiel Zwiebel, Knoblauch oder Gräser anders aufgebaut sind. Die immergrünen Bäume und Hartlaubgewächse aus trockenen Gegenden, welche härtere, meist glänzende Blätter aufweisen, entwickeln oft bis zu fünf Schichten des Palisadenparenchyms. Pflanzen wie z. B. der Oleander müssen in ihrem natürlichen, eher trockenen Habitat mit Wasser sparsam umgehen und bilden daher tief in die untere Epidermis eingesenkte Stomata (Spaltöffnungen), die sogenannten Krypten, deren äußere Öffnung als Verdunstungsschutz zusätzlich von zahlreichen feinen Härchen besetzt ist.

Die Sprossachse: Stamm, Äste, Zweige

Die Sprossachse, das ist bei den Bäumen der Stamm sowie die Hauptäste und deren Verzweigungen, stellt die Verbindung des Blattapparates zu den Wurzeln dar. Die Bäume unterscheiden sich von den meisten anderen Pflanzen nicht nur durch ihre Höhe, sondern auch dadurch, dass ihr Stamm verholzt ist und während des ganzen Lebens beständig im Durchmesser wächst, ebenso wie auch die Äste des Baumes. Verantwortlich für dieses Dickenwachstum ist das sogenannte Kambium, eine Schicht von sich ständig teilenden Zellen unter der Rinde des Stammes. Dieses Kambium ist der Teil der Leitbündel, welches aus wasserleitenden und Nährstoff speichernden zylindrischen Zellen mit durchbrochenen oder siebartigen Endplatten bestehen, die in langen zusammenhängenden Reihen übereinander angeordnet sind. Jedes einzelne Leitbündel besteht seinerseits aus zwei verschiedenen Arten von Leitgewebe, nämlich dem Holzteil oder Xylem, bestehend aus toten röhrenförmigen Zellen mit verholzten Wandversteifungen (Tracheen und Tracheiden), die das Wasser und darin gelöste anorganische Nährstoffe wie Mineralsalze etc. von der Wurzel zum Stamm transportieren. Andererseits transportieren die außen liegenden Siebröhren des Siebteils oder Phloems organische, von den grünen Teilen der Pflanzen produzierte Stoffe, wie z. B. Kohlenhydrate, von den Blättern bis zur Wurzel. Diese beiden Gewebetypen des Leitgewebes bilden gemeinsam mit dem in ihrer Mitte liegenden

Kambium Leitbündel, welche durch den Stamm sowie durch alle Äste, Zweige und Blattadern der Pflanze verlaufen und so alle Teile mit Wasser, Nährsalzen und Nährstoffen versorgen.
Die sogenannten Jahresringe, welche man an einer Baumscheibe eines Stammes deutlich sehen kann, geben genaue Auskunft über das Alter des betreffenden Baumes. Jeder einzelne Jahresring stellt den Holzzuwachs während einer Vegetationsperiode dar. Betrachtet man einen Jahresring unter der Lupe, so stellt man fest, dass er sich aus zwei unterschiedlichen Holzarten zusammensetzt. Der hellere, innen liegende Teil stellt das im Frühjahr gebildete Frühholz dar, dessen verholzte Zellen großlumig sind, um das in dieser Zeit höhere Wasserangebot aufnehmen und weiterleiten zu können. Das außen gelegene engporige und dunklere wird erst während der Sommermonate gebildet, wenn das Wasserangebot geringer ist. Die verschiedenen Schichten, aus denen sich ein Stamm zusammensetzt, sind im Querschnitt deutlich zu erkennen: Von außen nach innen unterscheidet man: die Borke, eine Schutzschicht aus toten Zellen. Darunter befindet sich eine dünne Schicht, das sogannnte Korkkambium oder Phellogen, welches jedes Jahr regelmäßig neue Zellreihen erzeugt und nach außen abgibt. Zusammen mit einer mehr oder weniger dicken Schichte von Korkgewebe oder Phellem, das als Füllgewebe dient, bilden all diese Schichten die eigentliche Rinde. Darunter liegt in Form eines Ringes aus lebenden Zellen der Siebteil oder das Phloem, welches nach innen durch eine einzige Lage von Zellen, das sogenannte Kambium, abgegrenzt ist, welches durch fortwährende Zellteilung jedes Jahr in zentrifugaler Richtung einen neuen Phloemring bildet, während der Vorjahresring des Phloems verkümmert, abstirbt und nach außen gedrückt wird. Unter dem nun folgenden primären Xylem befindet sich das eigentliche Holz, das den Hauptteil des Stammes einnimmt und sich bis ins Zentrum, das sogenannte Mark, fortsetzt.
Auch die Zellen des Früh- und Spätholzes werden durch das Kambium jedes Jahr neu produziert, jedoch im Gegensatz zu den Phloemzellen nach innen abgegeben. Den Wasser- und Nährstofftransport im Holzkörper in radialer Richtung übernehmen bestimmte parenchymatöse Gewebe, die sogenannten Markstrahlen. Sie entstehen aus speziellen Zellen des Kambiums, die sich bandförmig strecken, wodurch sie den Wasser- und Nährstofftransport in radialer Richtung gewährleisten. Wie die Speichen eines Rades verlaufen diese Markstrahlen vom Mark zur Rinde, wo sie im Korkparenchym enden. An der Baumscheibe lässt sich die unterschiedliche Färbung der jungen und alten Holzschichten gut erkennen. Das äußere, sogenannte Weich- oder Splintholz ist deutlich heller als das innere Kern- oder Hartholz. Während die verholzten Zellen des hellen und weichen Splintholzes noch leben, ist das harte und dunkle Kernholz des Stammes tot und dient nur noch der Festigung des Stammes, wobei es zum Schutz gegen Pilze und Bakterien häufig Gerbstoffe, ätherische

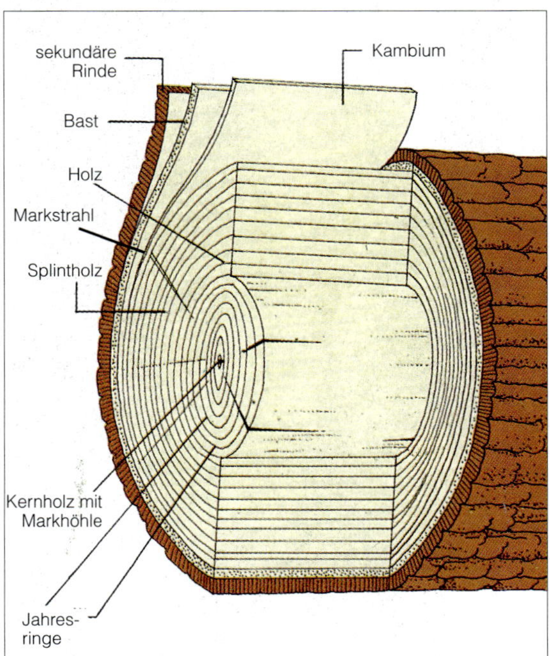

Öle oder Harze enthält. Abschließend sei noch einmal deutlich hervorgehoben, dass sich Bäume und nicht verholzte Pflanzen durch einige deutliche anatomische Unterschiede hinsichtlich der Sprossachse unterscheiden: Der Stamm des Baumes ist nicht wie der Stängel bei krautigen Pflanzen lediglich durch eine dünne Oberhaut, sondern durch eine dicke Rindenschicht geschützt. Im Leitgewebe des Stammes bilden Phloem und Xylem unabhängig voneinander organisierte geschlossene Leitbündel, wobei in jedem Bündel das Phloem außen und das Xylem innen liegt. Krautige Pflanzen entwickeln häufig kein Kambium, deren Sprossachse verholzt daher auch nicht. Beim wachsenden Baum erzeugen die Zellen des Kambiums zwischen Phloem und Xylem jedes Jahr nach innen neues Holz und nach außen Bastzellen. Viele krautige Pflanzen entwickeln unterirdische Stammteile, sogenannte Rhizome, bei den Bäumen sind solche Bildungen hingegen nur selten, wobei Beispiele dafür die amerikanischen Palmen *Rhapidophyllum hystrix* und *Sereona repens* sind.
Diese Rhizome verlaufen horizontal mehr oder weniger knapp unter der Oberfläche und bilden neben neuen Wurzeln auch Blatttriebe. Gewisse Arten von Bäumen bilden Stämme mit speziellen Funktionen, wie z. B. der Affenbrotbaum, *Adenium, Pachypodium* und *Cyphostemma.* Diese Bewohner der afrikanischen Steppengebiete haben im Laufe der Evolution bauchige Verdickungen aus speziellem Speichergewebe entwickelt, das größere Mengen an Wasser aufnehmen kann. Die Stämme tropischer Lianen, unter denen die Gattung *Bauhinia* besonders häufig anzutreffen ist, sind hingegen charakteristisch abgeflacht und bandförmig verbreitert, sodass sie mit ihrer möglichst großen Oberfläche an den Ästen der Bäume eng anliegen und so größere Stabilität entwickeln können.

Der Wurzelapparat

Den Wurzelapparat kann man wohl als beständigsten aller Teile der pflanzlichen Organe bezeichnen, denn seit der Besiedelung des Festlandes durch höhere Pflanzen vor etwa 320 Millionen Jahren hat sich seine Struktur kaum maßgeblich geändert. Wahrscheinlich ist die Tatsache, dass der in gewisser Weise geschützte unterirdische Lebensraum der Wurzeln kaum selektiven Druck auf dieses Organ ausübte, der Grund dafür, dass im Laufe der Jahrmillionen keine Notwendigkeit zur Differenzierung oder Spezialisierung gegeben war. Der in den Samen eingebettete Keim oder Embryo jeder Pflanze weist zwei Vegetationszentren auf, ein oberes, aus welchem Stamm, Äste, Blätter und Blüten entspringen, und ein unteres, aus dem die Wurzeln gebildet werden, und das somit für das Wachstum in die Tiefe verantwortlich ist. Bei Palmfarnen, Ginkgo, Koniferen und

Die monumentalen Stämme der Riesensequoie (links) und der Olive (linke Seite). Diese beiden Arten können mehrere tausend Jahre alt werden.

Zweikeimblättrigen entwickelt sich der gesamte Wurzelapparat nach und nach aus der Wurzelspitze, die immer mehr Verzweigungen hervorbringt und gleichzeitig in die Tiefe wächst. Bei den Einkeimblättrigen hingegen verkümmert diese Primärwurzel nach einiger Zeit und die sekundären Wurzeln entspringen aus Wurzelknospen am unteren Teil des Stängels. Doch es gibt auch Zweikeimblättrige, die zusätzlich stängelbürtige Wurzeln erzeugen, insbesondere Pflanzen von kriechendem Wuchs.

Einerlei, wie sich diese unterirdischen Organe entwickeln, eines haben alle Wurzeln gemeinsam, und zwar ihre beiden Hauptaufgaben. Erstens: die Aufnahme von Wasser und darin gelösten Mineralien aus der Erde und zweitens die Verankerung der Pflanze im Boden. Damit die Pflanze das Wasser mit den darin gelösten Nährsalzen

aufnehmen kann, verfügt die Wurzel im Endbereich über eine spezielle Epidermis, das Rhizoderm, deren Zellen feine, verlängerte einzellige und sehr kurzlebige Fortsätze an der Außenseite aufweisen, die man Wurzelhaare nennt. Die feste Verankerung der Pflanze im Erdboden ergibt sich aus dem Wachstum des Wurzelapparates, der sich in die Tiefe, aber auch, oft noch stärker, in die Breite entwickelt.
Ist eine Primärwurzel ausgebildet, von der Seitenwurzeln ausgehen, spricht man von einer Haupt- oder Pfahlwurzel (z. B. Pinien). Wird diese hingegen durch neue, stängelbürtige Wurzeln ersetzt, so bildet sie eine sogenannte Büschelwurzel (z. B. Palmen).
Oft sind bestimmte Wurzeln oder Wurzelteile speziell ausgestaltet, um andere als die beiden oben genannten Funktionen zu erfüllen. Haftwurzeln beispielsweise erleichtern Pflanzen wie dem Efeu das Klettern an Bäumen oder Mauern, viele *Ficus*-Arten wie etwa der in mediterranen Ländern beliebte *Ficus pumila,* ein Bodendecker und Kletterer, entwickelt ebenfalls solche Haftwurzeln, um sich besser an Mauern und Ästen festhalten zu können. Luft- und säulenförmige Stützwurzeln erfüllen hingegen eine stützende Funktion im weichen Boden des Urwalds, wir finden sie ebenfalls bei *Ficus*-Arten, insbesondere bei älteren Exemplaren, wo die ausladende Krone erwachsener Bäume oft ein enormes Gewicht erreicht. Diese speziellen Wurzelbildungen entspringen an den größeren Ästen und wachsen senkrecht zum Boden hinab. Sobald sie ihn berühren, verbreitern sie sich, um so eine solide Basis zu schaffen. Stelzwurzeln findet man bei den Mangroven und der Amazonaspalme *Socratea exorrhiza* vor. Sie entspringen oberhalb der Basis des Stammes und senken sich kuppelförmig oder konisch bis zum Sumpfboden hinab, um so das Gewicht der Pflanze auf eine möglichst große Oberfläche zu verteilen, damit sie im weichen Substrat des Sumpfes nicht einsinkt. Parasitenpflanzen wie die südamerikanischen *Misodendrum*-Arten senken speziell gestaltete Senkerwurzeln tief in den Stamm ihres Wirtes, in diesem speziellen Fall *Nothofagus,* wo sie in dessen Leitsystem eindringen, um am Wasser und den durch die Photosynthese hergestellten Nährstoffen zu schmarotzen.

Wie ernährt sich ein Baum?

DIE PHOTOSYNTHESE

Wie allgemein bekannt ist, liegt der Hauptunterschied zwischen grünen Pflanzen und Tieren in ihrer Ernährungsweise, genauer gesagt in der Art der Nährstoffe, die sie aufnehmen. Alle grünen Pflanzen sind, ebenso wie Blaualgen, autotroph, das bedeutet »sich selbst ernährend«, denn sie sind nicht wie heterotrophe oder »fremdernährende« Lebewesen von der Aufnahme energiereicher organischer Nährstoffe wie Zucker, Protein und Fett abhängig, welche sie zur Deckung ihrer Lebensenergie brauchen und um ihre Gewebe aufzubauen und zu erhalten. Grüne Pflanzen benötigen zur Erzeugung ihrer Nährstoffe lediglich Kohlendioxid, Wasser und Mineralstoffe, anorganische Substanzen, die im Wasser gelöst vorkommen, und vor allem Licht. Aus diesem Grunde gelten sie als Primärproduzenten und stellen die Ausgangsbasis der Nahrungskette dar.
Wie jeder andere lebende Organismus benötigen auch Pflanzen organische Substanzen, denn der Aufbau ihrer Zellen unterscheidet sich nicht wesentlich von dem tierischer Lebewesen, doch sind sie im Gegensatz zu jenen in der Lage, solche Substanzen selbst herzustellen und benötigen dazu nicht die Produkte anderer Organismen. In den Zellen der Mesophyllschicht der Blätter und grünen Pflanzenteile befinden sich zahlreiche Chloroplasten, die reich an photosynthetisch aktiven Pigmenten sind. Diese komplexen Organellen absorbieren den blauen und roten Teil des sichtbaren Lichtspektrums und reflektieren den komplementären Teil. Dadurch erscheinen sie dem Betrachter grün. Zu diesen Farbpigmenten zählen das Chlorophyll a und b, welches smaragd- bis gelbgrün erscheint. Zusammen mit andern Pigmenten, den Carotinen, orange, rot, und den Xantophyllen, gelb, nimmt das Chloro-

phyll den roten und blauen Anteil des Sonnenlichts auf und überträgt seine Energie auf Elektronen, die diese kurz speichern.
In der darauf folgenden sogenannten Lichtreaktion wird das in den Zellen vorhandene Wasser gespalten und dabei Sauerstoff freigesetzt. In der anschließenden Dunkelreaktion übertragen dabei entstandene energiereiche Verbindungen ihr energetisches Potenzial in den Zuckeraufbau. Der hierfür benötigte Kohlenstoff wird zugeführt, indem die Pflanze Kohlendioxid einatmet, der Wasserstoff stammt aus der Lichtreaktion. Am Ende beider Reaktionsabläufe sind aus je sechs Molekülen Kohlendioxid und Wasser ein Glukosemolekül und sechs Sauerstoffmoleküle entstanden. Der Sauerstoff wird über die Spaltöffnungen an die Luft abgegeben, die Glukose wird zum Zellaufbau und zur Erhaltung aller Lebensfunktionen der Pflanze benötigt. So stellt die Pflanze selbst organische Verbindungen auf der Basis anorganischer Ausgangsstoffe her.
Dieser Prozess wird als Photosynthese bezeichnet. Die Glukose besteht aus den Elementen Wasserstoff, Kohlenstoff und Sauerstoff, doch für den Aufbau vieler anderer lebenswichtiger Moleküle wie Aminosäuren, Proteine und die Nukleinsäuren RNA und DNA benötigt die Pflanze weitere Elemente wie z. B. Stickstoff, Phosphor, Schwefel, Magnesium, Eisen und Mangan. Diese Substanzen nimmt sie in Form von im Wasser gelösten Mineralsalzen auf. Mit Hilfe der Energie der Photosynthese entsteht nicht nur Glukose, sondern die Pflanze kann in weiterer Folge auch andere, daraus zusammengesetzte und abgeleitete Substanzen synthetisieren. Sie alle werden in das Leitsystem der Pflanze abgegeben. Die Leitbündel bestehen aus hoch spezialisierten Zellen, und wie bereits beschrieben, haben Xylem und Phloem, ähnlich dem menschlichen Blutgefäßsystem, die Aufgabe, anorganische und organische Nährstoffe in alle Pflanzenteile zu transportieren. »Fleischfressende« Pflanzenarten wie *Nepenthes* und *Drosera* fangen und verdauen Insekten, um aus ihnen die Elemente Stickstoff und Phosphor aufzunehmen, Elemente, die in ihrer natürlichen Umgebung (saurer Torf) so gut wie nicht vorhanden sind.
Die Mistel, ein Halbparasit, der zwar selbst Blattgrün besitzt und zur Photosynthese fähig ist, jedoch kein Wasser direkt aus dem Boden aufnehmen kann, senkt ihre Wurzeln in das Leitsystem ihres Wirtes und entnimmt daraus das notwendige Wasser mit Nährsalzen. Manche krautigen Pflanzen wie die tropische *Rafflesia arnoldii,* die Pflanze mit der größten Blüte der Welt, sowie die kleinen *Orobanche*-Arten haben kein Chlorophyll, können daher nicht photosynthetisieren, sind Vollparasiten und leben schmarotzend auf den Wurzeln anderer Pflanzen. Sie entnehmen ihren Wirten nicht nur Wasser, sondern auch organische Nährstoffe, die sie zum Leben brauchen, und zwar aus dem Leitsystem der befallenen Arten.

AUCH BÄUME ATMEN

Wie bereits erläutert, entsteht durch die Photosynthese Sauerstoff, der in die Atmosphäre abgegeben wird. Die Tatsache, dass grüne Pflanzen Sauerstoff abgeben, sollte jedoch nicht zur Annahme verleiten, dass sie ohne Sauerstoff existieren können. Wie alle Organismen, die nicht an eine anaerobe Lebensweise (Leben ohne Sauerstoff) gebunden sind, atmen auch die Pflanzen, denn ihre Zellen benötigen ebenso wie jene der tierischen Organismen ständige Energiezufuhr. Um Energie freizusetzen, muss auch die Pflanze atmen, denn ohne Sauerstoff ist keine Oxidation bzw. Energiefreisetzung möglich. Alle Zellen besitzen spezielle Organellen, die man Mitochondrien nennt. Diese winzigen Zellbestandteile sind für die kontrollierte Verbrennung von Zucker und Fetten durch eine Reihe von Oxidationsreaktionen zuständig, wobei als Endprodukte Kohlendioxid und Wasser entstehen. Es handelt sich bei diesem Vorgang sozusagen um den Umkehrprozess der Photosynthese. Während bei Letzterer Wasser und Kohlendioxid dazu verwendet werden, energiereiche, organische Stoffe herzustellen, werden in den Mitochondrien energiereiche organische Substanzen in energiearme anorganische Stoffe umgewandelt. Die so erhaltene Energie wird in Form von Adenosintriphosphat (ATP) gespeichert und von diesem nach und nach an

die Zellen abgegeben, welche sie für alle biochemischen Syntheseprozesse und für das Wachstum sowie für die Lebenserhaltung und die Fortpflanzung benötigen.
Der große Unterschied der pflanzlichen Atmung zur tierischen Atmung besteht darin, dass die während der Lichtreaktion abgegebene Sauerstoffmenge die eingeatmete und verbrauchte Menge bei weitem übertrifft. Während der Nacht findet aus Lichtmangel keine Photosynthese statt, daher wird in dieser Zeit bei Pflanzen wie bei Tieren Sauerstoff aufgenommen und Kohlendioxid abgegeben. Nicht alle Teile der Pflanze atmen gleich intensiv. Die Wurzeln benötigen zum Beispiel besonders viel Sauerstoff, weil sie sich in einer sauerstoffarmen Umgebung befinden und durch ihre Aufgabe, ständig große Mengen Wasser aus dem Boden zu saugen, viel Energie benötigen.

DER WASSERHAUSHALT
Die Wurzeln der Landpflanzen müssen den gesamten Organismus stets mit Wasser aus dem Boden versorgen. Das für die Reaktionen der Photosynthese benötigte Wasser stellt jedoch nur einen unbedeutend geringen Anteil an der gesamten in den Leitbündeln und Blättern zirkulierenden Flüssigkeitsmenge, durch deren Verdunstung ein ständiger Strom von den Wurzeln zu den Blättern besteht. Die Stomata müssen nämlich während der hellen Tageszeit solange als möglich geöffnet bleiben, damit möglichst viel Kohlendioxid für die Photosynthese aufgenommen werden kann. Aus diesem Grund gibt jede Pflanze, besonders aber Bäume, während des Tages enorme Mengen an Wasserdampf durch die Transpiration an die Atmosphäre ab.
Die Wasseraufnahme im Boden geschieht mit Hilfe der Wurzeln, die mit ihrer durch die Wurzelhaare immens vergrößerten Oberfläche beständig Wasser aus dem Boden absorbieren können. Der Mechanismus dieser Wasseraufnahme beruht einerseits auf einer gewissen Saugspannung, welche durch die ständige Transpiration an den Blättern aufrechterhalten wird, andererseits auf Unterschiede im osmotischen Wert der Zellen, in welchen durch eine zunehmende Konzentration an gelösten Stoffen im Wasser ein osmotischer Sog entsteht, durch den das Wasser im Gewebe von Zelle zu Zelle osmotisch nach oben gesaugt wird. Diese Art des Zelldruckes nennt man osmotisches Potenzial einer Zelle.
An den Zellwänden liegen innen hochkomplizierte Membranen an, die durch eine spezielle einseitige Durchlässigkeit für gewisse Stoffe das sogenannte Matrixpotenzial erzeugen. Alle Aufnahme- und Transportmechanismen laufen darauf hinaus, dass im Wurzelapparat ein Druck entsteht, der das Wasser nach oben befördert. Diesen Wurzeldruck kann man z. B. leicht an einem frisch geschnittenen Baumstumpf oder Weinstock im Frühling beobachten. Ist das aufgenommene Wasser im Leitgewebe der Pflanze angelangt, wird es in seinen Röhrensystemen durch den erwähnten Saugdruck, der durch die Verdunstung in den Blättern entsteht, nach oben gesaugt. Das osmotische und das Saugpotenzial der Pflanzen schwankt je nach Intensität der Verdunstung. Bei Arten mit hoher Transpiration, wie zum Beispiel bei der Linde, bildet das Saugpotenzial den Hauptanteil am Mechanismus des Wassertransports, während der osmotische Druck hier zweitrangig ist. Bei der Tanne, deren Transpiration im Vergleich zur Linde reduziert ist, verhält es sich umgekehrt. Speziell an Regentagen mit nahezu gesättigter Luftfeuchtigkeit steigt allgemein die Bedeutung des osmotischen Potenzials, weil die Transpiration der Blätter dann sehr gering ist.
Die Blätter vieler Pflanzen, welche an feuchten und schattigen Standorten leben (Hygrophyten), besitzen an den Rändern oder an der Spitze spezielle Wasserspalten, die Hydathoden, an denen speziell während der Nacht die überschüssige Flüssigkeit in Form von Tröpfchen aktiv ausgeschieden wird (Guttation). Pflanzen, die an trockenen Standorten mit starker Sonneneinstrahlung stehen (Xerophyten), müssen dagegen mit wenig Wasser auskommen und verfügen daher über transpirationshemmende Einrichtungen. So haben zum Beispiel die wüstenbewohnenden Kakteen ihre Blätter zu Stacheln umgewandelt, wobei die Aufgabe der Photosynthese der grüne fleischige Stamm übernimmt, in dem er zusätzlich Wasser speichert und von einer

dichten, wasserundurchlässigen Oberhaut geschützt ist. Solche Pflanzen weisen überdies wenige Verzweigungen auf, um die Oberfläche zu minimieren und damit die Transpiration zu reduzieren. Die zu Stacheln verwandelten Blätter halten darüber hinaus Pflanzenfresser ab, die sich sonst an den wasserhältigen Pflanzenzteilen bevorzugt sattfressen würden. Eine andere Art des Verdunstungsschutzes, die gerade bei Baumarten der trockenen Zonen häufig zu beobachten ist, sind von Wachsschichten bedeckte oder haarige bzw. wollige, meist weiße, graue oder gelbliche Blätter. Besonders an den Jungtrieben verringert diese Oberflächenbeschaffenheit die Verdunstung und auch die Gefahr der Überhitzung, denn durch die helle Farbe wird ein Großteil des einfallenden Sonnenlichtes reflektiert. Auf ähnliche Art schützen sich auch Beduinen vor zu großer Hitze: Sie kleiden sich tagsüber in weiße Wollgewänder. Darüber hinaus schützt ein solcher »Pelz« aus dichten weißen Härchen auch die Stomata, indem er die Luftfeuchtigkeit um die Atemöffnungen annähernd konstant erhält. Viele Wüsten-, Steppen- und Gebirgsbewohner unter den Pflanzen reduzieren ihre Verdunstungsoberfläche zusätzlich durch eine spezielle Blattstruktur. Die Blätter sind zumeist winzig klein, schuppen- oder nadelförmig und weisen nach unten gewölbte Ränder auf, um die Blattunterseite mit dem Stomata zu schützen, wie etwa Rosmarin und Erika.

WACHSTUM UND ENTWICKLUNG

Ein besonderes Charakteristikum der Pflanzen ist ihr lebenslanges Wachstum. Die sogenannten Meristeme, das sind die »Wachstumsgewebe«, welche sich schon im Keim der Pflanze bilden, erneuern sich durch fortlaufende Zellteilung ständig, auch wenn die Pflanze erwachsen ist, so bleiben sie in den Jungtrieben und Knospen stets erhalten. Jedes Jahr werden neue Zweige, neue Blätter, Blüten und Knospen gebildet. Auch die Wurzeln besitzen solche Wachstumszonen, die jedes Jahr neues Längenwachstum bedingen. Bei den Bäumen sind es wie schon erwähnt zwei besondere Meristemgewebe, die das stetige Dickenwachstum bewirken, und zwar das Kambium und das Phellogen. Ein Meristem ist nichts anderes als embryonales Gewebe aus noch undifferenzierten kleinen, rundlichen Zellen, die sich durch stete Teilung vermehren und dann spezialisieren, um so neue Gewebe und Organe zu bilden.

Streng nach dem genetisch kodierten Bauplan, der in der DNA (Desoxyribonukleinsäure) jeder Zelle gespeichert ist, erneuert der Baum jedes Jahr während der Wachstumsperiode seine Blätter, verbreitert seine Krone, wächst in die Dicke, produziert neue Blüten, Früchte und Samen, und auch der Wurzelapparat wächst auf diese Weise stetig weiter. Die Wachstumsgeschwindigkeit und die Lebensspanne hängen dabei nicht nur von den ökologischen Bedingungen des jeweiligen Standortes, sondern auch von den Genen der betreffenden Spezies ab. Der Ailanthusbaum und die Robinie sind z. B. rasch wachsende Arten, die sich in den ersten 20 Lebensjahren besonders stark entwickeln, während der Lorbeerbaum oder die Stechpalme anfangs zwar auch raschwüchsig sind, sich aber nach wenigen Jahren nur noch sehr langsam weiterentwickeln. Das endgültige Alter, welches ein Baum erreichen kann, ist schwer vorauszusagen, doch lässt sich immer wieder beobachten, dass gewisse Spezies langlebiger sind als andere. Als Extrembeispiele für Langlebigkeit sticht z. B. die Art *Pinus longaeva* D. Bailey hervor, deren meterdicke Stämme im kalifornischen Bergland bis zu 4000 Jahre und mehr zählen kann, während die Papayapflanze *(Carica papaya)* kaum je älter als 15 Jahre wird.

Fortpflanzung und Vermehrung

Bei den Pflanzen, insbesondere bei Bäumen, unterscheidet man prinzipiell zwei Fortpflanzungsmethoden, die sich in biologischer Hinsicht grundlegend unterscheiden: die ungeschlechtliche Agamogonie oder vegetative Fortpflanzung und die geschlechtliche sexuelle Fortpflanzung oder Gamogonie.

GESCHLECHTLICHE FORTPLANZUNG

Die Vereinigung von Keimzellen zweier Indiviuden derselben Spezies, die man Mutter und Vater bzw. Eltern nennt, zur Zygotenzelle eines neuen Individuums ist bei fast allen Lebewesen sicherlich der verbreitetste, wichtigste und erfolgreichste Fortpflanzungsmechanismus. Jeder Elternteil produziert spezielle Zellen, Samenzellen oder Eizellen, die miteinander verschmelzen können. Diese allgemein Gameten genannten Fortpflanzungszellen unterscheiden sich von allen übrigen Zellen des Organismus nicht nur durch ihre Form und Funktion, sondern auch dadurch, dass sie nur über die Hälfte des Erbgutes (DNA), mit andern Worten nur über einen einfachen Chromosomensatz verfügen, während alle Körperzellen einen doppelten Chromosomensatz aufweisen. Die Gameten sind, so der Fachausdruck, haploid, während die somatischen oder Körperzellen diploid sind. Bei der Verschmelzung der Keimzellen (Befruchtung) entsteht daraus die sogenannte Zygote, in welcher die Chromosomen wieder diploid vorliegen. Die Zygote selbst wächst in weiterer Folge durch Zellteilung (Mitose) und bildet zuerst den Keim (Embryo), aus dem schließlich das erwachsene Individuum hervorgeht.

Die Gameten der Eltern entstehen durch die sogenannte Meiose, das ist eine Zellteilung ohne vorhergehende Verdoppelung des Chromosomensatzes, wie sie bei der Teilung der Körperzellen erfolgt. Die Zellen teilen sich bei der Keimzellenteilung zweimal hintereinander, dadurch entstehen vier Zellen, die je einen haploiden Chromosomensatz enthalten. Während der ersten Teilung, der Reduktionsteilung, setzt ein für die Evolution äußerst wichtiger Mechanismus ein, das sogenannte »Crossing-Over«, der Austausch einzelner Chromosomenabschnitte zwischen den väterlichen und mütterlichen Chromosomenteilen eines Individuums. Außerdem ist das Erbmaterial jeder einzelnen Keimzelle dadurch verschieden, dass sich die väterlichen und mütterlichen Chromosomen nach Zufallsgesetzen auf die Gameten aufteilen. Jedes der daraus hervorgehenden Individuen wird also ein wenig von den Genen des eigenen Vaters, von der eigenen Mutter und ein wenig von den Großeltern aufweisen, ohne dabei einem von ihnen aufs Haar zu gleichen, auch Geschwister sind aus diesen Gründen voneinander verschieden, sowohl was ihre äußere Erscheinung als auch was ihre Gene anbelangt.

Das evolutive Ziel der geschlechtlichen Vermehrung ist somit klar: Es geht dabei vorwiegend um eine kontinuierliche Neukombination von Genen und damit um eine größtmögliche genetische Vielfalt der Nachkommenschaft. Durch diese Vielfalt an Genkombinationen sind die Chancen für Individuen einer Spezies bei wechselndem oder steigendem Selektionsdruck, das heißt im Wettbewerb um Lebensraum und Nahrung bestehen zu können, zweifellos höher. Ohne die komplizierten Mechanismen der geschlechtlichen Fortpflanzung hätte sich das Leben auf diesem Planeten wohl kaum so signifikant und in solcher Artenfülle weiterentwickeln können, vielleicht wäre es durch mangelnde Anpassungsfähigkeit sogar bald wieder erloschen.

Bei den sogenannten Samenpflanzen oder Spermatophyten (Nacktsamer und Decksamer) bildet die Blüte den Sitz der Geschlechtsorgane. Hier reifen alle für die Fortpflanzung nötigen Organe heran, indem sie nicht direkt Gameten, sondern vorerst eine Art Zwischengeneration bilden, die man als Gametophyt bezeichnet. Der weibliche Gametophyt wird als Embryosack, der männliche als Pollenkorn bezeichnet. Sowohl der Embryosack als auch das Pollenkorn bestehen zusätzlich zu den Geschlechtszellen, den eigentlichen Gameten, auch noch aus weiteren Zellen mit vegetativen Funktionen. Das Pollenkorn hat bei der Bestäubung auf die Narbe gelangt die Fähigkeit, zu keimen, es entwickelt einen Pollenschlauch, um die darin enthaltenen männlichen Gameten zur Eizelle im Embryosack zu transportieren. Bei den klassischen Blütenpflanzen, den Angiospermen oder Decksamern (Zweikeimblättrige und Einkeimblättrige) besteht der Embryosack meist aus acht Zellen, von denen drei zur Fortpflanzung bestimmt sind. Von diesen drei Zellen ist eine die Eizelle im eigentlichen Sinne, die anderen beiden bilden bei der Samenreifung nach der Befruchtung ein Nährgewebe (sekundäres Endosperm).

Die Samen der Feldulme sind von einer häutigen Membran umgeben und so leicht, dass der leiseste Windhauch sie über weite Strecken tragen kann.

Das Pollenkorn besitzt unter einer unterschiedlich beschaffenen, schützenden Oberfläche drei Zellen, von denen zwei männliche Gameten sind, die durch den Pollenschlauch in den Embryosack gelangen, wo einer der Gameten die Eizelle befruchtet, während der zweite die Bildung des Endosperms stimuliert, welches deshalb als sekundär bezeichnet wird, weil es erst durch die Befruchtung zu dessen Ausbildung kommt. Diese spezielle Art der Gametophytenbefruchtung ist eine Besonderheit der Angiospermen. Bei Nacktsamern wie Pinien, Zypressen und Ginkgo liefert das Pollenkorn nur einen Gameten, der die Eizelle befruchtet, während das Nährgewebe, das man in diesem Fall als primäres Endosperm bezeichnet, sich unabhängig davon aus den anderen Zellen des Embryosackes entwickelt.

VEGETATIVE ODER UNGESCHLECHTLICHE FORTPFLANZUNG

Die Agamogonie unterscheidet sich von der Gamogonie hauptsächlich dadurch, dass es bei ihr zu keinerlei Neukombination von Genen kommt. Die »Mutterpflanze« ist in diesem Fall eher als erbgleiches Geschwister denn als Elternteil zu betrachten. Für diese Art der Fortpflanzung benötigt die Pflanze keine Gameten, sondern andere spezielle Organe, z.B. Bulbillen, Ausläufer, Schösslinge oder Brutkörper. Diese bestehen aus meristematischem Gewebe, das in der Lage ist, durch Zellteilung einen Klon des jeweiligen Individuums zu erzeugen. Brombeerpflanzen zum Beispiel breiten sich durch viele Ausläufer so rasch im Wald, im Unterholz und auch an Hecken aus, dass sie als gefürchtete Invasoren gelten. Ihre langen, feinen, dornigen Zweige bilden überall dort, wo ihre Teile länger den Boden berühren, Wurzeln aus, worauf ein neuer Brombeerstrauch entsteht. So werden andere Pflanzen durch die invasive Ausbreitung und Fortpflanzungsgeschwindigkeit der Brombeere häufig verdrängt.

Bei manchen Pflanzen werden die Fortpflanzungsorgane auch für eine besondere Form der vegetativen Vermehrung eingesetzt. In diesem Falle spricht man von Viviparie oder lebend gebärenden Pflanzen, wobei die Samen an der Mutterpflanze bereits auskeimen, bevor sie abfallen. Ein bekanntes Beispiel hierfür ist *Persicaria vivipara* (L.) Ronse Decraene, eine kleine Alpenpflanze, deren weiße Blüten an einem ährenförmigen Blütenstand sitzen. Meist sind nur die oberen Blüten voll ausgebildet, während aus den unteren Blüten kleine, rundliche Fortpflanzungskörper entstehen, die bald abfallen und neue Pflanzenindividuen hervorbringen. Der Vorteil dieser Art der Vermehrung bei den in höheren Lagen lebenden Pflanzen liegt in seiner Geschwindigkeit, da die Wachstumsperiode dort kurz ist. Auch *Kalanchoe daigre-*

montiana Hamet & Perrier, eine Fettpflanze der madegassischen Savanne, bildet entlang ihrer Blattränder einen Besatz von Brutknospen, die schon wie Miniaturpflänzchen aussehen. Sobald sie abfallen und die Erde berühren, bilden sie Wurzeln.
In diesem Falle hat die vegetative Fortpflanzung den Zweck, im Wettbewerb um den freien Boden schneller zu sein als konkurrierende Pflanzen. Unter den Bäumen ist diese Art der vegetativen Fortpflanzung eher die Ausnahme, während Wurzeltriebe relativ häufig vorkommen, besonders bei Arten, deren Wurzeln sich relativ knapp unter der Erdoberfläche waagerecht ausbreiten, wie etwa Linden, Robinien oder auch Ailanthus. Ein grundlegender Unterschied zwischen ungeschlechtlicher und geschlechtlicher Fortpflanzung besteht darin, dass die vegetative Nachkommenschaft sich genetisch nicht von der Mutterpflanze unterscheidet und auf diese Weise die Lebensspanne ihres Genmaterials verlängert. Natürlich benötigt die Pflanze für die vegetative Fortpflanzung auch weniger Energie und vor allem weniger Zeit, denn während die Gameten erst auf komplizierte Art heranreifen und dann verschmelzen müssen, können vegetative Schösslinge bereits Wurzeln schlagen, wachsen und andere Pflanzen im Wettbewerb um Raum und Licht verdrängen.
Es gibt auch Pflanzen, für welche die ungeschlechtliche Fortpflanzung die einzig mögliche Art ist, wie etwa bei Hybriden, die aus Kreuzungen verschiedener Spezies entstanden und daher meistens steril oder unfruchtbar sind. Im Regelfall bilden aber fast alle Pflanzen, die zur vegetativen Vermehrung fähig sind, auch Eizellen und Pollen, weil sie nur so in der Lage sind, sich durch neue Genkombinationen weiterzuentwickeln. So kommt es nicht selten vor, dass bestimmte Individuen einer Spezies, bei der eine vegetative Fortpflanzung die Regel ist, unter Stressbedingungen viel Energie und Nährstoffe in die geschlechtliche Vermehrung investieren, um so eine genetisch vielfältigere Nachkommenschaft zu zeugen, die nachteiligen Umweltbedingungen eher trotzen kann. Alle Formen der künstlichen vegetativen Vermehrung werden z.B. in der Landwirtschaft vielfach genutzt, und auch im Gartenbau sowie bei der Vermehrung von Zimmerpflanzen ist das Herstellen von Stecklingen und Ablegern oder das Teilen von Wurzelstöcken eine häufig praktizierte Methode der Massenvermehrung.
Darüber hinaus gibt es eine ganze Reihe von Pflanzen, unter anderem auch einige Baumarten, welche über die Möglichkeit der vegetativen Fortpflanzung mittels diploider Eizellen in den Samenanlagen verfügen. Diese Arten produzieren Spermien und Eizellen, die jedoch keine wirklichen Gameten sind, da die Meiose (Reduktionsteilung) umgangen und durch die normale Mitose ersetzt wird, wodurch keine haploiden, sondern diploide Zellen mit doppeltem Chromosomensatz entstehen. Die Befruchtung durch Spermien ist jedoch oft ebenfalls nötig, da sie zwar nicht mit der Eizelle verschmelzen, diese aber zu weiterer Zellteilung stimulieren. Die Entwicklung einer Eizelle ohne vorhergehende Verschmelzung mit einer Spermienzelle nennt man Parthenogenese. Bei den Pflanzen wird dieser Prozess Apomixis genannt, sofern die Möglichkeit zur geschlechtlichen Fortpflanzung noch erkennbar war oder ist. Nicht alle Pflanzen, die diese Möglichkeit zur Fortpflanzung besitzen, sind aber ausschließlich darauf angewiesen.
Zu der Minderheit der rein apomiktischen Pflanzen gehört z. B. die Zitrone, manche Arten von Rosengewächsen und *Ranunculaceae* sowie zahlreiche Arten von Gräsern. Apomixis und vegetative Vermehrung haben übrigens bei Kulturpflanzen große Bedeutung erlangt, denn nur dadurch wird es für den Gärtner möglich, erwünschte Charakteristika bei Zuchtpflanzen unverändert zu erhalten, die wegen der Durchmischung des Genmaterials bei der sexuellen Fortpflanzung verloren gehen oder verändert werden könnten.
Würde man beispielsweise die Samen eines gelb blühenden Oleanderstrauchs aussäen, so ist die Wahrscheinlichkeit, daraus wieder ein Exemplar mit gelben Blüten zu erhalten, relativ gering, denn durch die Bestäubung mit dem Pollen andersfarbiger Pflanzen würde die gelbe Blütenfarbe, die beim Oleander im Gegensatz zu Rot, Rosa und Weiß eher selten ist, wahrscheinlich nicht mehr zum Ausdruck kommen. In sol-

chen Fällen garantiert nur die vegetative Vermehrung durch Stecklinge, dass die Tochterpflanze die gleichen Gene und damit Eigenschaften wie die Mutterpflanze aufweist, in diesem Falle eben die gewünschten gelben Blüten.

DIE BLÜTE UND IHRE FUNKTION

Viele Botaniker betrachten die Blüte mit ihrer unglaublichen Formenvielfalt als das fantasievollste und variantenreichste Gebilde der Schöpfung, so gibt allein schon die Bandbreite ihres möglichen Durchmessers Anlass zum Staunen. Die Blüten der bereits erwähnten *Rafflesia arnoldii*, eines Vollschmarotzers, erreichen bis zu 80 cm Durchmesser, während jene der Kleinen Wasserlinse (*Lemna minor*) nur 0,5 mm messen. Ganz zu schweigen vom Reichtum an Formen, Farben und Düften. Hier eröffnet sich dem Betrachter ein ganzes Universum, dessen Vielfalt selbst der kreativste menschliche Geist kaum zu ergründen vermag. Für den rational denkenden Naturwissenschaftler ist all das letztendlich nur eine Folge des in der Natur vorherrschenden Opportunismus.
Als nämlich die Decksamer vor etwa 100 Millionen Jahren durch Auslesemechanismen »bemerkten«, dass Pflanzenfresser und Insekten bei ihren Besuchen nicht nur Schaden anrichteten, sondern für sie einen Nutzen in Form von Pollenübertragung und Verfrachtung der Samen brachten, begannen sie damit, die unterschiedlichsten Strategien zu entwickeln, um solche Tiere anzulocken. Wissenschaftlicher ausgedrückt übten die bestäubenden Insekten, Vögel und andere Pflanzenfresser einen selektiven Druck aus, indem sie bestimmte Einrichtungen der Pflanzen bevorzugten, so forderten sie die rasche Entwicklung von verschiedenen Farben, Gerüchen und Formen der Blüten gewissermaßen heraus und lenkten sie auch in gewisse Richtungen. Für manche Angiospermen (Decksamer) kam der selektive Druck jedoch aus den Bedingungen der Atmosphäre, sie überließen die Übertragung des Pollens dem Wind. Daher entwickelten sie Blütenstände, die in der Lage waren, selbst durch den kleinsten Lufthauch große Mengen winzigster Pollenkörner auf eine möglichst weite Fläche zu verteilen. Diese Spezialisierung vieler Pflanzen auf eine der beiden Bestäubungsarten, nämlich entweder durch den Wind (Anemophilie) oder durch Insekten (Entomophilie) bedeutet jedoch nicht, dass sie im Lauf der Evolution für immer dabei blieben. Oftmals kamen spätere Generationen im Laufe der Jahrmillionen wieder auf die jeweils andere Art der Bestäubung zurück.
Pflanzen mit großen Einzelblüten wie etwa *Magnolia grandiflora*, eine Spezies, die heute als eine Art Relikt gilt, welches den ursprünglichen Angiospermen noch weitgehend gleicht, sind heute nicht mehr besonders häufig, während andererseits die Zahl der Pflanzen mit kleinen bis mittelgroßen, in Blütenständen versammelten Blüten schier unüberschaubar ist. Der Vorteil solcher Blütenstände liegt, wie könnte es anders sein, wieder einmal in der genetischen Vielfalt. Es können hier mehrere Samen mit größerer Variabilität gleichzeitig gebildet werden, da das Genmaterial jeder Blüte einen geringfügigen Unterschied zu dem der anderen aufweist.

BAU DER BLÜTE

Aus einem Spross am Ende eines Zweiges, Stengels oder Stiels entspringen alle Teile der Blüte in Form von konzentrischen oder schraubig angeordneten blattartigen Organen, deren äußerster Ring die sogenannte Blütenhülle bildet. Diese Kelchblätter oder Petalen zeigen oft ähnliche anatomische Merkmale wie gewöhnliche Laubblätter der Pflanze. Häufig sind sie grün, können jedoch bisweilen auch andere Farben annehmen. Im darauf folgenden Blattring sitzen normalerweise auffällig geformte und gefärbte, manchmal aber auch verkümmerte oder fehlende Kronblätter oder Tepalen, sie bilden die sogenannte Blütenkrone oder Corolle. Im nächstfolgenden Ring stehen die Staubblätter, das sind die männlichen Fortpflanzungsorgane, und im innersten Ring die zentral angeordneten Fruchtblätter, welche die weiblichen Fortpflanzungsorgane darstellen. Die Staubblätter oder Antheren tragen auf einem meist langen, dünnen Stiel, dem Filament, die sogenannten Pollensäcke, in denen der Pollen heranreift

Unter den verbreitetsten Baumarten sind es die Rosengewächse, die im Frühjahr am schönsten blühen. Unser Bild zeigt einen Apfelbaum in voller Blüte.

und schließlich freigesetzt wird, sobald sie sich öffnen. Die Gesamtheit der Staubblätter bezeichnet man als Androezeum der Pflanze. Die Gesamtheit der häufig miteinander verwachsenen Fruchtblätter oder Carpelle werden entsprechend als Gynaezeum bezeichnet und bilden den sogenannten Fruchtknoten. Der untere, verdickte Teil des Fruchtblattes, der das sogenannte »Ovar« oder Samenanlage enthält, weist oft eine stielartig verlängerte Zone, den Griffel, auf, der in der Narbe, einer Verbreiterung zur Aufnahme des Pollens, endet. Die Narbe weist eine mit Papillen bedeckte, oft vergrößerte Oberfläche auf, die eine zuckerhältige Lösung ausscheidet. Auf dieser bleiben die meist durch Insekten übertragenen Pollenkörner haften, sie keimen und entwickeln den Pollenschlauch, der durch den Griffel bis zum Ovar vordringt, in welchem die Eizellen enthalten sind. Anschließend werden zwei männliche Gameten in den Embryosack transportiert.

Der Erfolg der Bestäubung hängt vom richtigen Zeitpunkt ab. Dass die männlichen Gameten die weiblichen rechtzeitig erreichen, bleibt weitgehend dem Zufall überlassen. Der Umstand, dass in jeder Vegetationsperiode enorme Mengen von Pollen nutzlos verloren gehen, stellt ein erhebliches Problem für die Pflanze dar. Bei anemophilen Spezies kann beispielsweise durch einen einzigen starken Regen jedes in der Luft befindliche Pollenkorn verloren gehen, eine Fortpflanzung wird damit verhindert.

Diese Problematik hat die Pflanzen motiviert, andere Bestäubungsmechanismen zu entwickeln. Entomophile Pflanzen bilden aufwendige Blüten, aber wenig Pollenmaterial. Ihr Trick: Sie locken die bestäubenden Insekten mit Farbe, Duft und mit einer Art »Belohnung« an, das ist der Nektar, eine nahrhafte Mischung aus verschiedenen Zuckerarten, um die zielgerechte Übertragung des Pollens zu sichern. Dieser Nektar wird an strategisch günstigen Stellen innerhalb der Blüte produziert, oft an Ausläufern der Kronblätter, wie etwa am Sporn der *Linaria* und mancher Orchideen oder in den gebogenen schlauchförmigen Blütenblättern der Akelei. Durch die Lage der Nektarien und die spezielle Blütenform kommt das Insekt auf der Suche nach Nektar unweigerlich in eine Position, in der es den Pollen entweder mit dem Rücken oder mit seiner Unterseite abstreifen muss.

Der Salbei bedient sich hier einer besonders raffinierten Technik: Er entwickelt spezielle Fortsätze an den Filamenten der Staubblätter, über die das Insekt auf der Suche nach Nektar sozusagen »stolpert«, wobei sich die Antheren durch eine Hebelwirkung so weit senken, dass sie den Pollen über seinem Rücken abstreifen. Kelch- und Kronblätter und oft auch die Staub- und Fruchtblätter vieler Blüten sind so gefärbt und geformt, dass sie die Aufmerksamkeit jener Insektenspezies erregen, die für deren Bestäubung zuständig ist. Beim Eukalyptus und den Mimosen sind es eigent-

lich nur die Staubblätter, die der Blüte Farbe verleihen. Die Blüten des Trompetenbaumes *Catalpa bigonioides* L. sind am Grund der Blütenkrone auffällig gelb und rot gefleckt, um so dem Insekt den richtigen Weg zum Nektar zu weisen. Die unauffälligen kleinen, schlauchartigen weißen Blüten der *Bougainvillea* sitzen in Dreiergruppen in einem lebhaft gefärbten Kelch, der so eine einzige große purpurfarbene Blüte vortäuscht.
Die Spezialisierung auf bestimmte Bestäuber geht jedoch bei den einzelnen Arten niemals zu weit, denn als »gelernte Opportunisten« müssen sich die Blütenpflanzen immer auch eine Reihe weiterer Bestäubungsmöglichkeiten offen halten, denn schließlich ist es im Lauf der Evolution immer wieder dazu gekommen, dass bestimmte Bestäuber aus irgendwelchen Gründen ausgestorben sind.
Die jeweils vorherrschende Spezies der für die Bestäubung einer Art zuständigen Insekten lässt sich an gewissen Grundmerkmalen unschwer erkennen. Flache, strahlenartige Blütenstände oder Blüten mit deutlich abgegrenztem, oft gelbem Zentrum (Margeriten, Anemonen, Maßliebchen) werden zumeist von Zweiflüglern (Fliegen) und in zweiter Linie von Hautflüglern (Bienen, Hummeln, Wespen) sowie von Schuppenflüglern (Tagfaltern) besucht. *Coleoptera* wie Gold- und Bockkäfer bevorzugen große, kelchartig geformte, fleischige Blüten (Magnolie, Pfingstrose) und verachten dabei auch dichte Blütendolden, Rispen und Trauben aus kleinen, weißen Blüten nicht. Längliche, schlauchartige Blütenkronen sind die Spezialität der Nachtfalter, die ihren langen, fadenartigen Rüssel dazu benutzen, um daraus den Nektar zu saugen. Pflanzen mit lippen- und rachenförmigen Blüten wie Salbei, Löwenmaul, Kapuzinerkresse, Klee etc. ziehen insbesondere Hummeln an.
In den tropischen Klimazonen ernähren sich auch Säugetiere (Fledermäuse, kleine Lemuren), Vögel (Kolibris, Honigvogel) und sogar Reptilien von Blütennektar und fungieren dann als Bestäuber. Unter den Bignoniengewächsen gibt es beispielsweise zahlreiche Arten, die von Fledermäusen frequentiert werden. Ihre großen dunkelroten, trompetenartigen Blüten verströmen dabei einen Geruch, der für menschliche Nasen nicht eben angenehm ist. Beispiele hierfür sind *Kigelia pinnata* (Jacq.) DC. aus der zentralafrikanischen Savanne und der Kürbisbaum (*Crecentia cujete* L.) aus Südamerika. Höchst spezialisiert sind jene Orchideen, deren Blüten die Form und den Geruch des Weibchens einer speziellen Hautflüglerspezies imitieren, so wird das bestäubende, irregeleitete Hautflüglermännchen nicht durch den Nektar angezogen, sondern durch die Instinkte des Sexualverhaltens, es überträgt den Pollen beim Versuch, das vermeintliche Weibchen zu begatten.

ZWITTERBLÜTLER, EINHÄUSIGE UND ZWEIHÄUSIGE PFLANZEN

Die Anatomie einer »klassischen Blüte« zeigt, dass sie sowohl männliche als auch weibliche Sexualfunktionen erfüllt, weil sie zugleich Staub- und Fruchtblätter besitzt. Doch nicht alle Blüten sind gleich aufgebaut, und auch die Funktion ihrer Organe ist unterschiedlich. Viele zweigeschlechtliche oder zwittrige Blüten verfügen über Einrichtungen, die eine Selbstbestäubung verhindern, denn diese würde im Laufe der Generationen zu einer genetischen Einseitigkeit führen und damit die Anpassungsfähigkeit der Nachkommenschaft an geänderte Umweltverhältnisse gefährden. Apfel- und Birnenblüten sowie Eschenblüten müssen beispielsweise immer mit dem Pollen einer anderen Blüte derselben Art bestäubt werden, da der eigene Pollen auf der Narbe nicht auskeimt. Viele Baumarten entwickeln die weiblichen und männlichen Fortpflanzungsorgane in Form von separaten Blüten, die entweder nur Fruchtblätter oder Staubgefäße aufweisen. Bei vielen anemophilen (windbestäubende) Arten wie Pinien, Tannen, Birken, Buchen und Platanen sitzen männliche und weibliche Blütenstände nebeneinander auf einem Baum. Unabhängig davon, ob Selbstbestäuber oder nicht, nennt man alle Pflanzen, die eingeschlechtliche Blüten beider Geschlechter an einem Pflanzenindividuum tragen, einhäusige Pflanzen. Auch isoliert wachsende Exemplare dieser Pflanzen vermeiden Selbstbestäubung, indem Frucht- und Staubblätter der Blüte zu verschiedenen Zeiten reifen.

Entwickeln sich männliche und weibliche Blüten an verschiedenen Individuen, so bezeichnet man die Pflanze als zweihäusig. Beispiele dafür sind Weiden, Araukarien, Eiben, Ginkgo, Stechpalmen etc. Die Ein- oder Zweihäusigkeit bringt den Pflanzen je nach Anatomie, Lebensraum, Umweltbedingungen und Bestäubungsmethode verschiedene Vor- und Nachteile. Viele Spezies mit zweigeschlechtlichen Blüten setzen die Selbstbestäubung als letzten Ausweg ein, vor allem dann, wenn sie über längere Zeit isoliert stehen. Bestimmte krautige Pflanzen bedienen sich jedoch ausschließlich der Selbstbestäubung, wie z. B. das Hirtentäschelkraut oder *Cardamine hirsuta* L. Solche Arten müssen in kürzester Zeit Samen produzieren, um durch Selbstbestäubung einerseits Zeit zu sparen und andererseits eine größtmögliche Samenausbeute zu gewährleisten.

FRÜCHTE UND SAMEN

Während nun das eigentliche Samenkorn aus der befruchteten Eizelle entsteht und sich im Reifestadium aus dem Keimling, Endosperm und Samenschale zusammensetzt, kann man Früchte als vielfältige Hilfsapparate des Samens definieren. Sie bilden eine Umhüllung, die bei den Angiospermen meist aus den Fruchtblättern, manchmal aber auch aus anderen Teilen der Blüte oder der umgebenden Gewebe gebildet wird. Bei den Gymnospermen (Nacktsamern) entstehen die Früchte aus der gesamten weiblichen Blüte. In der Natur werden nicht immer nur nackte Samen ausgestreut, um so wieder neue Pflanzen hervorzubringen. Meist spielen Früchte oder Teile davon bei der Samenverbreitung eine überragende Rolle.
Wie dem auch sei, unter den Früchten und Samen, die die Natur hervorgebracht hat, findet sich dieselbe Vielfalt an Farben, Formen und Eigenschaften wie auch unter den Blüten, und wie der Nektar und die auffallenden Farben bei den Blüten entpuppen sich auch die Früchte mit ihrem schmackhaften Fruchtfleisch oder ihrem hohen Nährwert als strategisch geschickt eingesetztes Mittel zur Verbreitung der Samen von Pflanzen.
Im Zuge des selektiven Wettbewerbs wurden dabei von den Tieren jene Samen und Früchte bevorzugt, die wohlschmeckend, nährstoffreich und ansprechend gefärbt waren. So entwickelten sich auffallend gefärbte süße und saftige Früchte sowie nährstoff- und stärkereiche Samen mit hohen Fettanteilen. Solche Einrichtungen zogen und ziehen Tiere an, die sich von Früchten ernähren. Natürlich gehen durch die Nahrungsaufnahme die meisten der Samen für die Fortpflanzung verloren, doch diese werden von den Pflanzen angesichts der vielen Vorteile augenscheinlich gerne geopfert.
Eine Papageienart im Amazonasgebiet ernährt sich zum Beispiel ausschließlich von

einer einzigen Sorte brasilianischer Nüsse, den schmackhaften Samen der *Bertholletia excelsa* Bonpl. *(Lecythidaceae)*, die er mit seinem kräftigen Schnabel öffnen kann. Dieser Vogel verbreitet die Samen weiter, als es der Wind je vermögen würde. Als Gegenleistung lässt der Vogel beim Knacken der Nüsse immer wieder einige Samenkörner auf den Boden fallen, wo sie auskeimen können. Bei den Windbestäubern oder anemophilen Pflanzen besorgt die Samenverbreitung oft ebenfalls der Wind, daher geht es bei diesen Arten darum, ihrem Samen möglichst wenig Ballast mit auf den Weg zu geben. Viele dieser Bäume entwickeln entweder winzig kleine, besonders leichte Samen oder Samen, welche zusätzlich mit flügelartigen Membranen, feinen Haarbüscheln oder anderen Fortsätzen zur Verlängerung des Schwebflugs ausgestattet sind.
Früchte werden botanisch traditionell nach ihrer Konsistenz (fleischig oder trocken), aber auch nach der Art, wie sie sich öffnen (Schließfrüchte, Spring- und Streufrüchte) und zusätzlich nach der Tatsache eingeteilt, ob Scheinfrüchte aus anderen Blütenteilen die »echte« Frucht verbergen, sowie ob sie einfach oder zusammengesetzt sind (Einzel- und Sammelfrüchte). Eine Neuerung in der Klassifizierung der Früchte hat der Amerikaner Richard Spjut eingeführt. Er schlug eine neue, universelle Systematik mit einer detaillierten Nomenklatur vor, die alle Komponenten, aus der eine Frucht besteht, sowie deren Ursprung berücksichtigt. In den nachfolgenden Abschnitten über die einzelnen Bäume wird diese Systematik eingesetzt.
Unter den Neuerungen dieses Systems ist besonders die Tatsache zu erwähnen, dass Spjut auch die Zapfen der Nacktsamer wie Tannen, Pinien und der Zypressen, kurz alle Körper, die Samen tragen, unter den Begriff »Früchte« reiht. Zuvor gestattete es die offizielle Systematik nicht, von den Blüten der Nacktsamer, deren Eizellen nicht im Fruchtblatt eingehüllt sind, als Blüte und nach deren Entwicklung als Frucht zu sprechen. In der Systematik von Spjut wird klar und deutlich zwischen Begriffen wie Exokarp, Mesokarp und Endokarp unterschieden, welche die drei Schichten bezeichnen, die die Fruchtwand (Perikarp) bilden. Dadurch werden viele bereits gebräuchliche Bezeichnungen für bestimmte Früchte besser definiert und in ihrer Bedeutung erweitert. So gilt zum Beispiel die Bezeichnung Eichel nicht nur mehr für die Frucht der Eiche, sondern gilt auch für Pistazie, Mango und Kaki, denn sie wird als eine Schließfrucht mit einem Perikarp, das von einer Hülle oder einer Verdickung aus Vor- oder Deckblättern umgeben oder gehalten wird, definiert.

Die Früchte (Eicheln) der Stieleiche stehen in kleinen Gruppen an langen Stielen (links).
Linke Seite: Die Früchte der Stechpalme sind dicht an den Zweig gedrängt und bilden traubenartige Grüppchen.

Überlebensstrategien der Pflanzen

Der englische Botaniker Grime stellte mit Hilfe verschiedener moderner Studien zur Pflanzenökologie drei fundamentale Überlebensstrategien in der Pflanzenwelt fest: Zum einen gibt es sogenannte Wucherpflanzen, zum anderen Konkurrenzspezialisten und schließlich noch besonders widerstandsfähige Arten, die sogenannten Stresstoleranten. Erstere sind dadurch gekennzeichnet, dass sie einen Großteil ihrer Energie in die Entwicklung des Konkurrenzverhaltens stecken. Die Konkurrenzspezialisten leben in dicht besiedelten, komplexen Ökosystemen wie etwa im Wald unter schwierigen Umweltbedingungen, wo sie mit vielen anderen Arten koexistieren müssen, und sind meist winterhart sowie von mittlerem Größen- und Breitenwuchs. Diese Arten haben eine hohe vegetative Fortpflanzungseffizienz entwickelt, wechseln das Laub rasch und produzieren nur wenige Samen aus. Auch Pflanzen mit hohem ökologischem Stresstoleranzfaktor bilden nur wenig Samenmaterial. Diese Spezies erobern besonders schwierige Lebensräume, deren ökologischen Bedingungen nur wenige Arten widerstehen können. Wir finden sie auf Felshängen, sauren Torfböden oder auf Sandböden. In diesen Habitaten sind sie konkurrenzlos, wachsen langsam, sind immer mehrjährig und stecken viel Energie in Blüte und Samenentwicklung. Der Blattwechsel erfolgt sparsam.

Die Wucherpflanzen hingegen wachsen rasch und sind dadurch in frühen Phasen der Sukzession (Aufeinanderfolge von Pflanzengemeinschaften) bevorteilt, sie erobern rasch planiertes Gelände oder gerodete Flächen, solange sie dort noch keine Konkurrenz vorfinden. Meist sind es kleine einjährige Pflanzen mit kurzer Wachstumsperiode, die ihre Energie fast ausschließlich in die Entwicklung von Samen stecken. Die Samen sind über lange Zeit keimfähig und liegen so lange im Boden, dass sie selbst nach Jahrzehnten der Unterdrückung durch andere Pflanzen im Falle der Vernichtung des bestehenden komplexen Ökosystems unter nur für sie günstigen Bedingungen wieder zu keimen beginnen.

Natürlich verlässt sich keine dieser Pflanzengruppen ausschließlich auf nur eine der möglichen Strategien. Dennoch ist meist deutlich eine der drei Überlebensstrategien zu erkennen. Bäume sind allgemein unter die Klasse der Konkurrenzspezialisten einzureihen, wobei Lorbeer, Eibe und Stechpalme auch den Stresstoleranten nahe stehen, während Robinie oder Ailanthus klassische Beispiele für reine Konkurrenzspezialisten sind.

Biogeografie

Wie schon in früheren Erdzeitaltern sind auch heute alle Lebewesen in der Natur einem permanent harten Selektionsprozess ausgesetzt, durch den bestimmte Varianten der sexuell erzeugten genetischen Vielfalt bevorzugt, andere jedoch unterdrückt werden. Dieser Ausleseprozess, durch den sich langsam immer größere Differenzierungen der Lebewesen ergeben, solange, bis unter natürlichen Voraussetzungen eine neue Art entstanden ist, wird heute als Speziation oder Artbildung bezeichnet. Richtung und Art der Speziation hängt zumeist mit ökologischen Faktoren wie zum Beispiel mit geografischer Isolierung durch geologische Prozesse wie z.B. Verlandung, Gebirgsbildung, Änderung eines Flusslaufs, die Bildung ozeanischer Grabenbrüche oder von Inseln etc. zusammen. Nur selten entsteht eine neue Art durch ein unvorhergesehenes, plötzliches Ereignis, durch das eine bestimmte genetische Mutation selektiv favorisiert wird. Viel häufiger ist die Artbildung ein Ergebnis von Kreuzungen mit abweichenden Rassen oder gar Arten, die man auch Bastardierung nennt. Falls es den bastardierten Individuen gelingt, die durch die damit verbundene Polyploidie (Vervielfachung des Chromosomensatzes) und damit auch Sterilität zu überwinden, können aus solchen Hybridschwärmen neue Spezies werden, insbesondere bei Pflanzen.

Es existieren aber noch eine Reihe anderer Artbildungsmechanismen, wobei die erste Voraussetzung dafür immer eine gegografische Isolation vom Vorgänger ist. Würden sich beide Mutanten in demselben Areal miteinander fortpflanzen, ginge die neue Art bald in der genetischen Vielfalt der Vorgängerpflanze unter. Ist die Isolierung erfolgt, so kann sich die neue Spezies von ihrem Ausgangspunkt aus je nach ihrer Wachstumsstärke, dem Fortpflanzungsvermögen und ihrer Anpassungsfähigkeit an die herrschenden Bedingungen verbreiten und weiterentwickeln. Es entsteht schließlich ein dynamisches Populationsgleichgewicht zwischen der Fortpflanzungs- und Todesrate der Individuen, und zwar je nach den physikalischen, klimatischen, ökologischen und geografischen Bedingungen. Dieses Fließgleichgewicht kann natürlich durch jedes neue äußere Ereignis wie etwa Vergletscherung, Versteppung, einen Vulkanausbruch oder - warum auch nicht? - einen Einschlag eines Meteors wie dem, den man für das plötzliche Aussterben der Dinosaurier verantwortlich macht, zerstört werden.

Jede Spezies hat in der Natur ein gewisses Verbreitungsgebiet, das sich geografisch eingrenzen lässt. Man bezeichnet diesen »Wohnbezirk« als Areal. Wenn die Populationen einer Spezies nur in einem bestimmten umschriebenen Gebiet vorkommen, so sagt man, dass sie dort endemisch sind. Die Arealgröße kann sehr verschieden sein. *Pteridium aquilinium* (L.) Kuhn ist ein auf der ganzen Erde heimischer Farn, mit anderen Worten ein Kosmopolit, während die Palme *Colpothrinax wrightii* Siebert & Voss lediglich in einem Gebiet auf der Westseite von Kuba endemisch ist. Die kleine Primel *Primula albenensis* Banfi & Ferlinghetti ist beispielsweise in einem sehr kleinen Areal am Monte Alben in den Voralpen nahe Bergamo endemisch. Das derzeitige Areal vieler Pflanzenarten ist wesentlich größer als ihr ursprüngliches Verbreitungsgebiet, das man auch als Primärareal bezeichnet.

Dieser Umstand ist auf die Verbreitung der Pflanzen durch menschliche Tätigkeit zurückzuführen, wobei viele Arten zu Kulturzwecken aus ihrer natürlichen Umgebung in andere Gebiete verpflanzt wurden, wo sich manche schließlich selbstständig verbreitet und im freien Naturraum angesiedelt haben. Man spricht in diesen Fällen von sogenannten allochthonen, im betreffenden Gebiet »fremden« Pflanzenarten. Bekannte Beispiele dafür sind Robinie, ebenso wie Ailanthusbaum oder Holunder, der sich auf der gesamten westlichen Hemisphäre verbreitet hat. Auch der Olivenbaum oder die australische Palme *Archontophoenix cunninghamia* (H. Wendl.) H. Wendl. & Drude, die beide auf Hawaii Fuß gefasst haben, zählen zu den vom Menschen verbreiteten Arten.

Die verschiedenen geografischen Zonen der Erde unterscheiden sich auch durch ihre jeweilige charakteristische Flora, das ist die Gesamtheit der dort vertretenen Spezies, Gattungen und Familien der Pflanzen, die sich dort selbstständig entwickelt haben. Die Pflanzengeografie oder Phytogeografie untersucht Ursachen und Mechanismen der Bildung und Veränderung von Pflanzenarealen und entwarf eine Systematik, die die verschiedenen Zonen der Erde nach endemischen Pflanzenarten und Familien einteilt. Die größeren territorialen Unterteilungen nennt man Reiche, wie etwa Capensis, Neotropis und Australis, die sich ihrerseits aus kleineren Unterreichen zusammensetzen. Oft sind nahe verwandte Arten in verschiedenen Territorien heimisch, wie etwa die beiden bekanntesten Ölpalmenarten *Elaeis guineensis* Jacq., welche an der Elfenbeinküste vorkommt, und *E. oleifera* (Kunth) Cortés, die an der dieser gegenüberliegenden südamerikanischen Küste beheimatet ist. Dieses spezielle Beispiel macht deutlich, dass beide Arten von einem gemeinsamen Vorfahr abstammen müssen, der auf dem alten Südkontinent Gondwana noch verbreitet war, bevor die Kontinentaldrift die Kontinente Afrika und Amerika durch den Atlantischen Ozean getrennt hatte. Solche durch geografische Trennung entstandenen Spezies nennt man vikariierende Zwillingsarten.

Für dieses Phänomen gibt es auch zahlreiche Beispiele an großen Gebirgsketten, und zwar sowohl der Quer- als auch der Längsachse der Gebirge entlang. In den Alpen etwa gibt es zahlreiche nahe miteinander verwandte Arten von Steinbrech-, Enzian- und Primelgewächsen, die in oft nur wenige Kilometer voneinander entfern-

ten Arealen endemisch sind. Auffällig sind z.B. die hübschen Blütenkissen des *Limonium*, deren vikariierende Arten sich die ganze Mittelmeerküste entlang oft auf einer Distanz von weniger als 1 km gegenseitig ablösen. Wie bereits aufgezeigt, bezeichnet die Flora die Gesamtheit aller in einem bestimmten Gebiet heimischen Arten, und zwar nicht nur den Bestand an dort endemischen Spezies, sondern auch die verschiedenen Populationen von Arten mit weiterem Areal und auch von Kosmopoliten.
Die Flora der Lombardei, um nur ein Beispiel zu nennen, enthält daher nicht nur bestimmte endemische Spezies, sondern auch eine große Zahl europäisch-kaukasischer, eurosibirischer, europäisch-westasiatischer, alpiner, kosmopolitischer, arktisch-alpiner und mediterraner Spezies. Außerdem ist dort auch das allochthone Element mit nord- und südamerikanischen sowie ostasiatischen Arten vertreten.

NATÜRLICHE PFLANZENGEMEINSCHAFTEN

Verschiedene Pflanzenindividuen einer Spezies und Populationen unterschiedlicher Arten koexistieren in ihrem Vegetationsgebiet und konkurrieren dort untereinander um Raum, Licht und Nährstoffe. Dieser dauernde Wettbewerb wirkt zuweilen chaotisch und hochdynamisch, wie etwa bei offener Vegetation im Freiland oder auf Geröll, in Felsspalten oder auf Schutt im Gebirge, in anderen Fällen ist er jedoch besonders gut organisiert, wie etwa in den Pflanzengemeinschaften der Regenwälder des Amazonas. In beiden Fällen spricht man hier von Pflanzengesellschaften (Phytozoenose), auch wenn ihre Dauerhaftigkeit höchst unterschiedlich ist.
Den Baumarten kommt innerhalb der Pflanzengesellschaften der Erde erhöhte Bedeutung zu, denn durch ihre Größe und ihre Kronen schaffen sie um und unter sich ein Ambiente mit eigenen ökologischen Bedingungen, die durch weniger Lichteinfall, weniger Hitze und höhere Luftfeuchtigkeit gekennzeichnet ist, eben das Waldklima. Der Wald stellt aufgrund seiner langen Lebensdauer ein konservatives Habitat dar. Der Charakter der natürlichen Vegetation auf der Erde hängt vorwiegend mit makroklimatischen Faktoren zusammen, so findet man entlang der Breitengrade unterschiedliche Klimazonen mit einem jeweils spezifischen Vegetationsgürtel vor.
Vom Nordpol zum Äquator lassen sich grob folgende Zonen unterscheiden: Der Waldgürtel beginnt erst südlich der arktischen und nördlich der antarktischen Tundrazone im kalt-gemäßigten Klima mit borealen Nadelwäldern, die auf der Nordhalbkugel Taiga genannt werden. Die Taiga ist das größte zusammenhängende Waldsystem der Erde. Daran anschließend beginnt eine Zone mit gemischten Laub- und Nadelwäldern, darauf die immergrünen Wälder und Hartlaubgewächse der warmtemperierten und mediterranen Klimazonen, anschließend die subtropischen, Laub abwerfenden Wälder, die Savannen und schließlich der immergrüne tropische Regenwald, der keinerlei jahreszeitliche Unterschiede aufweist.
Auch mit dem Höhenprofil ändert sich das Klima. Im Gebirge wird dadurch eine Höhenstufenfolge der Vegetation bestimmt, die oberflächlich betrachtet der Zonenfolge von Süd nach Nord ähnelt, sich jedoch in einigen Dingen grundlegend davon unterscheidet. Nehmen wir dazu den Osthimalaja als Beispiel, wo Höhenunterschiede von bis zu 5000 m die Vegetation bestimmen. Am Fuß des Gebirges finden wir einen tropischen Wald vor, der allmählich in einen feuchten, warm-gemäßigten Wald aus baumartigen Rhododendren übergeht. An der Waldgrenze schließlich befinden sich Lärchenwälder.
Innerhalb dieser Vegetationszonen entwickeln sich ohne störende Einwirkung des Menschen aus den Florenelementen der jeweiligen Zone typische Pflanzengesellschaften. Es entsteht ein ökologisches Gleichgewicht, das den Erfolg der Koexistenz aller Arten maximiert. Wie komplex die einzelnen Gesellschaften aufgebaut sind, hängt vor allem von den klimatischen und den Bodenbedingungen ab. Je mehr ungünstige Faktoren einwirken (Temperatur, Feuchtigkeit, Säuregehalt im Boden etc.), um so weniger komplex wird eine Pflanzengemeinschaft zusammengesetzt. Mit anderen Worten, der Grad der Biodiversität (Artenvielfalt, Angleichung der Wuchsproportionen, Raumaufteilung) wächst, je mehr natürliche Ressourcen im Lebensraum zur Verfügung stehen.

Systematik, Klassifizierung, Taxonomie und Nomenklatur

Die biologische Systematik hat zum Ziel, die Verschiedenartigkeit, die Struktur und den Verwandtschaftsgrad zwischen Organismen sowie deren stammesgeschichtliche Entwicklungszusammenhänge in ein System mit eindeutiger Kennzeichnung einzuordnen.

Sie bedient sich dabei Methoden unterschiedlicher Art, um die für die Systematisierung notwendigen Daten zu erhalten. Von der traditionellen morphologischen Analyse bis zu genetischen Untersuchungen und Techniken aus der molekularbiologischen Forschung (Proteine, Enzyme, RNA und DNA). So spielen verschiedene andere wissenschaftliche Disziplinen in die Biosystematik hinein, wie Statistik, Genetik, Molekularbiologie, Phytogeografie, Ökologie und Paläontologie. Sind die Eigenschaften einer Pflanzengruppe oder Familie erst einmal untersucht, geht es darum, sie auf allgemein verständliche Art auszudrücken.

Hier kommen nun Klassifikation und Taxonomie ins Spiel. Bei der Klassifizierung sucht man nach dem richtigen Platz für die Pflanze im hierarchischen System von Carl v. Linné (Spezies, Gattung, Familie, Ordnung, Klasse, Abteilung). Untersucht man dagegen Pflanzen, um herauszufinden, zu welcher bestehenden Art und Gattung sie gehören, so spricht man von Pflanzenbestimmung, nicht von Klassifizierung. Diese beiden Begriffe werden gelegentlich synonym verwendet, was jedoch nicht richtig ist, denn klassifizieren kann man nur eine bisher noch nicht erfasste Art.

Die Taxonomie ist der verbale Ausdruck der Klassifizierung einer Spezies. Die Namensgebung erfolgt nach den Regeln des Internationalen Codex der Botanischen Nomenklatur, ICBN. Die Unterscheidung einer natürlichen Gruppe von Organismen wird mit einem lateinischen »Sippennamen«, einem sogenannten Taxon bezeichnet. Hier zum Beispiel alle Taxa, zu welchen der Eingriffelige Weißdorn gehört: *Magnoliophyta* (Abteilung), *Magnoliopsida* (Klasse), *Rosidae* (Unterklasse) *Rosales* (Ordnung), *Rosaceae* (Familie), *Crataegus* (Gattung), *Crataegus monogyna* (Spezies), *Crataegus monogyna* subsp. *azarella* (Subspezies). Wie man daraus ersehen kann, wird der Name der Spezies immer mit Kleinbuchstaben geschrieben und folgt auf den Namen der Gattung. Diese Regelung der binominalen Bezeichnung wurde ebenfalls von Carl v. Linné begründet, um damit weltweit eine einheitliche Namensgebung für Lebewesen aller Art zu schaffen, die es ermöglicht, sie auch eindeutig und zweifelsfrei zuzuordnen.

Aus dieser Art der Namensgebung geht schon aus der wissenschaftlichen Gattungs- und Artbezeichnung, beispielsweise der Kirsche, der Sauerkirsche, der Pflaume und des Pfirsichbaumes hervor, dass diese vier Pflanzen eng miteinander verwandt sind, weil sie derselben Gattung angehören: *Prunus avium*, *Prunus cerasus*, *Prunus domestica* und *Prunus persica*. Am Beispiel des Weißdorns ist auch deutlich zu sehen, dass je nach Ebene der hierarchischen Ordnung die lateinischen Namen bestimmte Endungen annehmen, wie etwa die Endung *-aceae* für die Familie. Zur größeren Genauigkeit wird der Gattungs- und Artbezeichnung noch der Name jenes Autors angefügt, der die erste vollständige Beschreibung der betreffenden Art publiziert hat, häufig wird dieser Name abgekürzt.

Die Namen nach *Prunus avium* L. und *Ostrya carpinifolia* Scop. bedeuten also, dass diese beiden Spezies erstmals offiziell von Linné beziehungsweise Antonio Scopoli benannt wurden. Am Beispiel *Sorbus aria* (L.) Crantz sehen wir den Anfangsbuchstaben von Linné in Klammern angeführt, da er diese Spezies anfangs *Pyrus aria* (L.) getauft hatte. Es war Crantz, der sie anschließend zu der Gattung *Sorbus* klassifizierte. *Acer opalus* L. subsp. (Willd.) Gams bedeutet, dass die jetzt als Subspezies geführte Art zunächst von Willdenow als eigene Spezies klassifiziert worden war (*Acer obtusatum* Willd.), doch dass Gams es später für richtiger hielt, sie als Subspezies von *Acer opalus* L. zu klassifizieren.

Mensch und Baum

Schon die Vorfahren des heutigen Menschen haben sich mit großer Wahrscheinlichkeit schon seit langer Zeit nicht nur von Samen, Knollen und Fleisch, sondern auch von vielen Wildfrüchten ernährt. So haben sie sicherlich ebenso wie die Tiere im Lauf der Jahrmillionen zur natürlichen Selektion unter den Frucht tragenden Pflanzen beigetragen. Doch die eigentliche gemeinsame Geschichte von Mensch und Baum begann wohl mit den ersten menschlichen Populationen, die vom nomadischen Jäger- und Sammlerleben zur Sesshaftigkeit übergingen. Dies geschah vor etwa 12.000 Jahren, vielleicht sogar schon einige Zeit früher. Die gezielte Pflanzung von Bäumen diente ursprünglich, ebenso wie der Anbau der Getreide- und Gemüsepflanzen, nur dem Zweck, die Ernährung dauerhaft sicherzustellen. Damit nahm aber ein wichtiger Selektionsprozess, die sogenannte Domestikation, ihren Anfang. Dieser Ausleseprozess verlief nicht nach einem bestimmten Programm oder Schema mit voraussehbarem Ziel, sondern basierte auf Zufallsprinzip und Instinktverhalten.

Ein Bauer erkannte, dass einer seiner Apfelbäume durch eine zufällige Mutation schönere, größere und schmackhaftere Früchte trug als andere, und versuchte diese neu entstandene Varietät weiterzuzüchten. So entstanden im Laufe von vielen Generationen Individuen, die immer mehr den Wünschen der Menschen entsprachen und sich dadurch immer deutlicher von ihren wildwachsenden Vorfahren unterschieden. Gerade am Beispiel des Kulturapfelbaumes wird das Ergebnis langer Auslese besonders deutlich. Die Domestizierung hat diese Kulturpflanze genetisch so weit von ihrem wildwachsenden Vorfahren entfernt, dass heute beide als zwei verschiedene Spezies gelten: *Malus domestica* Borkh. und *Malus sylvestris* Mill. Der Preis der Domestizierung ist für die Pflanze ein Verlust an Selbstständigkeit: Sie ist nämlich kaum mehr in der Lage, sich selbst fortzupflanzen, gelingt es ihr aber doch, so ist die Nachkommenschaft nicht mehr fähig, im harten Wettbewerb mit der natürlichen Vegetation zu bestehen.

Die Domestizierung von Pflanzen begann immer im natürlichen Verbreitungsgebiet der jeweiligen Arten, dem Primärareal, manchmal an verschiedenen Punkten unabhängig voneinander, oft sogar gleichzeitig. Die Kirsche zum Beispiel wurde an mehreren Punkten in ihrem natürlichen Umfeld im Kaukasus und in Osteuropa domestiziert und hat so verschiedene lokale Rassen (Sorten) hervorgebracht. Wenn eine domestizierte Pflanze aus ihrem Primärareal über weite Strecken, beispielsweise auf einen anderen Kontinent, verfrachtet wird, so bleibt ihr Variantenreichtum relativ begrenzt. Dies ist deutlich beim Pfirsich zu sehen, der in Europa und Amerika kaum 200 verschiedene Sorten aufweist, während in seiner ursprünglichen Heimat, dem Fernen Osten, tausende von Varietäten bekannt sind. Eine domestizierte Pflanze, die im Areal ihrer wilden Ahnenspezies wächst, wobei häufig »Wildlinge« in die Kulturen eindringen, kann sich deshalb immer weiter entwickeln, weil sie eine größere genetische Vielfalt zur Verfügung hat, als Kulturpflanzen in isolierten Kulturen, wie z.B. die Mispel oder Kaki. Diese genetische Verarmung der Kultursorten birgt immer auch das Risiko größerer Krankheitsanfälligkeit und mangelnder Anpassungsfähigkeit an wechselnde Umweltbedingungen.

Ist dagegen die wild wachsende Stammpflanze im Areal noch ansässig, so wird durch die gelegentliche Bestäubung mit ihrem Pollen jeweils eine genetische »Verjüngung« des Kulturbestandes durch größere Genvielfalt ermöglicht. Zusätzlich lässt sich auch feststellen, dass dort, wo domestizierte und wilde Arten im selben Areal leben, domestizierte Pflanzen mit der Zeit »auswildern«, wie etwa bei der Olive. Nach kurzer Zeit entwickeln die Nachkommen solcher Individuen wieder die Merkmale der Stammpflanze und schaffen mitunter große Probleme bei der Klassifizierung.

Die Domestizierung durch den Menschen erfolgt nach Selektionsprozessen, die sich deutlich von der natürlichen Selektion unterscheiden. Die Dauer der Selektion und ihr Ergebnis wirkt sich natürlich auch auf die Systematik und die Taxonomie aus. Hier stellt sich die Frage, wie weit es möglich ist, eine domestizierte Pflanze als eigene Spezies zu bezeichnen oder als Unterart ihrer wilden Spezies? Was die Sache noch

weiter verkompliziert, sind die Regeln der Nomenklatur. Dort herrscht das Prioritätsprinzip, nach welchem der Name der zuerst beschriebenen Spezies als hierarchisch höherstehend zu betrachten ist. Ist die domestizierte Art zuerst beschrieben worden, und will man die domestizierten und die wilden Spezies als zwei Unterarten angeben, so muss die Spezies den Namen der domestizierten Art tragen, und erst in der Subspezies erscheint der Name der wilden Art, was die natürliche Abstammung nicht richtig wiedergeben würde.
Ein Beispiel: *Pyrus communis* L. var. *communis* - Kulturbirne, *Pyrus communis* L. var *pyraster* L. - Wilde Birne). Durch die Domestizierung erfolgt insbesondere auf dem Gebiet der Blumenzucht eine Isolierung bestimmter morphologischer und farblicher Faktoren, die entweder von Natur aus vorkommen oder die künstlich durch Kreuzungen, Bastardierung oder Selektion gefördert werden.
Schließlich zählt auch die Gentechnik neuerdings zu den Methoden der Pflanzenzucht. Einzelne Genabschnitte der Chromosomen DNA, die Träger besonders erwünschter Merkmale sind, können durch diese Technik in die Chromosomen eines anderen Individuums transplantiert werden. Die auf diese Weise entstandenen neuen Spezies bezeichnet man als Kulturpflanzenarten oder englisch »Cultivar« (Abkürzung für »Cultivated variety«), da diese Spezies nicht auf dem Weg der natürlichen Selektion entstanden sind, sondern künstlich geschaffen wurden. Solche Kultursorten können von Gärtnern mit jedem beliebigen Fantasienamen bezeichnet werden, der auch nicht unbedingt Lateinisch sein muss. Zusätzlich sind ergänzende Bezeichnungen wie etwa »Constance Elliot«, »Prince of Wales«, »Souvenir de Marengo«, »Compacta Aurea« etc. zulässig, sofern sie in einfachen Klammern angeführt werden und mit einem Großbuchstaben beginnen oder die Abkürzung cv. vorangestellt wird.
Hybride Sorten, also die Artgrenze überspringende Kreuzungen zwischen Spezies der gleichen Gattung, werden mit einem Multiplikationszeichen (x) vor dem Artennamen angegeben: *Passiflora* x *colvillei*, *Ilex* x *altaclarensis*, *Quercus* x *crenata*. Bei den eher seltenen, weil schwer durchführbaren Kreuzungen zwischen Spezies verschiedener Gattungen wird das Zeichen x dem Gattungsnamen vorangestellt: x *Citrofortunella microcarpa,* x *Osmarea burkwoodii*. Der Echte Bastard oder Hybride, das heißt die Kreuzung verschiedener Spezies derselben Gattung, ist steril. In manchen Fällen gelingt es der Pflanze jedoch durch Regulation der Zahl ihrer Chromosomen, die Sterilität zu überwinden und funktionsfähige Gameten hervorzubringen. In solch einem Fall kann die Pflanze nicht mehr bloß als Hybride angesehen werden, sondern hat dadurch den Rang einer neuen Spezies erlangt (Speziation durch Bastardierung).
So verlief z.B. der Werdegang der roten Rosskastanie, deren Name daher mittlerweile *Aesculus carnea* Zeyh. lauten müsste, und nicht mehr, wie immer noch in vielen Handbüchern angegeben, *A.* x *carnea* Zeyh. Der Züchter erhält nun Hybride durch die Kreuzung des Pollens der Spezies A mit den Eizellen der Spezies B oder auch umgekehrt, wobei das Ergebnis je nach Vater oder Mutter oft unterschiedlich ist. Das Ergebnis einer Kreuzung, etwa Pollenkörner der Spezies A mit Eizellen der Spezies B, ergeben keineswegs identische genetische Anlagen bei allen Nachkommen. Eine Generation von Bastarden besteht immer aus genetisch verschiedenen Individuen, die sich in Farb- und Formgebung manchmal erheblich, manchmal aber auch nur geringfügig unterscheiden. Können hybride Individuen vegetativ vermehrt werden, so entstehen sogenannte hybride Sorten, z.B. Rose, Apfel usw.
Der Mensch kultiviert und domestiziert Bäume aber nicht nur zur Gewinnung von Nahrung oder zu Zierzwecken, auch die verschiedenen Holzarten und deren Qualität hat schon seit langer Zeit große Bedeutung für Mensch und Baum. Durch die Ausbildung massiver Holzstämme unterscheiden sich die Bäume grundlegend von allen anderen Pflanzen. Viele Arten von Bäumen liefern Holz von höchster Qualität, wie z.B. Buche, Eiche, Ahorn, Kirsche, Nuss und auch viele Nadelbäume. Solche Nutzholzpflanzen kommen zumeist in ihren natürlichen Arealen wild wachsend oder gepflanzt vor, werden oft aber auch unter klimatisch ungünstigen Bedingungen zum Nachteil der autochthonen Flora in Massen kultiviert.

Die Baumarten

Cycas revoluta

Japanische Cykadee

Visitenkarte

Höhe
bis zu 4 m

Wuchsform
gerader Stamm mit Blattwedeln an der Spitze

Rinde
braun, gefurcht

Blätter
pennate oder gefiederte Blattwedel

Blüten
endständige, zapfenförmige männliche Blütenstände, rundliche endständige weibliche Blütenstände

Früchte
kugelförmige Zapfen

Die Japan-Cykadee ist ein kräftiger palmenartiger Baum von sehr langsamem Wuchs, der nur in Ausnahmefällen eine Höhe von 4 m erreicht. Die Krone wird von glänzenden, auf der Oberseite dunkelgrünen, auf der Unterseite heller getönten palmartigen Wedeln gebildet. Die bis zu 2 m langen Einzelblätter sind gefiedert. An einer Hauptlängsachse setzen zahlreiche annähernd parallel ausgerichtete, schmale, harte und spitz zulaufende Blattsegmente an. Entlang der graubraunen Stammoberfläche lässt sich ein regelmäßiges Muster von schmalen Blattnarben, welche die Abdrücke abgefallener Wedel sind, erkennen. Die Pflanze ist zweihäusig, d. h. männliche und weibliche Blüten bilden sich auf verschiedenen Individuen. Die männlichen Pflanzen produzieren große, aufrechte, gelblich gefärbte Zapfen an der Triebspitze, bei den weiblichen Individuen sitzen die konischen Blütenstände ebenfalls an der Triebspitze, sie sind aus aufrecht stehenden gefiederten braunen, nach innen gekrümmten, seidig pelzigen Fruchtblättern zusammengesetzt. Jedes Fruchtblatt trägt an der unteren Hälfte der Blattinnenseite einige Eizellen. Die Frucht bildet bei der Reifung große orangefarbene, nackte Samen aus.

Die männlichen Individuen der zweihäusigen Japanischen Cykadee tragen aufrecht stehende zapfenartige Blütenstände. Weibliche Exemplare bilden mit ihren nach innen gekrümmten aufrecht stehenden Fruchtblättern weibliche konische Blütenstände an den Triebspitzen (siehe Abbildung auf der rechten Seite).

Ursprung: Wie man bereits dem gebräuchlichen Namen dieses zu den Palmfarnen gehörigen Baumes entnehmen kann, stammt die Japanische Cykadee aus Japan, wo diese Art ursprünglich auf der Insel Kyushu im Süden des Landes verbreitet war.
Ökologie: Die Japanische Cykadee gedeiht bevorzugt in Küstenwäldern, oft in felsigem, unzugänglichem Gelände.
Nutzung: In mediterranen Ländern ist dieser Baumfarn als Zierbaum beliebt. In Japan wird aus dem Mark des Stammes gelegentlich Stärke gewonnen. Auch in anderen Ländern werden Palmfarne bisweilen zu diesem Zweck genutzt. Die Samen aller Spezies sind giftig.

Ähnliche Spezies: *Cycas circinalis* L. stammt aus dem indonesisch-malaiischen Raum. Diese Cykadee wird in vielen warmen Klimazonen der Erde in Parks und Gärten als Zierpflanze kultiviert. Sie wird mit bis zu 5 m Höhe etwas größer als die Japanische Cykadee und ihre Blätter weisen eine stärkere Biegung auf, sie sind auch zarter gebaut und werden bis zu 3 m lang.

Ginkgo biloba

Ginkgo

Visitenkarte

Höhe
bis zu 35 m

Wuchsform
hoher Stamm mit ausladender Krone

Rinde
rötlich braun

Blätter
Laub abwerfend, fächerförmig, zweilappig

Blüten
männliche gelbe Kätzchen, grüne kugelförmige weibliche Blüten

Früchte
kugelförmige Früchte mit unangenehm riechendem Fruchtfleisch

Dieser bis zu 35 m hohe Baum mit pyramidenförmiger Krone tendiert mit zunehmendem Alter dazu, mehr in die Breite zu wachsen und bildet dabei oft unsymmetrische Formen aus. Der Stammverlauf ist gerade, wobei bei älteren Individuen die Rinde deutlich gefurcht ist. Die wechselständig angeordneten fächerförmigen Blätter sitzen an langen Stielen und sind an ihrer Parallelnervigkeit und an der zweilappigen Form leicht zu erkennen. Die Blätter sitzen an den Langtrieben einzeln, an den Kurztrieben hingegen in Gruppen von 2 - 4 Stück beisammen. Ihr äußerer Rand ist gewellt, wobei der Einschnitt in der Mitte unterschiedlich tief ausgebildet sein kann. Im Herbst verfärben sie sich zu einem lebhaften Gelb. Die männlichen Pflanzen bilden Kätzchen-Blütenstände aus kleinen Einzelblüten, die fast nur aus einem Staubgefäß bestehen. Die weiblichen Pflanzenindividuen tragen hingegen Einzelblüten, die aus nichts anderem bestehen als aus zwei grünen, abgeflachten Fruchtblättern, die an einem langen Stiel sitzen. Mit den ersten Herbstfrösten beginnen die zuerst grünen, dann gelblichen 2 - 3 cm langen Scheinfrüchte, welche ein unangenehm riechendes Fruchtfleisch enthalten, abzufallen. Erst im darauf folgenden Frühjahr findet die Befruchtung statt und die Samen werden gebildet. Dieser in seiner Heimat China

sehr beliebte Zierbaum wird dort *yin-kyo* genannt, was so viel wie Silberfrucht bedeutet. Davon hat Carl v. Linné als Erstbeschreiber den heute gültigen Namen Ginkgo abgeleitet.

Ursprung: Nordost-China.

Ökologie: In ihrem ursprünglichen Verbreitungsgebiet trifft man diese Spezies in kühlen Tälern bis 700 m Meereshöhe an, wo sie kleine Mischpopulationen mit Koniferen und anderen Laubbäumen bildet.

Nutzung: *Ginkgo biloba* wurde erst am Beginn des 18. Jahrhunderts in Europa eingeführt und dort schon bald wegen seines eleganten Wuchses, seiner Langlebigkeit und seiner Widerstandsfähigkeit gegen Frost und auch Parasiten geschätzt. Diese Art ist mittlerweile auf der gesamten Nordhalbkugel als Zierbaum in Parks und in Gartenanlagen weit verbreitet. In China wird das helle, fast weiße Holz des Ginkgobaumes für die Erzeugung von Schachfiguren, Spielzeugen und Haushaltsutensilien genutzt.

Ginkgo biloba *gilt heute als lebendes Fossil. Die Art stammt ursprünglich aus China und wurde von dort als Zierpflanze in die ganze Welt exportiert. Die charakteristische, zweilappige Blattform (siehe Abbildungen auf der linken Seite) hat dieser Spezies ihren Namen gegeben.*

Abies alba

Weißtanne

Visitenkarte

Höhe
bis zu 40 m

Wuchsform
schlanke, spitz pyramidenförmige Krone

Rinde
glatt, silbergrau bis bräunlich

Blätter
flache, abgerundete Nadeln

Blüten
kleine gelblich rötliche männliche Blüten, grüne weibliche Zapfenblüten

Früchte
aufrecht stehende längliche Zapfen mit spitzen Fortsätzen an den Deckschuppen (Brakteen)

Die Weißtanne kann bis zu 40 m Höhe erreichen. Die schlanke dunkelgrüne, spitz zulaufende, pyramidenförmige Krone stirbt mit zunehmendem Alter an der Spitze häufig ab, wodurch sie bei alten Bäumen nach oben flach abschließt. Die Äste sind am Stamm in gleichmäßigen Quirlen angeordnet und verlaufen fast waagrecht nach außen. Der gerade verlaufende, säulenförmige Stamm ist mit einer silbrig grauen Rinde bedeckt, die bei älteren Exemplaren von der Basis her rauer und dunkler wird. Die Nadeln sitzen an den Zweigen eigentlich in Form einer Spirale, stellen sich jedoch abwechselnd schräg und gerade, sodass es scheint, als seien sie gleichmäßig beidseitig horizontal angeordnet. Sie werden bis zu 3 cm lang, sind flach, an der Basis schmal und an der Spitze abgerundet. Die Oberseite ist leuchtend dunkelgrün, die Unterseite wirkt durch zwei weiße Streifen längs der Hauptader weißlich grau. Die männlichen Blütenstände entwickeln sich über den ganzen Baum verteilt und bilden längliche, zylindrische grüngelbe Zapfen mit purpurfarbenen Schuppen, die weiblichen aufrecht stehenden Zapfen bilden sich nur an den höheren Zweigen und sind durch die spitzen Fortsätze der Zapfenschuppen typisch gekennzeichnet. Sie sind zylindrisch geformt, verjüngen sich an der Spitze leicht und erreichen bis zu 18 cm Länge. Im reifen Zustand sind sie rotbraun gefärbt und bleiben geschlossen, bis sie allmählich zerfallen, um die Samen freizugeben, wobei auf dem Ast als letzter Rest nur die kahle Mittelachse des Zapfens zurückbleibt.

Ursprung: Die Gebirgsregionen Ost-, Mittel- und Südeuropas.

Ökologie: Die Weißtanne ist ein typischer Baum der Gebirgsregionen, wo das Klima eher kühl, die Sommer relativ feucht und die Winter schneereich, aber nicht zu kalt sind. In den Alpen

ist die Weißtanne bis 1600 m Seehöhe anzutreffen, in den Pyrenäen steigt sie in Höhen bis 2000 m. Gelegentlich bildet die Tanne Reinbestände, viel häufiger kommt sie aber im Mischwald zusammen mit Buchen, Fichten und seltener mit Kiefern vergesellschaftet vor. Pollenanalytische Studien haben gezeigt, dass Tannen im Zeitraum von 9000 bis 5000 Jahren vor unserer Zeit, in dem das Klima besonders günstig für sie war, die beherrschende Art der Gebirgswälder gewesen sein muss. Später wurde sie von der Fichte verdrängt, da diese für das nun veränderte Klima besser geeignet war.

Verbreitung: Europa, von den Pyrenäen bis zu den Karpaten und vom östlichen Sachsen bis nach Nordgriechenland.

Nutzung: Als wichtige Nutzholzart wurde die Weißtanne schon seit jeher als Holzlieferant genutzt. Bereits zur Zeit des antiken Rom wurden die Tannenbestände für die Holzgewinnung maßgeblich reduziert. Das Holz der Weißtanne ist im Vergleich zu dem der Fichte von etwas geringerer Qualität, trotzdem wird es vornehmlich zu Bauholz und in der Papierindustrie auch heute in großen Mengen verarbeitet.

Ähnliche Arten: Die **Kaukasus-** oder **Nordmanntanne** *(Abies nordmannia)* unterscheidet sich von der Weißtanne durch ihre deutlicher spiralig angeordneten Nadeln und durch etwas kürzere, aber dickere Zapfen mit langen, aufgebogenen Fortsätzen an den Zapfenschuppen. Die **Coloradotanne** *(A. concolor)* trägt längere und breitere sowie allseits grau schimmernde Nadeln, die Deckschuppen der Zapfen entwickeln keine Fortsätze. Die Spezies ***Abies cilicica*** ist gekennzeichnet durch eine breit-pyramidenförmige Krone, ihre Nadeln sind ziemlich lang, die Zapfen charakteristisch spitz zulaufend, die Zapfenschuppen stehen kaum vor. Die **Spanische Tanne** (*Abies pinsapo* Boiss.) trägt eng spiralig angeordnete, kurze Nadeln, die an den Enden der Zweige nach innen gekrümmt sind, ihre Zapfen sind wesentlich kleiner und die Deckschuppen weisen ebenfalls keine Fortsätze auf.

Das charakteristische korbförmige Aussehen der Spitze älterer Weißtannen wird oft als »Storchennest« bezeichnet, ein Merkmal, das sie von allen anderen Koniferen unterscheidet. Ein anderes, wichtiges Kennzeichen, das sie von den diversen anderen Fichten unterscheidet, sind ihre aufrecht stehenden Zapfen.

Cedrus atlantica

Atlas-Zeder

Visitenkarte

Höhe
bis 45 m

Wuchsform
konisch

Rinde
graubraun

Blätter
spitze, harte Nadeln

Blüten
gelbliche männliche Zapfenblüten, rötlich grüne weibliche Zapfenblüten

Früchte
aufrecht stehende, bauchige braune Zapfen

Die Atlas-Zeder erreicht in ihrem natürlichen Lebensraum bis zu 45 m Höhe, als Kulturpflanze wird sie jedoch selten höher als 30 m. Der weitgehend gerade verlaufende Stamm ist von einer graubraunen, furchig rauen Rinde bedeckt. Die eher lichte Krone ist bei jüngeren Exemplaren noch pyramidenförmig, wird aber mit zunehmendem Alter ziemlich ausladend. Die oberen Äste der Krone sind beim jüngeren Baum gewöhnlich steil nach oben gerichtet, während die unteren eher horizontal verlaufen. Die immergrünen Nadeln überdauern zumeist zwei bis drei Vegetationsperioden. An den Langtrieben sitzen sie einzeln und sind spiralig angeordnet, an den Kurztrieben stehen sie in Büscheln von 20 bis 45 Stück beisammen. Sie laufen sehr spitz zu, sind etwa 1,5 - 2,5 cm lang und damit etwas kürzer als die Nadeln der Libanon-Zeder. Wie bei allen Zedern bilden sich die zapfenförmigen Blütenstände auch bei der Atlas-Zeder erst im Herbst. Die männlichen Zapfen sind zuerst gelblich, später braun gefärbt, 3 - 4 cm lang und stehen aufrecht, sie fallen ab, sobald sie den Pollen abgegeben haben. Die weiblichen Blütenstände sind zuerst eher unscheinbar, ca. 1 cm lang und grünlich. Aus ihnen entwickeln sich im Laufe zweier Vegetationszyklen schließlich aufrecht stehende, bauchige

Wie alle Zedern eignet sich die Atlas-Zeder hervorragend als markanter Einzelbaum in großen Gartenanlagen und Parks, da diese Art ziemlich raschwüchsig ist. Die Abbildung auf der linken Seite zeigt heranreifende Zapfen einer Atlas-Zeder, die immer aufrecht auf den Zweigen stehen.

braune Zapfen, die im Reifezustand zerfallen, um so die Samen freizugeben.
Ursprung: In der Natur kommt die Atlas-Zeder nur mehr auf einigen algerischen Gebirgszügen (Atlasgebirge) und in Teilen Marokkos (Rif) vor.
Ökologie: Auf den kühlen Nordhängen des Atlasgebirges ist die Atlas-Zeder zwischen 1400 und 2200 m Seehöhe zumeist in Form von Baumgruppen oder in Mischwäldern vergesellschaftet mit Eiben, afrikanischen Tannen, Zitterpappeln und Eschen anzutreffen.
Nutzung: Um die Mitte des 19. Jahrhunderts wurden erstmals einige Exemplare dieser markanten Art als Zierbäume in Europa eingeführt. Am beliebtesten ist heute die Varietät »Glauca« mit silbrig schimmernden blauen Nadeln.
Ähnliche Spezies: Libanon-Zeder, Himalaja-Zeder.

Cedrus deodora

Himalaja-Zeder

Visitenkarte

Höhe
bis zu 60 m

Wuchsform
schlank konisch mit hängendem Wipfel

Rinde
graubraun

Blätter
weiche, spitz endende Nadeln

Blüten
männliche Blütenzapfen bräunlich rosa, weibliche grün

Früchte
rotbraune, aufrecht stehende Zapfen

Die charakteristische Krone dieses schlanken, bis zu 60 m hohen Baumes bleibt im Gegensatz zu der Kronenform anderer Zedernarten auch noch im hohen Alter pyramidenförmig, nur der Wipfel erscheint leicht geneigt. Der säulenförmige, gerade verlaufende Stamm erreicht an der Basis einen Durchmesser von bis zu 3 m, die Rinde ist graubraun und von feinen Rissen durchzogen. Die Äste des ersten und zweiten Jahres wachsen horizontal, die späteren zunehmend hängend. Die einzeln stehenden 2,5 - 4,5 cm langen Nadeln an den Terminaltrieben sind spiralig angeordnet, bilden aber an den Kurztrieben Büschel von 20 bis 30 Stück. Die Zapfenblüten erscheinen im Herbst. Die männlichen Zapfen sind 4 - 7 cm lang und zuerst grün, dann bräunlich rosa gefärbt, während die kleineren weiblichen Zapfen erst innerhalb von zwei Jahren zu 7 - 13 cm langen, verholzten Zapfen heranreifen, die 5 - 9 cm Durchmesser erreichen und zuerst bläulich grün, dann rotbraun gefärbt sind.

Ursprung: Himalaja vom Hindukusch im Osten Afghanistans über Pakistan (Karakorum) und Indien (Kaschmir) bis zum östlichen Nepal.

Ökologie: In den östlichen Teilen ihres Areals kommt die Himalaja-Zeder zwischen 1700 und 3000 m Seehöhe vor, während sie in den westlichen Gebieten, wo das Klima etwas kühler ist, nur Höhen bis zu 1300 m erreicht.

Nutzung: Seit Anfang des 19. Jahrhunderts kann man diese markanten Riesen in vielen europäischen Parkanlagen bewundern.
Wegen ihrer imposanten Wuchshöhe zählt sie bis heute zu den beliebtesten Zedernarten.

Ähnliche Arten: Libanon-Zeder, Atlas-Zeder.

Wie an diesem Bild deutlich zu sehen ist, zählt die Himalaja-Zeder mit ihrer eindrucksvollen Krone und ihrer Wuchshöhe zu den imposantesten Bäumen. Mit ihrer Größe überragt sie alle anderen Zedernarten bei weitem, wobei der schlanke Wuchs ihren majestätischen Eindruck noch verstärkt. Abbildung unten: ein Zweig der Himalaja-Zeder mit reifen Zapfen.

Cedrus libani

Libanon-Zeder

Visitenkarte

Höhe
35 - 40 m

Wuchsform
in der Jugend pyramidenförmig, dann weit ausladend mit stark abgeflachtem Wipfel

Rinde
dunkelgrau

Blätter
harte, spitze Nadeln

Blüten
gelbliche männliche Zapfen, grüne weibliche Zapfen

Früchte
braune, aufrecht stehende Zapfen

Die bis zu 40 m hohe Libanon-Zeder wächst in ihrer Jugend in konischer Form, die Krone tendiert jedoch mit zunehmendem Alter dazu, zunehmend flacher und breiter zu werden. Der säulenförmige Stamm erreicht am Boden Durchmesser bis zu 2,5 m und ist schon von der Basis an typisch verzweigt. Die Rinde ist zuerst glatt und grau, wird mit zunehmendem Alter jedoch dunkel und zeigt Längsfurchen. Die Äste des ersten Jahres wachsen steil nach oben, während ihre Spitze leicht nach unten hängt. Die unten anschließenden Äste wachsen dann horizontal in die Breite. Die 1 - 3,5 cm langen Nadeln sind steif, gerade oder gekrümmt und spitz zulaufend. An den Langtrieben stehen einzelne Nadeln spiralig, an den Kurztrieben sind sie in Büscheln von 20 - 35 Stück zusammenstehend angeordnet. Die männlichen, 4 - 5 cm langen, zylindrischen, aufrecht stehenden Zapfen sind zuerst hellgrün und verfärben sich im Herbst braun. Die weiblichen, kurzstieligen Blütenzapfen sind zuerst grün, dann braun. Im Reifezustand sind sie 8 - 12 cm lang, 3 - 6 cm

dick und an der Spitze abgerundet, sie stehen aufrecht. Im Reifezustand lösen sich die Zapfenschuppen von der Mittelachse, die schließlich als nackter Rest auf den Ästen zurückbleibt. Die Samen weisen flügelartige Fortsätze auf.

Ursprung: Östlich an das Mittelmeerbecken angrenzende Gebiete (Taurus-Gebirge in der südlichen Türkei, Gebirgszüge in Syrien und im Libanon).

Ökologie: In ihrem natürlichen Verbreitungsgebiet bevorzugt die Libanon-Zeder kühles Bergklima. Man findet sie daher vorwiegend auf felsigen Kalkböden an Nordhängen zwischen 1300 und 3000 m Seehöhe, wo die Winter schneereich, die Sommer aber trocken sind. Ihre Bestände bilden offene, lichte Wälder mit wenig Unterholz oder sie wächst vergesellschaftet mit Tannen-, Kiefern- und diversen Wacholderarten *(Juniperus excelsa)*.

Nutzung: Vor vielen Jahrtausenden, als noch gewaltige Zedernwälder die Berghänge des gesamten Mittleren Orients bedeckten, war dieser Baum eine der verbreitetsten und bekanntesten Arten. Das harzreiche Holz wurde wegen seiner Festigkeit und Dauerhaftigkeit hoch geschätzt. Bedauerlicherweise sind die Bestände durch jahrhundertelangen Raubbau in ihrem natürlichen Areal bis auf wenige hundert Exemplare zusammengeschrumpft. Seit dem Ende des 17. Jahrhunderts kultiviert man die beeindruckende Libanon-Zeder auch in europäischen Parkanlagen.

Ähnliche Arten: Außer der Libanon-Zeder gibt es noch drei bekannte Zedernarten, die **Himalaja-Zeder**, die **Atlas-Zeder** und die **Zypern-Zeder** (*Cedrus brevifolia* (Hook f.) Henry). Letztere kommt in der Natur nur auf dem Berg Paphos auf der Insel Zypern vor und wird in Europa selten kultiviert. Erwachsene Exemplare der verschiedenen Zedernarten sind aufgrund der charakteristischen Form ihrer Kronen leicht voneinander zu unterscheiden (flacher Wipfel bei der Libanon-Zeder, konischer Wipfel bei der Atlas-Zeder und hängender bei der Himalaja-Zeder), doch bei jungen Bäumen ist die Unterscheidung eher schwierig. Hier sind die männlichen Blütenzapfen ein wichtiges Unterscheidungsmerkmal: Bei der Libanon-Zeder sind sie 4 - 5 cm lang, bei der Himalaja-Zeder 5 - 7 cm und bei der Atlas-Zeder 3 - 4 cm. Auch die unterschiedliche Länge der Nadeln mit 1 - 3,5 cm bei der Libanon-Zeder, 2 - 6 cm bei der Himalaja-Zeder und 1 - 2,5 cm bei der Atlas-Zeder sind sichere Bestimmungsmerkmale.

In ihrem natürlichen Areal ist die Libanon-Zeder mit ihrer eindrucksvollen Krone, die mit zunehmendem Alter immer ausladender und flacher wird (siehe obenstehende Abbildung) leider nur noch mit wenigen hundert Exemplaren vertreten.

Larix decidua

Europäische Lärche

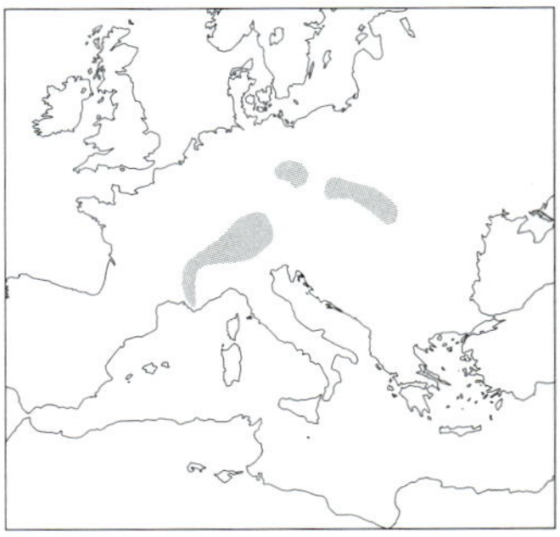

Visitenkarte

Höhe
bis 40 m

Wuchsform
pyramidenförmig

Rinde
graubraun

Blätter
weiche hellgrüne Nadeln, die im Herbst abgeworfen werden

Blüten
männliche gelbe Zapfenblüten, weibliche rote Zapfenblüten

Früchte
kleine, aufrecht stehende braune, rundliche Zapfen

Die bis zu 40 m hoch wachsende Europäische Lärche bildet einen geraden oder leicht gekrümmten Stamm mit offener, lichter Krone, wobei die obersten Äste horizontal, die tieferen zunehmend hängend vom Stamm abstehen. Die Nadeln sitzen an den Langtrieben in Spiralform, an den Kurztrieben hingegen in Büscheln von 20 - 40 Stück beisammen. Sie sind 2 - 4 cm lang, abgeflacht und sehr weich, ihr helles Grün verfärbt sich im Herbst goldgelb. Im April und Mai erscheinen die Zapfen, wobei die männlichen rundlich und gelb gefärbt sind, während die auffälligeren weiblichen Blütenstände eiförmig violettrot und von einem Büschel Nadeln umgeben sind. Nach der Bestäubung verfärben sich die Zapfen braun und verweilen oft noch jahrelang an den Ästen. Sie sind ca. 4 cm lang.

Ursprung: Mitteleuropäische Gebirgszüge (Alpen, Karpaten, Tatra).

Ökologie: Die Lärche ist optimal an die Bedingungen des winterkalten Kontinentalklimas der mitteleuropäischen Gebirge angepasst. Man findet diesen Baum bis in 2500 m Seehöhe, in der Tatra, wo das jährliche Temperaturmittel oft um bis zu 20 °C unterschritten wird, sogar schon ab 200 m. In Europa ist die Lärche jene Baumart, die in den höchsten Gebirgslagen zu finden ist und zusammen mit der Zirbelkiefer die obere Waldgrenze markiert. In den tieferen Lagen kommt sie häufig gemeinsam mit Kiefern und Fichten in gemischten Nadelwäldern vor. Die Art bevorzugt offene Flächen und bildet lichte Wäldchen mit grasbewachsenem Boden. Gelegentlich trifft der Bergwanderer auf Almen und Weiden auf beeindruckende uralte, von Wind und Wetter bizarr geformte sogenannte »Wetterlärchen«.

Verbreitung: Die Lärche ist eine typische europäische Baumart, die alle drei Gebirgsgroßräume, nämlich Alpen, Karpaten und Tatragebirge, besiedelt. Nach Meinung mancher Autoren entsprechen die jeweiligen Populationen in diesen Gebieten auch drei unterschiedlichen Arten, die sich an der Größe ihrer Zapfen unterscheiden lassen. Im europäischen Teil Russlands wird *Larix decidua* von der **Russischen Lärche** (*Larix russica* (Endl.) Sabine) verdrängt, einer Art, die hauptsächlich in der sibirischen Taiga bis zur nördlichen Grenze des Waldgürtels vertreten ist.

Nutzung: Schon seit der Antike wird Lärchenholz wegen seiner Zähigkeit und außerordentlichen Fäulnisbeständigkeit geschätzt, besonders zur Zeit des antiken Rom fand es im Schiffsbau hervorragende Verwendung. Da Lärchenholz leicht zu bearbeiten ist und überdies

Links: Die weiblichen rot gefärbten Blütenstände der Lärche sind auffälliger als die kleinen gelben männlichen Zapfen.
Unten links: Im Herbst nehmen die Nadeln der Lärche eine goldgelbe Färbung an.
Unten rechts: Der typische gekrümmte Stamm einer unter den schwierigen Lebensbedingungen des Gebirges (Schneedruck) herangewachsenen Lärche.

schöne rötliche Farbtöne aufweist, kommt es auch heute in der Tischlerei und Zimmerei häufig zum Einsatz, wegen seiner Wetterbeständigkeit insbesondere für Balkone und Außenfassaden.
Ähnliche Arten: Auf der gesamten nördlichen Halbkugel existieren neun verschiedene Lärchenarten, die vornehmlich im nördlichen Waldgürtel, der Taiga und auf Gebirgszügen anzutreffen sind. Als Zierbaum wird hauptsächlich die **Japanische Lärche** mit blaugrünen flachen Nadeln und runden Zapfen kultiviert. Die bisweilen auftretende hybride Form ***(L. x marschlinsii* Coaz)** ist schwer zu bestimmen, da sie wechselnde, nicht genau definierte Merkmale aufweist, die jeweils eine Zwischenform zwischen beiden Stammeltern bilden.

Larix kaempferi

Japanische Lärche

Die bis zu 35 m hohe Japanische Lärche wächst aufrecht und regelmäßig, die Krone ist pyramidenförmig, die Äste bilden ausladende, waagerechte Quirle, die Rinde ist rötlich dunkelbraun und an der Basis durch tiefe Risse gekennzeichnet. Die Nadeln sind weich, abgeflacht, an der Unterseite silbergrau, an der Oberseite dunkelgrün, wodurch die Krone einen bläulich grünen Farbeindruck vermittelt. Die männlichen gelb gefärbten und rundlichen Zapfenblüten sind etwa 0,5 cm - 1 cm lang. Die weiblichen Zapfenblüten sind etwas größer, stehen aufrecht auf den herabhängenden Zweigen und sind zuerst rotviolett. Nach der Befruchtung reifen sie zu dunkelbraunen rundlichen Zapfen mit abgerundeten, etwas aufgewölbten Deckschuppen heran. Nach der Verbreitung der Samen während des Winters bleiben die nun offenen Zapfen oft noch jahrelang an den Zweigen haften.

Ursprung: Die japanische Hauptinsel Honschu.

Ökologie: Die Japanische Lärche kommt in ihrem natürlichen Verbreitungsgebiet in Mischwäldern zusammen mit anderen Koniferen und Laubbäumen (Eichen, Buchen, Birken) auf Berghängen bis zu 2300 m Seehöhe vor. Selbst oberhalb der Baumgrenze ist sie oft noch in zwergwüchsiger Form anzutreffen, wobei diese »natürlichen Bonsais« auf den Betrachter sehr ansprechend wirken.

Nutzung: Seit dem letzten Jahrhundert ist die Japanische Lärche als Zierbaum in ganz Europa verbreitet. Speziell in der ersten Hälfte des 20. Jahrhunderts hat man in Italien die Japanische Lärche und auch Bastarde einer Kreuzung aus Europäischer und Japanischer Lärche dazu eingesetzt, um Gebiete mit besonders kargen Böden in mittleren Höhen des Apennin und in den Alpen wiederaufzuforsten.

Ähnliche Arten: Die Japanische Lärche hat einige enge Verwandte, so etwa diverse amerikanische oder asiatische Spezies, wie zum Beispiel die **Sibirische Lärche** (*L. gmelinii*, *L. russica*) und die nordamerikanische ***L. laricina*** sowie die **Europäische** oder **Gemeine Lärche.** Gelegentlich finden sich auch Bastarde von Europäischer und Japanischer Lärche, die schwer einzuordnen sind.

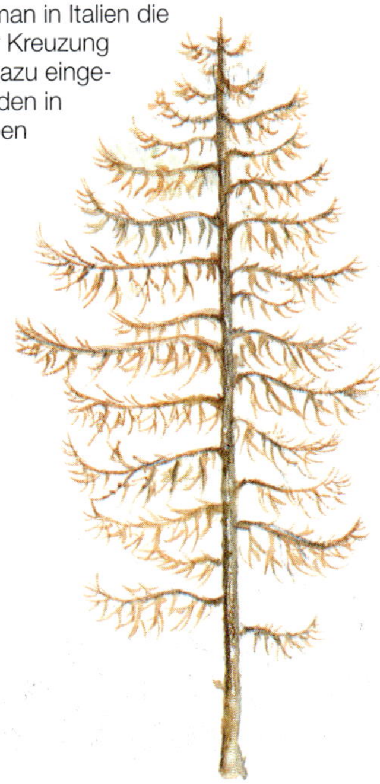

Visitenkarte

Höhe
bis 35 m

Wuchsform
gerader, zylindrischer Stamm, breite pyramidenförmige Krone

Rinde
graubraun bis rötlich braun

Blätter
kurze, weiche, im Herbst abfallende Nadeln

Blüten
kleine gelbe männliche Zapfenblüten, größere weibliche rote Zapfenblüten

Früchte
dauerhafte braune Zapfen

Picea omorika

Serbische Fichte

Die bis zu 40 m hoch wachsende Serbische Fichte ist von sehr schlankem Wuchs und wirkt so fast säulenartig. Der Stamm ist von einer dünnen, in regelmäßige Schuppen zerteilten bräunlichen Rinde bedeckt. An den jungen Trieben sind die Nadeln noch spiralig angeordnet, ordnen sich jedoch allmählich mit der Zeit immer deutlicher zu zweizeiligen seitlichen Reihen an. Wie bei allen Fichten sind die Nadeln deutlich abgeflacht, an der Oberseite erscheinen sie grün, an der Unterseite glänzen sie weißlich. Sie überdauern bis zu zehn Jahre. Die männlichen gelblich roten Zapfenblüten sind 2 - 2,5 cm lang und sitzen in feinen Verzweigungen der unteren Äste. Die weiblichen Zapfenblüten sind zuerst purpurviolett und reifen später zu maximal 6 cm langen braunen Zapfen heran, diese sind länglich, laufen spitz zu und sitzen an einem mit kurzen Schuppen besetzten Stiel.

Ursprung: Diese erst im Jahre 1877 entdeckte Spezies hat ausschließlich im jugoslawischen Tara-Gebirge ihr natürliches Verbreitungsgebiet, wobei die aktuelle Population dort nur noch etwa 60 ha einnimmt. Das Primärareal dieser Art war jedoch vom Tertiär bis zum Beginn des Pleistozäns in Europa wesentlich größer und wurde erst durch die widrigen Umstände der Eiszeit beinahe ausgelöscht. Im südlichen Ostalpenraum fanden sich zahlreiche fossile Pflanzenreste dieser Spezies.

Ökologie: Das natürliche Habitat der Serbischen Fichte sind felsige Nordhänge von Kalkgebirgen in Höhen zwischen 800 und 1600 m Seehöhe, mit kühlen Sommern und trockenen, rauen Wintern. In tieferen Lagen lebt diese Art vergesellschaftet mit Buchen und Kastanien, in höheren Lagen gemeinsam mit anderen Fichtenarten, Weißtannen und Schwarzkiefern.

Nutzung: In Mittel- und Nordeuropa sowie in Nordamerika zählt die Serbische Fichte heute zu den meistkultivierten Zierbäumen in Parks und Gartenanlagen. Im Mittelalter fand ihr Holz vor allem in der Zimmerei Verwendung, heute unterliegt seine Nutzung zum Schutz der Restbestände strengen Regelungen.

Visitenkarte

Höhe
bis 40 m

Wuchsform
sehr schlank, pyramidenförmig spitzer Wipfel

Rinde
braun, gefurcht

Blätter
flache, harte Nadeln

Blüten
gelbrote männliche Zapfenblüten, weibliche rötliche Zapfenblüten

Früchte
kleine hängende braune Zapfen

Picea abies (Picea excelsa)

Gemeine Fichte oder Rottanne

Visitenkarte

Höhe
bis 40 m

Wuchsform
schlank pyramidenförmig

Rinde
graubraun bis braun

Blätter
spitze, derbe, stechende Nadeln

Blüten
gelbe männliche Zapfenblüten, weibliche violette Zapfenblüten

Früchte
hängende hellbraune, glänzende Zapfen

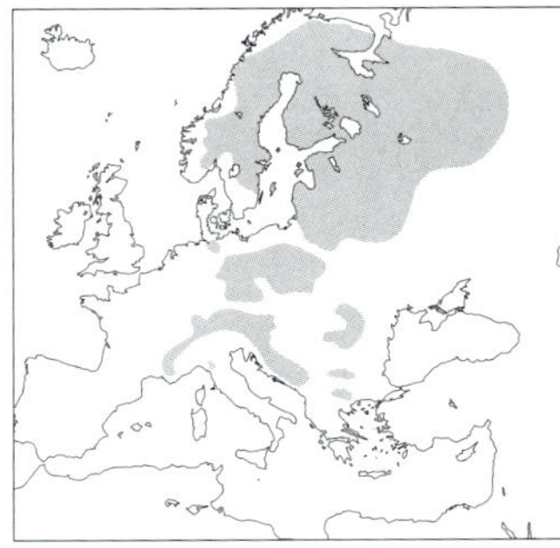

Die bis zu 40 m hoch wachsende Gemeine Fichte bildet einen geraden, säulenförmigen Stamm und eine schlanke, pyramidenförmige, dunkelgrüne Krone. Die unteren Äste der Fichte oder Rottanne tendieren mit zunehmendem Alter immer mehr dazu, nach unten zu hängen, wodurch sich diese Art deutlich von der Weißtanne unterscheidet. In höheren Lagen ist diese Tendenz bei der Fichte allerdings nicht so stark ausgeprägt. Der Stamm ist rund mit glatter Oberfläche, seine Basis kann einen Durchmesser von bis zu 2 m erreichen. Die bräunlich bis graubraun gefärbte Rinde zeigt eine regelmäßige rautenförmige Felderung. Die sehr spitzen Nadeln sind 1 - 3 cm lang, weisen einen viereckigen Querschnitt auf und sind an den Zweigen spiralig angeordnet. Die Knospen an den Triebspitzen sind etwa 4 cm lang, oval-konisch und nicht oder nur kaum harzig. Die Zapfenblüten erscheinen im Frühjahr. Die männlichen, 1 - 1,5 cm langen und gelb gefärbten Blütenstände sitzen seitlich an den Zweigen, nahe den Triebspitzen. Die weiblichen Zapfenblüten bilden sich an der Triebspitze und sind zunächst aufrecht stehend, rotviolett gefärbt und etwa 2 cm lang. Sie reifen nach der Bestäubung zu hängenden, bis zu 15 cm langen hellbraunen Zapfen. Auch nach der Freisetzung der Samen, die während des Winters erfolgt, verbleiben sie noch einige Zeit an den Zweigen. Die braunen bis schwarzen 2 - 5 mm langen Samen weisen einen durchscheinenden länglich ovalen, hellbraunen, etwa 1 - 2 cm langen Flügelfortsatz auf, der sie im Flug spiralig rotieren lässt.

Ursprung: Die Fichte bewohnt seit Ende der Eiszeit den nördlichen Waldgürtel und die Gebirgsregionen Europas, von den Meeralpen über die Zentral- und Ostalpen bis zum Ural.

Ökologie: Die besten Lebensbedingungen findet die Gemeine Fichte in den nördlichen Breitengraden der Taiga und in den nord- und mitteleuropäischen Gebirgsregionen mit kühlem und kontinentalem Klima. Sie besiedelt in den Alpen Gebiete ab einer Meereshöhe von 100 m wie z. B. im italienischen Friaul und steigt im östlichen Alpenhauptkamm bis in Höhen von 2200 m auf. In der Taiga bildet sie Mischwaldgesellschaften mit Waldkiefer und Birke, in den mittleren Lagen der Alpen vergesellschaftet sie sich mit Buche und Weißtanne, in den höheren Standorten mit Lärche und Zirbelkiefer.

Auf dieser Abbildung ist die typische pyramidenförmige, dichte Krone einer einzelstehenden Fichte deutlich zu sehen.

Sie bildet typische Pflanzengesellschaften mit diversen charakteristischen Begleitarten (*Piceetum montanum, Piceetum subalpinum, Piceo-Sorbetum aucupariae* etc.), die jeweils durch eine spezifische Unterholzflora gekennzeichnet sind.

Verbreitung: Natürliche Fichtenwälder finden sich im nördlichen Waldgürtel von Norwegen bis Russland sowie auf den großen Bergketten Europas, in den Alpen, Tatra, Sudeten, Karpaten, Balkan und im Dinarischen Gebirge. Im Osten erreicht diese Spezies ihre Verbreitungsgrenze am Uralgebirge, wo sie nach und nach von der **Sibirischen Fichte** (*Picea obovata* Ledeb.), die an ihren kleineren Zapfen zu erkennen ist, verdrängt wird. Wahrscheinlich stellen die Fichtenforste Mitteleuropas die jüngsten Waldgesellschaften der Nacheiszeit dar, weil sich diese Art erst spät infolge einer Klimaveränderung in den Alpen ausbreiten konnte und die bis dahin vorherrschende Weißtanne dadurch weitgehend verdrängt hat. Als Holz produzierende Forstpflanze und auch als Zierbaum ist diese Art heute in den kühl-gemäßigten Klimazonen weltweit sehr verbreitet. Durch künstliche Nachzucht und Massenaufforstung ist sie in vielen Gebieten auch auf wenig geeigneten Standorten vertreten.

Nutzung: Das Holz der Fichte zählt heute wohl zu den am vielseitigsten genutzten Weichhölzern. Die Möbel- und Bauindustrie verarbeitet es in großen Mengen, wobei die angenehme hellgelbliche Färbung ebenso geschätzt wird wie die leichte Verarbeitung des weichen Holzes. Schon seit langer Zeit sind im Instrumentenbau die ausgezeichneten Schwingungsqualitäten der sogenannten »Klangfichten« bekannt, daher fertigt man daraus hochwertige Resonanzkörper für Musikinstrumente. So verdanken beispielsweise die legendären Stradivari-Geigen ihren herausragenden Klang unter anderem den außergewöhnlichen Klangqualitäten der Böhmischen Fichte. Aus Fichtenharz wird unter anderem natürliches Terpentin destilliert, das sowohl in der Kosmetikindustrie als auch in der Lackindustrie Verwendung findet.

Ähnliche Arten: Die Gattung *Picea* umfasst heute etwa 40 Spezies, die ausschließlich auf der gesamten nördlichen Hemisphäre natürlich vertreten sind. Die einzelnen Vertreter lassen sich hauptsächlich anhand der Merkmale ihrer Nadeln und Zapfen unterscheiden.

Picea pungens

Stechfichte, Blaufichte, Colorado-Fichte

Visitenkarte

Höhe
bis 50 m

Wuchsform
dichte, konische Krone

Rinde
dunkelbraun

Blätter
vierkantige, harte, sehr spitze Nadeln

Blüten
gelbliche männliche Zapfenblüten, grünliche weibliche Zapfenblütenstände

Früchte
zylindrische hellbraune, hängende Zapfen

Die Stechfichte wird in ihrer natürlichen Umgebung wachsend bis zu 50 m hoch und bildet eine konische, meist sehr dichte Krone. Der drehrunde gerade Stamm ist von einer rissigen graubraunen, bei älteren Exemplaren schwärzlichen Rinde bedeckt. Die vierkantigen Nadeln sind steif und laufen sehr spitz zu, ihre Färbung ist Blaugrün oder Blaugrau, ihre Anordnung ist spiralig, sie sind 1,5 - 3 cm lang. Die zylindrischen gelb gefärbten, bis 3 cm langen männlichen Zapfenblüten sitzen an den Zweigen, die weiblichen grünen Zapfen stehen aufrecht nahe den Triebspitzen und entwickeln sich nach der Bestäubung zu etwa 8 cm langen, hängenden, hellbraun gefärbten Zapfen. Die Zapfenschuppen sind an ihrer

Basis breit und laufen ab der Mitte spitz zu.

Ursprung: Die Stechfichte wurde erst 1862 in ihrem natürlichen Verbreitungsgebiet in den zentralen und östlichen Bergregionen Nordamerikas (Rocky Mountains) von Wyoming bis Neumexiko entdeckt und als Art beschrieben.

Ökologie: In der Natur kommt die Stechfichte vergesellschaftet mit der Drehkiefer *Pinus contorta,* der Douglas-Fichte (Douglasie) und der Zitterpappel vor. Diese Art bildet auch offene Baumgruppen entlang von Wasserläufen oder an küh-

len und feuchten Hängen mit schattiger Lage in Höhen zwischen 1800 und 3300 m Seehöhe, wo der Boden bis zu zehn Monate im Jahr gefroren ist.
Nutzung: Am Ende des 19. Jahrhunderts wurde die Stechfichte erstmals nach Europa importiert, wo sie sich wegen ihrer Unempfindlichkeit gegen Luftverschmutzung als Zierbaum in städtischen Parkanlagen bis heute größter Beliebtheit erfreut. Durch gezielte Züchtung sind mittlerweile aus der Stammform zahlreiche Kulturformen mit stark variierenden Eigenschaften entstanden, die für die Anpflanzung in Parks, Gärten und sogar für Topfkulturen geeignet sind, darunter die wohl bekanntesten *Picea pungens* »Glauca« (Blaufichte) und »Argentea Kosteriana«, deren Nadeln einen schönen bläulich grauen Farbton besitzen.
Ähnliche Arten: Die Stechfichte kann unter Umständen mit der **Engelmann-Fichte** (*Picea engelmannii* Parry) oder auch mit der **Sitka-Fichte** (*Picea sitchensis* (Bong.) Carrière) verwechselt werden. Erstere stammt auch aus den Rocky Mountains und wird ebenfalls in Form mehrerer Zierarten in Parks und Gärten kultiviert. Man erkennt diese Art an ihren weicheren Nadeln und an den sehr schmal zulaufenden Zapfenschuppen. Die Sitka-Fichte stammt aus demselben Primärareal, wie auch die anderen beiden Arten und unterscheidet sich von ihnen durch ihre sehr dünnen, besonders harten und spitzen Nadeln.

Bild links: eine Sitka-Fichte. Linke Seite oben: die typisch blaugrünen Nadeln der Stechfichte. Darunter: Gesamthabitus bzw. Nadel und Zweig mit Zapfen im Detail.

Picea smithiana

Himalaja-Fichte

Visitenkarte

Höhe
bis 60 m

Wuchsform
konisch
säulenförmig

Rinde
braun-grau

Blätter
weiche,
spitze Nadeln

Blüten
gelbe männliche Zapfenblüten, grünliche weibliche Zapfenblüten

Früchte
hellbraun gefärbte hängende Zapfen

Die bis zu 60 m hoch wachsende Himalaja-Fichte weist eine besonders schmale pyramidenförmige Krone auf und hat wegen ihrer Wuchshöhe einen nahezu säulenförmigen Habitus. Die Äste hängen mit ihren Zweigen girlandenartig nach unten, wobei die untersten von ihnen nicht selten den Boden berühren. Der gerade Stamm wächst aufrecht, ist aber an der Basis häufig nach oben gekrümmt und von einer braunen bis grauen, unregelmäßig gefelderten Rinde bedeckt. Die Knospen an den Triebspitzen sind dick (bis zu 12 mm stark), die dunkelgrünen Nadeln spiralig angeordnet, bis zu 5 cm lang, aber sehr fein (1 mm), weich und ziemlich spitz. Die männlichen Blütenzapfen sitzen seitlich an den Zweigen zwischen den Nadelansätzen, sie sind gelblich gefärbt und bis zu 3 cm lang. Die weiblichen Blütenstände sind dunkelgrün bis grünviolett gefärbt, stehen in ihrer Jugend aufrecht und bilden im Lauf der Reifung hängende, zuerst hellgrüne, dann braune Zapfen. Nach der Abgabe der reifen Samen verfärben sie sich dunkelgraubraun.
Ursprung: Himalajagebiet, von Afghanistan (Hindukusch) nach Osten über Nordostindien (Kaschmir) bis ins südliche Tibet.
Ökologie: Diese Spezies ist speziell an höhere Lagen (2300 - 3600 m) innerhalb von Monsungebieten angepasst, wo sich die Niederschläge hauptsächlich auf zwei jährliche Regenzeiten konzentrieren. In tieferen Lagen bildet die Himalaja-Fichte Mischwälder mit Ahorn, Ulme und Rosskastanien, an den höheren Standorten ist sie mit der Wallich-Kiefer, der Himalaja-Weißtanne und der Himalaja-Zeder vergesellschaftet.
Nutzung: Die Himalaja-Fichte wird wegen ihrer eleganten Wuchsform gerne in Parkanlagen kultiviert, und nicht selten ist sie auch in historischen Gartenanlagen anzutreffen.
Ähnliche Arten: Die Himalaja-Fichte findet in der nordamerikanischen **Brewer-Fichte** (*Picea breweriana* S. Watson), einem sehr schöner Nadelbaum, dessen natürliche Bestände nur noch gering sind, einen Zwilling. Diese Art stammt aus Südost-Oregon und Nordost-Kalifornien und weist noch deutlicher nach unten hängende und nach oben gebogene Äste auf als die Himalaja-Fichte. Ihre Zapfen mit den abgerundeten, fächerförmigen Deck-

Pinus strobus

Strobe oder Weymouth-Kiefer

Der bis zu 40 m hohe Stamm der Strobe wächst gerade und ziemlich schlank, ihre Krone ist eher locker und erscheint bläulich grün, ihre Äste stehen in regelmäßigen Wirteln. Die dunkelgraue, in der Jugend glatte Rinde bildet mit zunehmendem Alter regelmäßige, durch tiefe Risse begrenzte Platten. Die in Fünfergruppen beisammenstehenden blaugrünen Nadeln sind dünn, biegsam und werden etwa 8 - 12 cm lang. Die gelben männlichen Blütenstände sitzen manschettenartig an der Basis der einjährigen Triebe, die weiblichen Zapfen sind schmal zylindrisch geformt, sehr harzig und sitzen an auffälligen Stielen. Die Zapfen erreichen während der Reifung bis zu 20 cm Länge und können lange mit geschlossenen Schuppen an den Ästen verweilen, ehe sie die Samen freisetzen. Die Zapfenschuppen sind lederartig biegsam und weisen einen langen, runden Fortsatz an ihrer Spitze auf.

Ursprung: Das natürliche Verbreitungsgebiet der Strobe reicht von Neufundland bis Michigan und Illinois und im Süden bis Carolina und Georgia.

Ökologie: Die Strobe bevorzugt die Niederungen flacher Täler und des Hügellandes und ist nur in Ausnahmefällen bis in Höhen von 1500 m Seehöhe zu finden. Sie bildet auf kalkfreien Böden gemeinsam mit anderen Koniferen und Laubbäumen Mischwälder.

Nutzung: Ab dem 18. Jahrhundert wurde diese Spezies mehrmals nach Europa importiert, und in der ersten Hälfte unseres Jahrhunderts pflanzte man die Strobe in einigen Ländern sogar weitläufig an, um mit ihrem Holz die Papierindustrie zu beliefern, da die bestehenden Pappelbestände nicht mehr ausreichten, jedoch mit geringem Erfolg. Heute stößt man gelegentlich noch auf Überreste dieser ehemaligen Nutzwälder.

Ähnliche Arten: Manche Arten von fünfnadeligen Kiefern ähneln der Strobe sehr, doch bei den meisten dieser Formen handelt es sich um Spezies, die selten außerhalb ihres natürlichen Areals kultiviert werden. Zu erwähnen wäre etwa die **Mazedonische Kiefer** (*Pinus peuce* Griseb.), die sich durch die dunkelgrüne, dichtere Krone und die kürzeren Zapfen, welche auch an einem kürzeren Stiel sitzen und im Reifezustand bananenförmig gekrümmt sind, von der Weymouth-Kiefer deutlich unterscheidet.

Visitenkarte

Höhe
bis 40 m

Wuchsform
schlank pyramidenförmig

Rinde
grau bis bräunlich

Blätter
lange, dünne, biegsame Nadeln

Blüten
gelbe männliche Zapfenblüten, grünliche weibliche Zapfenblüten

Früchte
hängende, lang-zylindrische braune Zapfen

Pinus cembra

Zirbelkiefer, Zirbe oder Arve

Visitenkarte

Höhe
bis 25 m

Wuchsform
pyramidenförmig mit abgerundetem Wipfel

Rinde
grau-braun

Blätter
weiche, lange blaugrüne Nadeln

Blüten
gelbe männliche Zapfenblüten, rotviolette weibliche Zapfenblüten

Früchte
aufrecht stehende dunkelbraune, eiförmige Zapfen

Die im Schnitt nur bis 20 m hoch wachsende Zirbelkiefer bildet eine dichte, intensiv dunkelgrüne, leicht blaustichige Krone, deren Äste oft bis zum Boden reichen. Der robuste, stockig ausgeformte Stamm ist bei älteren Exemplaren oft krumm, die graubräunliche Rinde ist leicht gefurcht und schuppig. Die weichen blaugrünen Nadeln sitzen in Büscheln von jeweils fünf Stück an Kurztrieben, sind dreikantig und 7 - 9 cm lang. Sie überdauern gewöhnlich 3 - 6 Vegetationsperioden. Im Sommer erscheinen die weiblichen Zapfenblüten an diesjährigen Trieben, wobei sie im oberen Drittel der Krone in kleinen Gruppen zusammenstehen, die männlichen Zapfenblüten sind gelb gefärbt und ungestielt, die weiblichen rotviolett mit kurzem Stiel. Zwei Jahre nach der Blüte sind die Zapfen reif und fallen schließlich samt den darin eingeschlossenen Samen im dritten Jahr im Ganzen ab. Die Zirbelkiefer ist ein besonders langlebiger Baum, der bis zu 500 Jahre alt werden kann. Sie wächst langsam und beginnt erstmals im Alter von etwa 40 Jahren mit der Bildung ihrer Zapfenblüten.

Ursprung: Das natürliche Verbreitungsgebiet der Zirbelkiefer umfasst die Mitteleuropäischen Gebirge Alpen, Karpaten und Hohe Tatra. Im Pleistozän (Eiszeit) hat sich die Sibirische Kiefer, der direkte Vorfahr der Zirbelkiefer, im Zuge der Gletschervorstöße immer weiter nach Südwesten zurückgezogen. Nach dem Ende der Eiszeit ging aus den überlebenden, aber nun geografisch isolierten Beständen der Sibirischen Kiefer eine neue Spezies, eben die Zirbelkiefer, hervor.

Ökologie: Die Zirbelkiefer ist ein typischer Bewohner von Höhen zwischen 1200 und 2600 m Seehöhe mit kontinentalem Klima. Die Art trotzt starken, kalten Winden ebenso wie großen Temperaturunterschieden und Schneebedeckungen von bis zu neun Monaten im Jahr. Die Zirbe bildet an der Waldgrenze meist artreine Bestände, darüber hinaus aber auch Mischwälder, gemeinsam mit Fichten in den tieferen und mit Lärchen in den höheren Lagen. Nahe der Waldgrenze und darüber hinaus trifft man oft auf bizarr verformte, einzeln stehende Individuen, die viele hundert Jahre alt sind.

Verbreitung: Diese ausschließlich an der Waldgrenze der mitteleuropäischen Gebirge heimische Baumart ist vor allem im Ostalpenraum anzutreffen. In der nord-

Die Abbildungen, oben eine jüngere, unten eine ältere Zirbelkiefer, zeigen den stumpf-pyramidenförmigen Wuchs der Zirbelkiefer, der im Alter zur Auflockerung neigt. Im Schutz gemischter Nadelwälder und an windgeschützten Stellen kann die dichte, kompakte Krone auch im Alter erhalten bleiben.

europäischen Taiga nimmt ihre nächste Verwandte, die **Sibirische Kiefer** (*P. Sibirica* Mayr) ihren Platz ein. Diese Art wird deutlich höher, nämlich bis zu 40 m und bildet etwa 13 cm lange Nadeln und Zapfen. Sie galt in der Vergangenheit als Subspezies der Zirbelkiefer.

Nutzung: Das Holz der Zirbelkiefer ist weich und leicht zu verarbeiten, so wird es außer für die Möbelerzeugung auch für Einlegearbeiten und Schnitzereien verwendet. In der Vergangenheit waren die Samen, die sogenannten Zirbelnüsse, eine wichtige Bereicherung der Speisekarte für die Bergbevölkerung, heute bleiben diese wie Pignoli schmeckenden Nüsschen fast ausschließlich Vögeln und Nagetieren vorbehalten, die damit auch zur Erhaltung und Verbreitung der Zirbelkiefer beitragen.

Ähnliche Arten: Außer der **Sibirischen Kiefer** hat die Zirbelkiefer noch einige nahe Verwandte im Fernen Osten und in Nordamerika.

Pinus halepensis

Aleppo-Kiefer oder Seekiefer

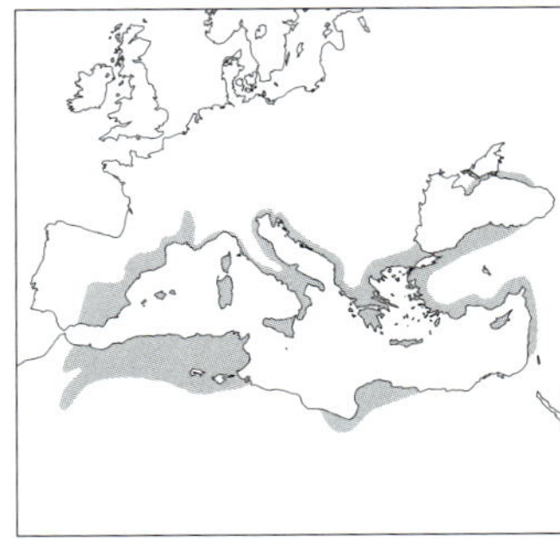

Die bis 25 m hoch wachsende Aleppo-Kiefer bildet in der Jugend eine hellgrüne, dichte, weich aussehende Krone aus, die zunächst breit pyramidenförmig, dann aber zunehmend ausladend wird, bis schließlich eine kuppelförmige Schirmkrone entsteht. Der Stamm wächst stets schräg und manchmal krumm und ist von einer dünnen silbergrauen Rinde bedeckt, die an der Basis rau und unregelmäßig gefeldert ist. Die 7 - 12 cm langen und 0,7 mm starken Nadeln sitzen paarig in einer dünnen, durchsichtigen und kurzen Scheide. Sie sind lang, weich und oft etwas gekrümmt und verdreht. Die kleinen, länglichen und gelb gefärbten männlichen Zapfenblüten sitzen an der Basis der jungen Triebe, die rötlich violetten weiblichen Zapfenblüten sind zuerst rundlich geformt und werden dann zunehmend konisch. Sie reifen innerhalb von drei Jahren zu rotbraunen Zapfen heran. Die Zapfenschuppen weisen einen leicht vorgestreckten Fortsatz auf, die schwarzen Samen haben je einen langen Flügelfortsatz.

Ursprung: Die Küstenländer des Mittelmeeres.

Ökologie: Diese Kiefernart bevorzugt kalkhältige Böden in Küstengebieten in mediterranen Klimazonen mit milden, feuchten Wintern und heißen, trockenen Sommern. Dort bildet sie spektakuläre Wälder auf felsigen Hängen, oft direkt am Meer, oft unmittelbar anschließend an die mediterrane Macchie.

Verbreitung: Entlang der gesamten Mittelmeerküste bis zur Iberischen Halbinsel und von Marokko über den Libanon bis nach Syrien.

Visitenkarte

Höhe
bis 25 m

Wuchsform
breit pyramidenförmig bis unregelmäßig schirmförmig

Rinde
grau, rau

Blätter
weiche Nadeln

Blüten
gelbe männliche Zapfenblüten, rötlich violette weibliche Zapfenblüten

Früchte
glänzende rotbraune Zapfen

Nutzung: Diese Kiefernart wird nicht nur als Nutzholz und Zierbaum kultiviert, sondern auch, speziell an der östlichen Mittelmeerküste, wegen ihres qualitativ hochwertigen Harzes, dessen Bestandteile sich unter anderem auch zur Konservierung von Lebensmitteln eignen. Der griechische Retsinawein beispielsweise verdankt sein eigentümlich harziges Aroma dem Harz der Aleppo-Kiefer.

Ähnliche Arten: Die **Kalabrische Kiefer** (*Pinus brutia* Ten.), welche viele Autoren heute als Subspezies der Aleppo-Kiefer ansehen, stammt trotz ihres Namens nicht aus Kalabrien, sondern aus dem östlichen Mittelmeerraum. Sie unterscheidet sich durch ihre dunklere, rauere Rinde sowie durch dunklere, steifere, bis zu 1,5 mm starke und bis zu 16 cm lange Nadeln. Ihre weiblichen Zapfen sind ungestielt und sitzen aufrecht in Zweiergruppen oder Wirteln von 3 bis 4 Stück an den Zweigen. Die Bezeichnung »Kalabrische Kiefer« erhielt sie von ihrem Entdecker, dem neapolitanischen Botaniker Michele Tenore (1780 - 1861), der eine kleine Population dieser Unterart in Kalabrien entdeckte und sie dort für endemisch hielt.

Mit ihrem wertvollen Harz und der großen Widerstandsfähigkeit gegen Trockenheit und Hitze gehört die Aleppo-Kiefer zu den wichtigsten und typischsten Nadelbäumen der Küstengebiete des Mittelmeerraumes.

Pinus radiata

Monterey-Kiefer

Visitenkarte

Höhe
bis 40 m

Wuchsform
massiver Stamm, dichte, flache Krone

Rinde
dunkelgrau bis schwärzlich braun

Blätter
lange Nadeln

Blüten
gelbe männliche Zapfenblüten, grünliche weibliche Zapfenblüten

Früchte
asymmetrische hellbraune, langlebige Zapfen

Die Monterey-Kiefer wird bis zu 40 m hoch. Ihre Krone ist in jungen Jahren noch pyramidenförmig, wird jedoch mit zunehmendem Alter immer flacher, bis schließlich bei sehr alten Exemplaren ein schirmförmiger Habitus entsteht. Der Stamm ist zuerst gerade, wächst dann aber schräg oder krumm, die Rinde ist tief gefurcht und dunkelgrau. Die Nadeln stehen in Dreiergruppen beisammen, sind lebhaft grün gefärbt, ziemlich fest und spitz und werden bis zu 15 cm lang. Die länglichen männlichen Zapfenblüten sitzen an der Basis der Triebe, die weiblichen sind zuerst rundlich und reifen dann zu den typischen asymmetrischen Zapfen heran, die im Reifezustand lange Zeit geschlossen am Baum verbleiben und sich nur während besonders trockener Sommer oder bei Waldbränden öffnen, um die Samen freizugeben.

Ursprung: Bestimmte Küstenregionen Kaliforniens, südlich von San Francisco, in der Bucht von Monterey.

Ökologie: In ihrem natürlichen Areal wächst die Monterey-Kiefer in Gebieten bis zu 400 m Seehöhe. Sie bevorzugt felsige, trockene Böden und ähnliche klimatische Bedingungen, wie sie in der mediterranen Macchie herrschen.

Nutzung: Die Monterey-Kiefer wächst erstaunlich schnell, schon im ersten Jahr erreicht sie beispielsweise eine Höhe bis zu 1,5 m und wird daher in vielen geeigneten Klimazonen Westeuropas, in Südafrika und in Australien großflächig zur Aufforstung eingesetzt. In Europa wurde sie erstmals in der ersten Hälfte des 19. Jahrhunderts als Zierbaum für Park- und Gartenanlagen eingeführt. In einigen Mittelmeerländern wurden in letzter Zeit durch Brand vernichtete natürliche Waldstücke in den Küstenregionen mit dieser Spezies aufgeforstet.

Ähnliche Arten: Die Monterey-Kiefer ist ausschließlich mit einigen amerikanischen Kiefernarten, speziell mit ***Pinus patula*** **Schltdl. & Cham.**, einer Art, die in den Bergregionen Mexikos natürlich vorkommt, zu verwechseln. Auch diese Spezies ist in den wärmeren Ländern Europas als Zierbaum anzutreffen, hat aber vergleichsweise viel längere Nadeln (bis 30 cm) sowie schlankere, kürzere, symmetrischer geformte Zapfen.

Pinus wallichiana

Wallich-Kiefer

Die bis zu 50 m hoch wachsende Wallich-Kiefer bildet einen geraden Stamm mit zuerst glatter, grauer und im Alter etwas dunklerer, gefurchter Rinde. Die Krone zeigt einen regelmäßigen pyramidenförmigen und eher lockeren Aufbau mit silbrig graugrüner Färbung, die Äste stehen in waagerechten Wirteln übereinander. Die dünnen und weichen Nadeln bilden hängende Büschel von je fünf Stück und werden bis zu 20 cm lang. Die männlichen gelben Zapfenblüten entwickeln sich an der Basis der Triebe, die weiblichen sind zylindrisch geformt und weisen einen kurzen Stiel auf. Im Reifezustand erreichen sie eine Länge von etwa 30 cm, sind anfangs aufrecht stehend und blaugrün gefärbt, später werden sie hängend und erscheinen dann hellbraun und etwas gekrümmt. Die Oberfläche der Zapfen ist sehr harzig und deren Deckschuppen weisen einen großen, gefurchten Fortsatz mit stumpfem Sporn auf.

Ursprung: Das natürliche Verbreitungsgebiet der Wallich-Kiefer ist die östliche Himalajakette, zwischen Afghanistan und Birma.

Ökologie: Die auch Himalaja-Kiefer genannte Wallich-Kiefer kommt in ihrem natürlichen Verbreitungsgebiet in Tälern und auf sonnigen Berghängen bis zu 2500 m Seehöhe in Mischwäldern vergesellschaftet mit Eichen, Ahorn und Stechpalme vor. Im östlichen Teil ihres Areals bildet diese Art mit der Himalaja-Zeder und der Pindrow-Tanne gemischte Nadelwälder.

Nutzung: In der Mitte des vergangenen Jahrhunderts wurde die Wallich-Kiefer erstmals als Zierbaum in Europa eingeführt und erfreut sich vor allem in Parkanlagen wegen ihrer eleganten Wuchsform und der ungewöhnlich langen, hängenden Nadeln großer Wertschätzung. Auch zur Aufforstung gewisser Gebiete fand diese Spezies Verwendung.

Ähnliche Arten: In den Mittelmeerländern kann man gelegentlich die **Armand-Kiefer** (*Pinus armandii* Franch.) in Parks und Gartenanlagen antreffen. Diese Art stammt ursprünglich aus China, zeigt aber im Gegensatz zur Wallich-Kiefer einen weniger regelmäßigen Wuchs und eine kräftige dunkelgrüne Färbung.

Visitenkarte

Höhe
bis 50 m

Wuchsform
kurzer, kräftiger Stamm mit waagerechten Ästen

Rinde
graubraun bis grauschwarz

Blätter
dünne, hängende, biegsame Nadeln

Blüten
gelbe männliche Zapfenblüten, hängende weibliche Zapfenblüten

Früchte
hängende, längliche, leicht gekrümmte Zapfen

Pinus pinea

Pinie

Visitenkarte

Höhe
bis 25 m

Wuchsform
schirmartige Krone

Rinde
graubraun, tief rissig

Blätter
stechende, spitze Nadeln

Blüten
eiförmige männliche Zapfenblüten, runde weibliche Zapfenblüten

Früchte
massive eiförmige Zapfen mit stark verholzten, dicken Deckschuppen

Die Pinie ist ein bis zu 25 m hoher Nadelbaum, dessen für diese Art typische schirmförmige Krone speziell bei älteren Exemplaren besonders reizvoll wirkt. Sämtliche Äste entspringen in der oberen Hälfte des Stammes und weisen regelmäßig schräg nach oben. Der Stamm ist relativ gerade und bei älteren Individuen häufig ab einer gewissen Höhe zweigeteilt, wodurch Doppelschirme entstehen. Die graue Rinde ist in der Jugend leicht gefurcht und weist bei alten Bäumen Risse auf, welche entlang der Basis des Stammes graubraune Rindenplatten umsäumen. Die 12 - 15 cm langen und bis zu 2 mm starken Nadeln sind hart und spitz, leicht gekrümmt, lebhaft grün gefärbt und stehen paarig in einer durchsichtigen, persistierenden Scheide. Die zahlreich entwickelten männlichen Zapfenblüten sind klein, länglich und gelb gefärbt. Sie bilden sich wie bei Kiefern üblich an der Basis diesjähriger Triebe. Die weiblichen Zapfenblüten sind rundlich, ungestielt und klein. Sie reifen allmählich zu rundlichen, bis zu 12 cm langen und 10 cm breiten, zuerst hellgrünen im Reifezustand nach etwa drei Jahren rotbraunen Zapfen heran. Die dicken, verholzten Deckschuppen mit typischer abgerundeter Spitze enthalten je zwei große Samen, die Piniennüsse, die außen von einer verholzten, mit schwärzlich purpurfarbenem Staub bedeckten harten Schale umgeben sind.

Ursprung: Länder der nördlichen Mittelmeerküste.

Ökologie: Pinien bevorzugen Küstenlagen bis 600 m Seehöhe, mit lockeren, leicht sauren Böden. Häufig bildet diese Art auf Dünen weitläufige reine Pinienwälder oder gemeinsam mit Strandkiefern, Steineichen, Stieleichen, Ulmen und Eschen auch Mischwälder. Pinienwälder sind so dicht, dass nur wenig Licht auf den Waldboden fällt, die Unterholzflora ist deshalb entsprechend spärlich.

Verbreitung: Nördliche Mittelmeerküste von Spanien bis Zypern und südliche Schwarzmeerküste.

Nutzung: Bereits in der Antike stellten Piniensamen (Pignoli), zusammen mit Kastanien, ein wichtiges Nahrungsmittel für Küstenbewohner dar. Man geht davon aus, dass die meisten Pinienwälder an der Adria auf alte Kulturen zurückgehen, die aus diesem Grunde angelegt wurden, denn die Pinie findet in diesem Bereich des Mittelmeerbeckens nicht ihre idealen Lebensbedingungen vor und daher gehört dieses Gebiet wahrscheinlich nicht zu ihrem Primärareal.
Ähnliche Arten: Die **Kanarische Pinie** (*Pinus canariensis* C. Smith) wird an der Mittelmeerküste ebenfalls kultiviert. Sie unterscheidet sich von *Pinus pinea* L. durch ihre eher pyramidenförmige Krone und durch die in Dreiergruppen beisammenstehenden Nadeln sowie durch die längeren, gestielten, hängenden Zapfen.

Die Pinie wird wegen ihrer wohlschmeckenden Samen seit der Antike entlang der Küste des Mittelmeers kultiviert. Sie ist leicht an ihrer typischen schirmförmigen Krone zu erkennen.

Pinus leucodermis

Lorica-Kiefer

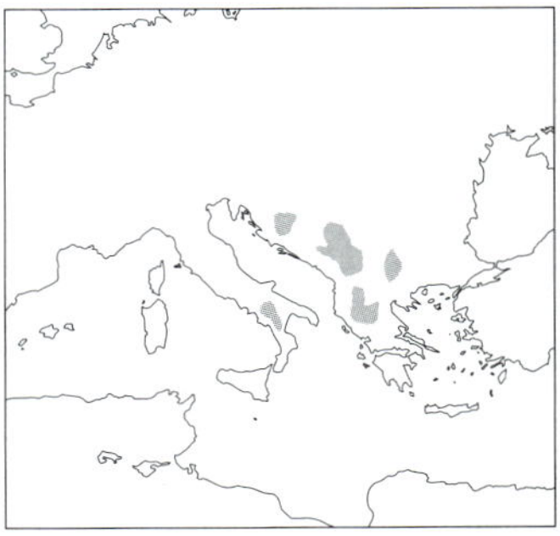

Visitenkarte

Höhe
bis 40 m

Wuchsform
ausladend pyramidenförmig

Rinde
graubraun, in Platten gebrochen

Blätter
flache Nadeln

Blüten
kleine gelbe männliche Zapfenblüten, rundliche weibliche Zapfenblüten

Früchte
in der Jugend bläuliche, dann braune Zapfen

Die bis zu 40 m hohe Lorica-Kiefer wirkt mit ihren buckelig und verdreht wachsenden Ästen und ihrem knorrigen Stamm als Einzelbaum besonders eindrucksvoll. Im Bestand dichter Wälder wächst diese Art jedoch meistens schlank und gerade. Die dicke, durch Risse in charakteristischer Weise in vieleckige Platten zerteilte Rinde erinnert etwas an den Panzer eines Krokodils. Die starren, abgeflachten Nadeln stehen paarweise zusammen, sind etwa 7 - 9 cm lang und überdauern mehrere Jahre. Die weiblichen Blütenstände sitzen an der Spitze der diesjährigen Triebe in Gruppen von 3 – 5 Stück beisammen, sind im ersten Jahr purpurfarben, im zweiten Jahr bläulich gefärbt und reifen dann zu braunen, eiförmigen, spitz zulaufenden Zapfen von 7 - 8 cm Länge heran.

Ursprung: Gebirgslandschaften am Balkan (Jugoslawien, Albanien, Griechenland) und in Süditalien.

Ökologie: Die besten Lebensbedingungen findet die Lorica-Kiefer auf trockenen Hängen in Kalkgebirgen von 1000 bis 2500 m Seehöhe vor. Oberhalb der Buchenwaldgrenze bildet diese Art meist lichte Wälder, nicht selten stößt man auf besonders beeindruckende einzeln stehende Individuen auf Felsformationen.

Verbreitung: Diese ziemlich seltene Spezies wurde erst 1826 vom neapolitanischen Botaniker Michele Tenore im Kalabrischen Apennin um Lucca entdeckt. Auf dem Balkan existieren noch ausgedehnte Wälder der Lorica-Kiefer.

Ähnliche Arten: Im nördlichen Griechenland stößt man gelegentlich auf Kiefern der Spezies ***Pinus heldreichii* (Christ) Masters,** die nach Meinung einiger Autoren nur eine lokale Rasse der Lorica-Kiefer sein soll, nach Meinung anderer jedoch eine eigene Spezies darstellt, weil die Deckblattfortsätze ihrer Zapfen flacher ausgebildet sind.

Oben: Eine beeindruckende Gruppe älterer Exemplare von Pinus leucodermis *im Pollino-Gebirge.*
Links: Im Vordergrund die Basis eines älteren Stammes, an der die charakteristisch gefelderte Rinde schön zu erkennen ist. Die in vieleckige Platten gebrochene Oberfläche erinnert an die sogenannte Lorica, den ursprünglich ledernen Harnisch der griechischen und römischen Krieger in der Antike.

Pinus nigra

Schwarzkiefer

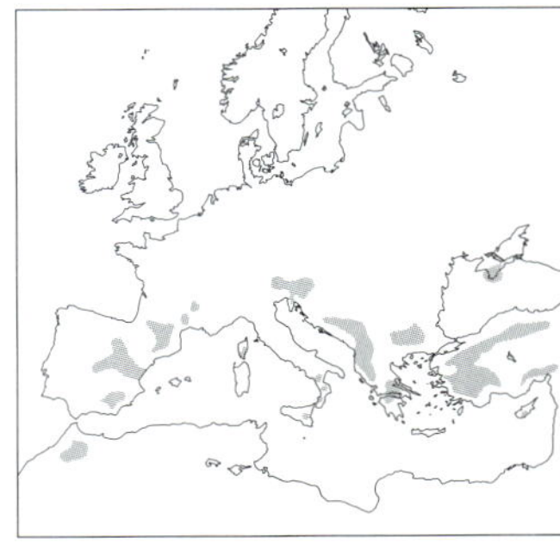

Visitenkarte

Höhe
bis 30 m

Wuchsform
konisch, erst in hohem Alter mit abgeflachter Krone

Rinde
graubraun

Blätter
steife, spitze Nadeln

Blüten
kleine längliche männliche Zapfenblüten, rundliche weibliche Zapfenblüten

Früchte
eiförmige, spitz zulaufende Zapfen

Die Schwarzkiefer wächst nicht höher als 30 m und entwickelt eine dichte, pyramidenförmige, schlanke und dunkelgrüne Krone, die erst im hohen Alter etwas flacher und breiter wird. Der Stamm verläuft gerade, die Rinde ist graubraun und rau gefurcht sowie in annähernd rechteckige Platten zerteilt, die bei älteren Exemplaren eine charakteristische weißliche Färbung annehmen. Die abgeflachten Nadeln sind tief dunkelgrün, starr, 4 - 19 cm lang, 1 - 2 mm stark und spitz. Die männlichen Zapfenblüten sind länglich zylindrisch, gelb gefärbt und bisweilen rot gepunktet. Sie sitzen in Gruppen an der Basis der Jungtriebe. Die weiblichen Zapfenblüten stehen einzeln oder in Zweier- beziehungsweise Dreiergruppen um die Zweige herum. Sie sind zuerst oval, dann oval-konisch, werden nicht länger als 8 cm und sind in der Jugend dunkelgrün, dann ockerbraun gefärbt. Diese Spezies ist durch eine große genetische Variabilität gekennzeichnet, man kennt heute zumindest fünf Subspezies, die in verschiedenen geografischen Regionen beheimatet sind: die **Österreichische Schwarzkiefer** *(P. nigra var. Austriaca),* die auch in Mittel- und Norditalien sowie in Griechenland vorkommt, die Subspezies ***salzmannii*** **(Dunal) Franco** in den Cevennen und Pyrenäen, die **Korsische Schwarzkiefer** ***laricio*** **(Poir.) Maire** in Korsika, Kalabrien und Sizilien, ***dalmatica*** **(Vis.) Franco** im ehemaligen Westjugoslawien und ***pallasiana*** **(Lamb.) Holmboe** auf der Balkanhalbinsel, den südlichen Karpaten und auf der Krim.

Ursprung: Das Primärareal dieser Spezies ist weitläufig, von Marokko zu den Pyrenäen, den Alpen, den südlichen Karpaten bis zur Halbinsel Krim.

Ökologie: Dieser Gebirgsnadelbaum bildet ausgedehnte Kiefernwälder in Gebieten zwischen 250 und 1800 m Seehöhe, wo die Winter schneereich und die Sommer nicht allzu feucht sind. Die

Schwarzkiefer bevorzugt felsige Hänge mit Kalkböden und bildet gemeinsam mit anderen Koniferen und Laubbäumen häufig Mischwälder.

Verbreitung: Südeuropa und Kleinasien.

Nutzung: Die Schwarzkiefer stellt in der Forstwirtschaft eine besonders wichtige Baumart dar, welche insbesondere in letzter Zeit wieder in vielen Gebieten breit zur Aufforstung eingesetzt wird, um ehemals bestehende Wälder wiederherzustellen. Holzplantagen dieser Art dienen auch zur Harzgewinnung.

Ähnliche Arten: Die Subspezies ***laricio*** unterscheidet sich von ***Pinus nigra*** **Arnold** durch die biegsameren, weniger steifen Nadeln, die kaum stechen.

Oben: ein prächtiger reiner Fichtenbestand
Links: einige Exemplare der Subspezies laricio.

Pinus sylvestris

Waldkiefer

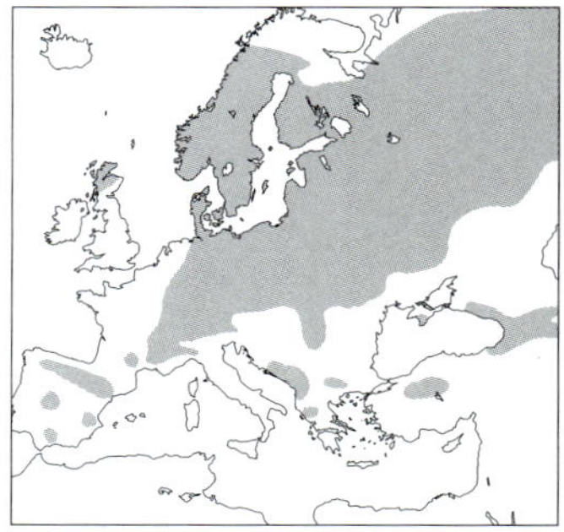

Visitenkarte

Höhe
bis 30 m

Wuchsform
in der Jugend konisch, dann breit pyramidenförmig bis ausladend

Rinde
graubraun, gefeldert

Blätter
steife, spitze Nadeln

Blüten
gelbe, verkehrt eiförmige männliche Zapfenblüten, grünliche weibliche Zapfenblüten

Früchte
schmale, oval-konische hellbraune bis graue Zapfen

Die Waldkiefer erreicht nur selten eine Höhe von 30 m, und bildet eine lichte, graugrün erscheinende Krone, die in der Jugend konisch ist, dann aber zunehmend pyramidenartig ausladend bis schirmartig wächst. Die Rinde ist im oberen Teil des Stammes rötlich zimtfarben und schuppt in dünnen, pergamentartigen Blättern ab, an der Basis ist sie dicker, rissig plattig und graubraun gefärbt. Die bis zu 5 cm langen und 2 mm starken, steifen, spitzen und graugrün gefärbten Nadeln sitzen paarig in einer dünnen Scheide, die jedoch bald abfällt. Die kleinen gelben männlichen Zapfenblüten sitzen an der Basis der Jungtriebe, die grünlich gefärbten weiblichen Blüten sind ungestielt und stehen meist isoliert an deren Enden. Sie sind zuerst rundlich und grün, werden dann konisch mit gelegentlicher Krümmung, sind hellbraun gefärbt und bis zu 4 cm lang. Die Zapfenschuppen entwickeln zwar keine weit vorgestreckten, jedoch sehr charakteristische Fortsätze mit erhabenen, in Form eines Kreuzchens zusammenlaufenden Kanten.

Ursprung: Europa, Kleinasien, Nordasien.

Ökologie: Die Waldkiefer ist ein typischer Bewohner der kühl-gemäßigten Zonen mit kontinentalem Klima. Sie bewohnt die Taiga ebenso wie die Gebirgsregionen Nord- und Mitteleuropas, wo sie reine Kiefernwälder oder alpine und subalpine Mischwälder bildet. In Buchenmischwäldern nimmt sie die trockeneren, sonnigeren Hanglagen ein. Diese Art toleriert eine Vielzahl unterschiedlicher Böden und ist auf den Rohböden des Serpentins und Dolomits ebenso vertreten wie auf sandigen oder lehmigen Böden sowie auf Böden, die Schiefer und Granit als Muttergestein aufweisen. An allen genannten Standorten bildet sie jeweils charakteristische Pflanzengesellschaften wie z.B. in den beiden Letztgenannten mit Erika, *Cotoneaster nebrodensis, Polygala chamaebuxus, Carex alba* etc. einerseits und Birken, Ginster, Zitterpappel und Heidelbeeren etc. andererseits. Nach Waldbränden regenerieren sich diese Bestände rasch.

Verbreitung: Die Waldkiefer ist in Eurasien von Schottland bis Ostsibirien und damit in einem weiteren Areal verbreiteter als alle anderen Spezies der Gattung *Pinus.* Sie bildet ausgedehnte Waldbestände in ganz Europa.

Nutzung: Früher wurde diese Baumart breit zur Harzgewinnung und als Lieferant von Terpentin eingesetzt. Heutzutage haben diese natürlichen Rohstoffe nur mehr wenig Bedeutung, daher wird die Waldkiefer nur noch im Rahmen der Holzwirtschaft kultiviert. Das Holz der Waldkiefer ist für die industrielle Verarbeitung nicht besonders gut geeignet, es eignet sich jedoch für die Herstellung druckimprägnierter, besonders haltbarer Bauelemente wie Strommasten etc. Eine ihrer zahlreichen Varietäten, die **Schwedische Kiefer,** stellt hier eine Ausnahme dar, sie kommt u.a. in der Möbelindustrie zum Einsatz.

Ähnliche Arten: Eine Subspezies der Waldkiefer, nämlich ***P. sylvestris engadinensis*** **(Heer) Asch. & Graebn.** kommt vom Schweizer Engadin bis in die Dolomiten vor und tendiert dazu, die Waldkiefer in den höheren Lagen zu ersetzen. Sie unterscheidet sich durch stärkere, härtere, kürzere und spitzere Nadeln.

Oben: Einzeln stehende Exemplare der Waldkiefer entwickeln im Alter gewöhnlich ausladende Kronen. Unten: ein reiner Kiefernforst.

Pseudotsuga menziesii

Douglas-Tanne oder Douglasie

Visitenkarte

Höhe
bis zu 100 m

Wuchsform
pyramidenförmig, im Alter unregelmäßig

Rinde
braungrau bis grauschwarz

Blätter
weiche, abgeflachte Nadeln

Blüten
gelbe männliche Zapfenblüten, grüne weibliche Zapfenblüten

Früchte
hellbraune, hängende Zapfen mit auffälligen dreizipfeligen Deckblattfortsätzen

Die in ihrem Ursprungsareal bis zu 100 m hoch wachsende Douglasie entwickelt eine schlanke, pyramidenförmige Krone mit intensiv dunkelgrüner, manchmal auch bläulich grauer Färbung. Der Stamm ist gerade und schlank, die Rinde graubraun, zuerst glatt, später rissig und in graue Platten aufgelöst. Die bis zu 3,5 cm langen Nadeln sind gerade, biegsam, abgeflacht, sehr harzig und verströmen einen angenehmen aromatischen Geruch, wenn man sie zerreibt. Die Nadeloberseite ist grün, die Unterseite graugrün. Die männlichen länglichen, bis zu 2 cm langen gelben Zapfenblüten sitzen an den Verzweigungen, die weiblichen an den Seitentrieben nahe der Triebspitze, an einem gekrümmten Stiel. Sie sind konisch, spitz zulaufend und bis zu 9 cm lang. Man unterscheidet zwei an bestimmte klimatische Bedingungen angepasste Varietäten der Douglasie, nämlich ***menziesii,*** die beschriebene Spezies, sowie die Subspezies ***glauca*** **(Beissn.) Franco,** die weniger schlank ist und sich außerdem durch breitere, kürzere blaugrüne Nadeln sowie durch kleinere Zapfen unterscheidet.

Ursprung: Der Westen des nordamerikanischen Kontinents von Vancouver *(menziesii)* in Britisch-Kolumbien *(glauca)* bis Kalifornien.

Ökologie: Während die Unterart *menziesii* die regenreicheren Küstenzonen und die Westhänge der Rocky Mountains bevorzugt, findet man die Subspezies *glauca* im kontinentalen Klima des Berglandes im Landesinneren.

Nutzung: Die Douglasie wurde erstmals um 1830 nach Eurpopa eingeführt und in Parks und Gartenanlagen zu den hochwüchsigsten kultivierten Nadelbäumen. Zumeist pflanzt man sie in Europa ausschließlich als Zierbaum. Sie wird jedoch gelegentlich auch für die Herstellung von Sperrholz kultiviert.

Ähnliche Arten: Neben der Douglasie umfasst die Gattung ***Pseudotsuga*** nur noch drei Spezies, eine stammt aus Nordamerika, eine aus China und eine aus Japan, wobei die beiden Letzteren in europäischen Parks so gut wie nicht anzutreffen sind.

Metasequoia glyptostroboides

Urweltmammutbaum

Visitenkarte

Höhe
bis 35 m

Wuchsform
schlank pyramidenförmig

Rinde
rötlich braun

Blätter
flache Nadeln, die im Herbst abgeworfen werden

Blüten
hängende männliche Zapfenblüten, grünliche, runde, langstielige weibliche Zapfenblüten

Früchte
rundliche Zapfen

Der in seinem Ursprungsareal bis zu 35 m hoch wachsende Urwaldmammutbaum entwickelt eine lichte, schlanke, pyramidenförmige Krone mit waagerecht ausgerichteten Ästen, deren Enden im Alter dazu neigen, etwas nach unten zu hängen. Der Stamm ist von der Basis ab beastet, verläuft gerade und ist in der Jugend von einer glatten grauen, schon bald aber rötlich braun verfärbten Rinde bedeckt, deren Oberfläche sich nach und nach in langen,

pergamentartigen Streifen ablöst. Die Nadeln sind weich, kräftig grün gefärbt, abgeflacht und bis 4 cm lang. Sie sitzen parallel gegenständig an den Triebachsen, von denen sie während des Winters abfallen, nachdem sie sich im Herbst rötlich gelb bis kupferrot verfärbt haben. Die kleinen gelben männlichen Blüten hängen als kätzchenartige Zapfen an den Enden der Triebe, die weiblichen Zapfenblüten sitzen paarweise an langen Stielen und sind grünlich gefärbt, flach und rund. Die Frucht ist ein runder, ca. 2 cm langer bräunlicher, an einem langen Stiel hängender Zapfen.

Ursprung: China (von den Ufern des Jangtsekiang in Zentralchina bis Sichuan im Nordwesten). Die Gattung *Metasequoia*

wurde 1941 vom japanischen Paläobotaniker Shigeru Miki erstmals auf fossilen Funden basierend beschrieben. Man hielt sie zu dieser Zeit für seit dem Ende des Pliozäns ausgestorben, doch noch im selben Jahr entdeckte ein anderer Botaniker lebende Individuen mit denselben Gattungsmerkmalen. Diese neu entdeckte Spezies erhielt den Namen *Metasequoia glyptostroboides,* und deren Samen wurden innerhalb kurzer Zeit an Gewächshäuser, botanische Gärten und Baumschulen in ganz Europa versandt.

Ökologie: Der Urweltmammutbaum lebt in seinem Primärareal innerhalb von Mischwäldern, und zwar in tieferen Lagen auf wasserreichen Böden, daher nennt man diese Art in China »Wassertanne«.

Nutzung: Das Holz dieses Baumes wird in China wirtschaftlich genutzt, in Europa und Amerika hingegen ziert diese Spezies ausschließlich Gartenanlagen und Parks.

Ähnliche Arten: Die **Sumpfzypresse** *(Taxodium distichum)* weist ähnliche Blätter und einen ähnlichen Wuchs auf wie der Urweltmammutbaum, doch sind deren reife Zapfen kugelförmig und sitzen an einem kurzen Stiel.

Der Urweltmammutbaum galt als ausgestorben; 1941 jedoch gelang seine »Wiederentdeckung«. Heute ziert diese eindrucksvolle Spezies Parks und botanische Gärten.

Sequoia sempervirens

Küstensequoie oder Redwood

Visitenkarte

Höhe
bis zu 112 m

Wuchsform
säulenartig pyramidenförmig

Rinde
rotbraun, sich faserig oder schuppig ablösend

Blätter
immergrüne Schuppen und Nadeln

Blüten
weibliche Zapfen grün, männliche gelb

Früchte
verholzte kleine, rundliche Zapfen

Mit 112 m Höhe, die an einem Exemplar von *Sequoia sempervirens* im Redwood Creek Grove in Kalifornien gemessen wurden, hält dieser Baumriese bis jetzt unbestritten den Höhenrekord unter allen Koniferen. In Europa kultiviert, wird er jedoch meist nur bis 50 m hoch. Seine Krone ist licht, schmal pyramidenförmig und vermittelt einen leicht bläulich grünen Farbeindruck. Die rotbraune Rinde löst sich bei allen Exemplaren in Form von Fasern oder Schuppen ab. Die immergrünen Blätter sind an den Jungtrieben schuppenförmig und eng spiralig angeordnet, an den älteren Zweigen sitzen flache, 1 - 2 cm lange Nadeln in Form zweier regelmäßig gescheitelter Reihen. An der Nadelunterseite weisen die Nadeln zwei helle Streifen auf, welche die Krone insgesamt leicht blaustichig erscheinen lassen. Männliche und weibliche Blüten bilden sich an einem Baumindividuum,

Die in Europa angepflanzten Exemplare der Küstensequoie erreichen im Vergleich zu den monumentalen, bis über 100 m hohen Exemplaren in ihrem natürlichen Habitat nur relativ bescheidene Höhen von 20 - 50 m.

wobei die männlichen Zapfenblüten gelb und die weiblichen grün gefärbt sind. Die reifen Zapfen sind oval oder rund, nicht länger als 2 cm, mit weit auseinanderstehenden verholzten Deckschuppen. Sie hängen an einem meist mit Schuppenblättern bedeckten Stiel.

Ursprung: Der Westen Nordamerikas von Oregon bis Kalifornien.

Ökologie: In ihrem natürlichen Verbreitungsgebiet entlang der Pazifikküste findet man die Küstensequoie in Lagen bis zu 1500 m Seehöhe in Mischwäldern vergesellschaftet mit Koniferen wie Douglasie, Lawsons Scheinzypresse etc. und Laubbäumen wie Ahorn und Eiche. Diese Art gedeiht dort im ozeanischen Klima mit regenreichen oder schneereichen, milden Wintern, raues kontinentales Klima erträgt sie nicht.

Nutzung: Das Holz der Küstensequoie wird einerseits wegen seines schönen rötlichen Farbtons sowie wegen seiner Dauerhaftigkeit und Fäulnisbeständigkeit hoch geschätzt und ist zudem auch leicht zu bearbeiten. Nach Europa wurde diese Art erstmals am Ende des vergangenen Jahrhunderts eingeführt und dort als Zierbaum in Parks und Gartenanlagen angepflanzt. Unter sehr günstigen Voraussetzungen erreicht sie hier Höhen bis zu 50 m.

Ähnliche Arten: Der ebenfalls in Kalifornien beheimatete und der Küstensequoie ähnlich sehende **Mammutbaum** trägt spiralig angeordnete Schuppenblätter und bildet größere Zapfen mit enger stehenden Deckschuppen.

Sequoiadendron giganteum

Mammutbaum oder Riesensequoie

Visitenkarte

Höhe
bis zu 96 m

Wuchsform
schlank pyramidenförmig

Rinde
braunrot, faserförmig ablösend

Blätter
immergrüne Schuppenblätter

Blüten
gelbe männliche Zapfenblüten, grüne weibliche Zapfenblüten

Früchte
ovale, verholzte kleine Zapfen

Die in ihrem natürlichen Habitat bis zu 96 m hoch wachsende Riesensequoie erreicht in Europa nur Wuchshöhen bis zu etwa 40 m. Die Krone des Baumes erscheint dunkelgrün, schmal pyramidenförmig und ist eher locker aufgebaut. Der imposante, gerade verlaufende mächtige Stamm ist bei allen Individuen unverhältnismäßig dick, er kann Durchmesser von mehr als 10 m erreichen. Die Borke weist einen warmen rosa-braunen Farbton auf und fühlt sich samtig an. Bei allen Bäumen löst sie sich in Form von Fasern und gibt das darunter liegende schwammige Rindengewebe frei. Grüne, 4 - 8 mm lange Schuppenblätter umschließen die Zweige in engen Spiralen. Die länglichen männlichen Zapfenblüten sitzen dicht gedrängt an den Triebspitzen und sind reich an Pollen. Die weiblichen Blütenstände sind in der Jugend grün und wandeln sich dann nach der Befruchtung während der Reife zu ovalen, bis 8 cm langen und rotbraunen Zapfen. Die verholzten Zapfenschuppen enthalten zahlreiche kleine, leicht abgeflachte Samen, die vom Wind verbreitet werden.

Ursprung: Das Primärareal der Riesensequoie sind die westlichen Hänge der Sierra Nevada in Kalifornien. Zum Zweck des dauerhaften Schutzes der im 19. Jahrhundert stark dezimierten Bestände wurde 1890 der Sequoia National Park ins Leben gerufen.

Ökologie: Der Mammutbaum oder Riesensequoie bildet vorzugsweise offene Mischwälder in Höhenlagen zwischen 1400 und 2400 m Seehöhe mit ozeanischem Klima, dabei gelten Nordlagen mit schneereichen, kalten Wintern und regenreichen, kühlen Sommern als ideale Standorte.

Nutzung: Das Holz des Mammutbaumes zählt man auch heute noch zu den besten Werkstoffen für die Erzeugung wertvoller Möbel, wobei der warme rosa-braune Farbton des Holzes ebenso geschätzt wird wie dessen gute Eigenschaften bei der Verarbeitung. Nicht zuletzt zählt auch die Widerstandsfähigkeit gegen Fäulnis und Pilzbefall zu seinen Vorzügen. Die Riesensequoie wurde erstmals im 19. Jahrhundert nach Europa eingeführt und dort wegen ihres majestätischen Wuchses und ihrer Unempfindlichkeit gegenüber Einflüssen der Umweltverschmutzung besonders häufig in städtischen Parks angepflanzt.

Cupressus sempervirens

Italienische Zypresse

Visitenkarte

Höhe
bis zu 30 m

Wuchsform
säulenartig bis breit pyramidenförmig

Rinde
aschgrau, ablösend

Blätter
anliegende Schuppen

Blüten
eiförmige männliche Zapfenblüten, länglich elliptische weibliche Zapfenblüten

Früchte
rundliche bis eiförmig elliptische Zapfen

Die äußerst langlebige und bis zu 30 m hoch wachsende Italienische Zypresse verströmt einen typischen angenehm aromatischen Duft. Die Krone erscheint dunkelgrün, ist sehr dicht und gewöhnlich säulenartig, bei der Varietät ***horizontalis*** aber breit pyramidenförmig mit schräg nach oben wachsenden Ästen. Der gerade verlaufende schlanke Stamm weist eine aschgraue bis graubraune, sich in Form von regelmäßigen Fasern ablösende und bei älteren Exemplaren gefurchte Rinde auf. Die länglich ovalen, enganliegenden Schuppenblätter mit abgerundeter Spitze sitzen gekreuzt gegenständig an den Zweigen, sie werden bis zu 1 mm lang und sind dunkelgrün gefärbt. Jeder Zweig wird von vier dichten Reihen von Schuppenblättern umhüllt. Reibt man die Blätter, so verströmen sie aus speziellen Drüsen ihren aromatischen Geruch. Die eiförmig länglichen gelben männlichen Zapfenblüten sitzen an den Enden der Triebe und werden bis zu 8 mm lang, die weiblichen sind kleiner, länglich elliptisch, grünlich bis purpurfarben und sitzen seitlich an den Zweigen. Die Frucht ist ein runder oder ovaler, verholzter, bis 4 cm langer und 2,5 cm breiter, glänzender grüner Zapfen, im Reifezustand gelblich grau. Er besteht aus 8 - 14 schildförmigen Schuppen und enthält zahlreiche Samen mit je einem schmalen Flügelfortsatz.

Ursprung: Das Primärareal der Italienischen Zypresse sind die Länder des östlichen Mittelmeerbeckens, Kreta, Inseln der Ägäis, Zypern, Libanon, Syrien, Palästina, Libyen und die südliche Türkei. Es waren vermutlich schon die Phönizier, die diese Art erstmals in Italien einführten und dort heimisch werden ließen.

Ökologie: Als typischer Bewohner des mediterranen Raumes bevorzugt die Zypresse

ein mildes Klima mit regenreichen Wintern und warmen, trockenen Sommern. Sie bevorzugt vor allem Küsten- und Hanglagen und ist beispielsweise in der Türkei und im Libanon sowie in Syrien bis in Höhenlagen von 1000 m Seehöhe anzutreffen. Reine Zypressenwälder sind nur sehr selten zu finden, meistens kommt diese Art mit Zeder, Pinie, Tanne, Eiche, Johannisbrotbaum, Olive, Wacholder oder Judasbaum vergesellschaftet vor.

Nutzung: Die Geschichte der Verbreitung dieser Spezies außerhalb ihres Primärareals ist so alt wie die Geschichte der mediterranen Zivilisationen. Geschätzt wegen ihres ätherischen Öles – schon griechische Mediziner der Antike verschrieben lungenkranken Patienten einen Aufenthalt auf Kreta, und zwar unter den wilden Zypressen – und auch wegen ihrer symbolischen Bedeutung in Verbindung mit dem Totenkult und der vorchristlichen Mystik, war die Zypresse den Menschen im Mittelmeerraum seit jeher ein ständiger Begleiter. In vielen Regionen wurde sie, als Landmarke und Alleebaum, zu einer typischen Komponente des mediterranen Landschaftsbildes, wie etwa in der Toskana, in Umbrien und auch in Südfrankreich. Ihr hartes, festes, feinkörniges und dauerhaftes Holz wird in der Möbelherstellung verwendet und auch für Drechsel- und Kunsttischlerarbeiten ist es bestens geeignet, wobei der aromatische Duft außerdem die Motten vertreiben soll.

Mit ihrer schlanken, eleganten Wuchsform eignet sich die Zypresse ganz besonders zur Abgrenzung von Grundstücken und als Alleebaum (unten). Oben: Die reifen Zapfen der Zypresse setzen sich aus schildartig geformten Zapfenschuppen zusammen.

Cupressus arizonica

Arizona-Zypresse

Visitenkarte

Höhe
bis zu 20 m

Wuchsform
schlank pyramidenförmig

Rinde
rötlich braun oder graubraun

Blätter
Schuppenblätter

Blüten
winzige gelbe männliche Zapfenblüten, graugrüne weibliche Zapfenblüten

Früchte
verholzte, zuerst graue, dann braune runde Zapfen

Die Arizona-Zypresse wird innerhalb ihres natürlichen Areals bis zu 20 m hoch und weist eine dichte, schlank pyramidenförmige Krone auf, die im Lauf des Alterns etwas lichter und unregelmäßiger wird. Der Stamm ist zunächst gerade, wächst aber mit den Jahren schräg oder gekrümmt, oft ist er schon an der Basis zwei- oder dreigeteilt. Die Rinde ist zuerst glänzend grau und schuppt später in Form von rosabraunen oder zimtbraunen Platten ab, die Rinde an der Stammbasis wird im Alter zunehmend rissiger und rauer. Die aschgrauen, bei einer Unterart weiß gepunkteten, ovalen Schuppenblätter sind bis zu 2 mm lang und sitzen eng anliegend an den Zweigen, zerreibt oder verbrennt man sie, so verströmen sie einen beißenden Geruch. Die verkehrt eiförmigen männlichen Zapfenblüten sind nur wenige Millimeter lang und sitzen einzeln an den Triebspitzen. Sie erscheinen schon im Herbst, öffnen sich aber erst im darauf folgenden Frühjahr. Die weiblichen Zapfenblüten sitzen seitlich an den Zweigen und sind kaum zu erkennen, weil sie aussehen wie Knospen. Nach der Bestäubung entwickeln sie sich zu verholzten, kugelrunden Zapfen mit bis zu 3 cm Durchmesser, die zunächst aschgrau sind wie die Blätter, im Reifezustand aber bräunlich werden. Sie verbleiben, nachdem sie sich geöffnet haben, auch noch lange Zeit an den Zweigen.

Ursprung: Das Primärareal der Arizona-Zypresse sind die Gebiete des Südwestens von Nordamerika, von Arizona bis Nordmexiko.

Ökologie: Die Arizona-Zypresse bevorzugt Standorte im Bergland mit Höhen zwischen 1300 und 2500 m Seehöhe, die sich durch schneereiche Winter ohne schweren Frost und trockene Sommer auszeichnen. Sie kommt natürlich in Mischwäldern zusammen mit Eichen, Kiefern, Pappeln und Ahorn vor.

Nutzung: Am Beginn unseres Jahrhunderts wurde diese Spezies erstmals in Europa eingeführt, wo sie sich als Zier- und Heckenpflanze nach wie vor großer Beliebtheit erfreut. Es gibt mittlerweile zahlreiche Kultursorten dieser Art, wie etwa »Pyramidalis«, deren silbrige Blätter einen weißen Fleck aufweisen.

Cupressus macrocarpa

Monterey-Zypresse

Visitenkarte

Höhe
bis zu 25 m

Wuchsform
breit ausladend

Rinde
hellgrau, tief gefurcht

Blätter
eng anliegende Schuppenblätter

Blüten
gelbe männliche Zapfenblüten, grüne weibliche Zapfenblüten

Früchte
kugelige oder elliptische hellbraune Zapfen

Die Monterey-Zypresse wird in der Natur bis zu 25 m hoch, erreicht als Zierbaum jedoch meist nur etwa 15 m Höhe. Die Krone ist zuerst kegelförmig, wird später aber rasch breit ausladend und unregelmäßig, wobei sich die Hauptäste zuletzt horizontal verzweigen, sodass bei älteren Exemplaren eine eindrucksvolle, mehrstufige, dachartige Krone entsteht. Der Stamm wächst in der Jugend gerade, entwickelt sich aber im höheren Alter oft schräg, wobei häufig Krümmungen oder Verdrehungen auftreten, die Stammbasis ist breit. Die Rinde ist weißlich grau bis hellbraun und fein gefurcht. Die winzigen, an den Zweigen eng anliegenden dreieckigen Schuppenblätter sind kräftig grün gefärbt. Die kleinen gelben männlichen Zapfenblüten sitzen an den Triebspitzen, die runden grünen weiblichen Blütenstände erscheinen an den Verzweigungen am Ende der Seitentriebe. Die Frucht, ein verholzter, runder bis elliptischer Zapfen, der im Reifezustand eine leuchtend braune Farbe annimmt, ist trotz des Artnamens *»macrocarpa«,* was »großfruchtig« bedeutet, etwas kleiner als die Zapfen der Italienischen Zypresse.
Ursprung: Kalifornien (Bucht von Monterey).
Ökologie: Diese Spezies ist typisch für den nordamerikanischen »Chaparral«, eine ähnliche Pflanzengesellschaft, wie sie die mediterrane Macchie in Europa darstellt und wie diese aus immergrünen Hartlaubgewächsen besteht, die ein Klima mit milden, regenreichen Wintern und trockenen, warmen Sommern bevorzugen. Die Monterey-

Zypresse bewohnt felsige Hänge entlang der Küste Kaliforniens gemeinsam mit immergrünen Eichen, Ceanothus, Monterey-Kiefer etc.
Nutzung: In geeigneten Gebieten Südafrikas, Australiens und Asiens wird die Monterey-Zypresse heute wegen ihres feinkörnigen gelblichen Holzes, das zudem aromatisch ist, kultiviert. Auch die Schuppenblätter verströmen einen zarten Zitronenduft, wenn man daran reibt. Im 19. Jahrhundert wurde diese Art erstmals nach Europa eingeführt, wo man sie wegen ihrer Widerstandsfähigkeit gegen Wind und Salz bevorzugt in den Küstenregionen entlang des Mittelmeerbeckens zum Zweck der Aufforstung einsetzte.
Ähnliche Arten: In jungen Jahren könnte die Monterey-Zypresse eventuell mit der **Italienischen Zypresse** verwechselt werden. Diese weist jedoch als Unterscheidungsmerkmal eine regelmäßigere Kronenform und eine braunrote, sich ablösende Rinde auf.

Juniperus communis

Gemeiner Wacholder

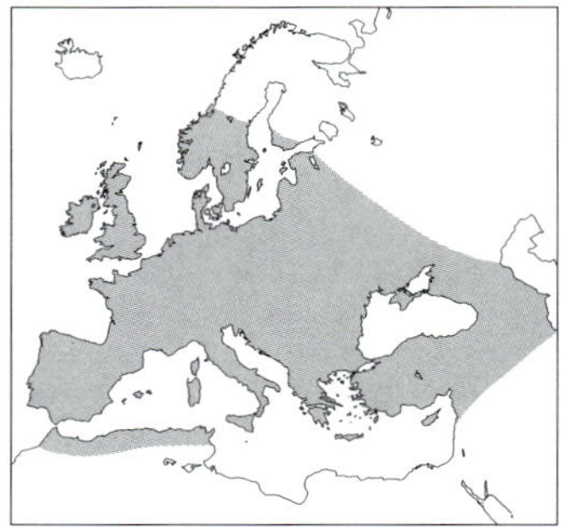

Visitenkarte

Höhe
bis zu 10 m

Wuchsform
unterschiedlich, je nach Subspezies

Rinde
glatt graubraun, im Alter faserig

Blätter
stechende Nadeln

Blüten
gelbe ovale männliche Zapfenblüten, grüne längliche weibliche Zapfenblüten

Früchte
schwarzblaue Beerenzapfen (Scheinbeeren)

Der Gemeine Wacholder wächst je nach Unterart entweder in Baum- oder in Strauchform und wird nur selten höher als 10 m. Die Krone kann aus denselben Gründen schlank kegelförmig bis breit ausladend sein und vermittelt einen bläulich grünen Farbeindruck. Der Stamm ist schlank, gerade, stark verzweigt und weist eine graubraune, zuerst glatte, dann zunehmend gefaserte Rinde auf. Die immergrünen, bis zu 2 cm langen Nadeln sind stachelspitz und auf der Oberseite dunkelgrün mit einem weißen Streifen, die Hauptader ist kaum sichtbar. Sie stehen in Dreiergruppen stockwerkartig an den Trieben. Der Wacholder ist zweihäusig und entwickelt kleine, am Ansatz der Triebe stehende Zapfenblüten, wobei die männlichen oval und gelb, die weiblichen hingegen länglich geformt und grün gefärbt sind. Sie bestehen aus 3 - 4 Schuppenblättern. Die Frucht ist ein zuerst grünlicher, dann schwarzer, blau bereifter, fleischiger und aromatischer Beerenzapfen von etwa 4 - 8 mm Durchmesser.

Ursprung: Boreale Klimazonen und Gebirgsregionen der gesamten Nordhalbkugel.

Ökologie: Der Gemeine Wacholder bevorzugt gemäßigtes Klima und ist in den Westalpen bis in Höhen von 3700 m Seehöhe anzutreffen. Diese Art gedeiht auf fast allen Böden und besetzt rasch Waldlichtungen und Kahlschläge sowie Weidegebiete speziell auf felsigen Böden bis über die Waldgrenze hinauf.

Verbreitung: Nordamerika, Europa, Kleinasien.

Nutzung: Die aromatischen Wacholderbeeren werden seit alters her in der Küche als Gewürzmittel eingesetzt und verleihen u.a. auch dem Gin sein charakteristisches Aroma. Darüber hinaus eignen sich die ätherischen Öle des Wacholders zur Behandlung rheumatischer Erkrankungen.

Ähnliche Arten: Die Subspezies ***J. c. communis*** lässt sich an der kompakt baumartigen Wuchsform, den locker stehenden, bis 2 cm langen Nadeln mit weißgrauem Mittelstreifen und den aufrecht stehenden Zapfenblüten erkennen, die Subspezies ***J. c. alpina*** **(Suter) Celak.**, eine Form, die zwischen 1500 und 2500 m Seehöhe verbreitet ist, wächst hingegen niedrig und eher breit und entwickelt bis zu 15 mm lange, sehr dicht stehende, leicht gebogene Nadeln mit einem breiten weißen Mittelstreifen. Die Subspezies ***J. c. hemisphaerica*** **(J. & C. Presl) Nyman** ist auf Sardinien und Korsika sowie im Bergland des östlichen Mittelmeerbeckens heimisch und trägt 2 cm lange und 2 mm breite, dicht stehende Nadeln mit einem breiten weißen Streifen. Diese Unterart wächst buschartig. *Juniperus oxycedrus* ssp. *oxycedrus,* der **Rote Wacholder** schließlich trägt noch robustere Nadeln mit zwei weißen Streifen und größere rotbraune, aber nicht aromatische Scheinbeerenfrüchte.

Chamaecyparis lawsoniana

Lawsons Scheinzypresse

Die Scheinzypresse bildet eine schlanke, kegelförmige, leicht unregelmäßige Krone aus und erreicht in ihrer ursprünglichen Heimat Höhen bis zu 65 m, in Europa kultiviert, wird diese Art jedoch nur bis zu 30 m hoch. Die rötlich braune Rinde ist tief gefurcht und löst sich oberflächlich ab, die Krone ist kräftig grün bis bläulich oder aschgrau gefärbt. Die glattrandigen, oval-dreieckigen Schuppenblätter sitzen gekreuzt gegenständig und eng anliegend an den Zweigen. Die Äste stehen in engen, horizontal ausgerichteten Wirteln vom Stamm ab, wobei die äußeren Enden etwas nach unten hängen. Die zahlreichen kleinen, ovalen männlichen Zapfenblüten entwickeln sich an den Enden der Triebspitzen und sind zuerst rot, dann gelb, die weiblichen sitzen seitlich an den Triebspitzen, sie sind klein und rötlich grün gefärbt und reifen nach und nach zu bräunlichen Zapfen von höchstens 1 cm Durchmesser, wobei sie sich aus je sechs Samenschuppen zusammensetzen.

Ursprung: Das Primärareal von Lawsons Scheinzypresse umfasst den Südwesten der Vereinigten Staaten, von Oregon bis Kalifornien.

Ökologie: Man findet diese Spezies natürlich wachsend vor allem in regenreichen Hanglagen entlang der Pazifikküste in Mischwäldern zwischen 800 und 1800 m Seehöhe vergesellschaftet mit vielen anderen Arten von Koniferen und Laubbäumen vor. Sie bevorzugt ozeanisches Klima.

Nutzung: Lawsons Scheinzypresse wurde erstmals in der Mitte des 19. Jahrhunderts in Europa eingeführt und ist dort seither als Zierbaum überaus beliebt. Es existieren mittlerweile zahlreiche Kultursorten wie »Aurea« mit goldgelben Schuppenblättern oder die blaugraue Sorte »Glauca«. Die Spezies wurde mancherorts zeitweise zu Versuchszwecken in der Waldwirtschaft eingesetzt.

Ähnliche Arten: Die **Nootka-Scheinzypresse** (*Chamaecyparis nootkatensis* (D. Don) Spach stammt ebenfalls von der nordamerikanischen Pazifikküste, ist dort jedoch weiter nördlich beheimatet als Lawsons Scheinzypresse. Diese Art wird jedoch wesentlich seltener in Parks kultiviert.

Visitenkarte

Höhe
bis zu 65 m

Wuchsform
schlank kegelförmig

Rinde
rotbraun, sich ablösend

Blätter
Schuppenblätter

Blüten
gelbe männliche Zapfenblüten, grüne weibliche Zapfenblüten

Früchte
runde, kleine Zapfen

Thuja plicata

Riesenlebensbaum

Visitenkarte

Höhe
bis zu 60 m

Wuchsform
breit kegelförmig

Rinde
braunrötlich

Blätter
eng anliegende Schuppenblätter

Blüten
gelbe männliche Zapfenblüten, grünliche weibliche Zapfenblüten

Früchte
verlängert eiförmige, kleine braune Zapfen

Der Riesenlebensbaum ist ein Gigant unter den Zypressengewächsen, denn er erreicht in seinem ursprünglichen Areal wachsend Höhen bis zu 60 m, wird aber auf anderen Standorten selten höher als 30 m. Die kräftig grüne, leicht blaustichige Krone ist sehr dicht und von breit kegelförmigem Habitus, wobei die Basis meistens ziemlich breit ist. Die Rinde ist tief gefurcht plattig und dunkel rötlich braun gefärbt, der Stamm verläuft gerade. Die Äste verzweigen sich fächerartig in horizontaler Richtung, die dreieckigen, am Ende spitzen Schuppenblätter sitzen im Gegensatz zu jenen der Zypressen abgeflacht an den Zweigen, sie sind oberseits hellgrün gefärbt und unten bläulich aschfarben. Die kleinen gelben, ovalen männlichen Zapfenblüten sitzen an den äußeren Triebspitzen, die weiblichen sind unauffällig und grünlich gefärbt. Die Zapfen sind verlängert eiförmig, bis 15 mm lang und zuerst grün, im Reifestadion braun gefärbt. Sie setzen sich aus etwas schlaff wirkenden, ledrigen Zapfenschuppen mit am Ende aufgebogenen Spitzen zusammen.

Ursprung: Das Primärareal des Riesenlebensbaumes umfasst den Westen Nordamerikas, vom südlichen Alaska bis nach Kalifornien.

Ökologie: Der Riesenlebensbaum gedeiht am besten im ozeanischen Klima der Pazifikküste mit schneereichen Wintern ohne stärkere Fröste und mit milden, feuchten Sommern. Im Norden bevorzugt diese Art eher tiefere Lagen, im Süden steigt sie auf den der Küste zugewandten Gebirgshängen bis in Höhen von 1800 m. Die Spezies bildet nie Reinbestände, sondern wächst in Mischwäldern zusammen mit Tannen, Kiefern, Pappeln, Ahornarten und Eichen.

Nutzung: Das begehrte, ansprechend rötlich gefärbte Holz des Riesenlebensbaumes ist überaus dauerhaft, widerstandsfähig und qualitativ hochwertig. Es wird im Holzhandel unter der Handelsbezeichnung »Rotzeder« geführt, obwohl es sich dabei keineswegs um eine Zeder handelt. In

Amerika verwendeten die Indianer dieses Holz vor allem für die Herstellung ihrer Kultobjekte, aber auch für Tipis. Trotz ihres sehr angenehmen Duftes sind die Blätter aller Thujenarten giftig. In der Mitte des vergangenen Jahrhunderts wurde diese Spezies über Großbritannien erstmals nach Europa eingeführt und hat sich hier rasch verbreitet. Mittlerweile werden zahlreiche Ziersorten, wie etwa »Atrovirens« mit sehr dunklem Laub und »Aurea Variegata« mit goldgelben Schuppenblättern, im Fachhandel angeboten.
Ähnliche Arten: Der **Abendländische Lebensbaum** (*Thuja occidentalis* L.) stammt aus dem Osten Nordamerikas und wird häufig in Parks und Gärten kultiviert. Diese Art unterscheidet sich durch seine ebenmäßigere Krone und den niedrigeren Wuchs (nicht über 20 m) sowie durch die auf der Unterseite gelbgrünen Schuppenblätter.

Der Riesenlebensbaum wird in seinem natürlichen Habitat sehr groß (bis 60 m), als Kulturpflanze erreicht er jedoch selten Höhen von mehr als 30 m.

Taxus baccata

Gemeine Eibe

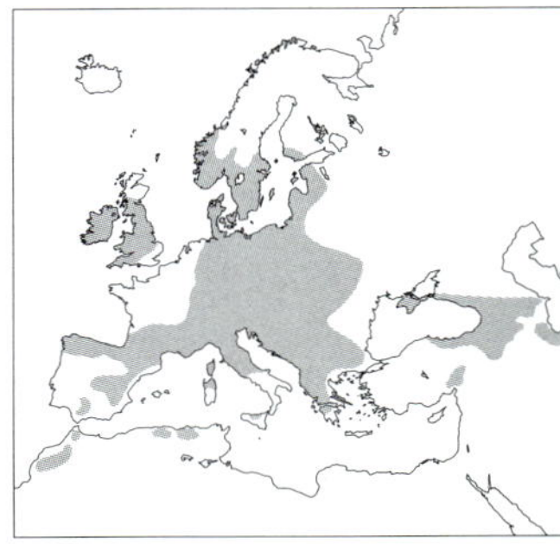

Visitenkarte

Höhe
bis zu 20 m

Wuchsform
pyramidenförmig bis breit ausladend

Rinde
graubraun, ziemlich glatt

Blätter
zweizeilig angeordnete Nadeln

Blüten
gelbe männliche Bütenstände an den Zweigspitzen, weibliche grüne Blütenstände an den Zweigenden

Früchte
Scheinbeere mit rotem Mantel und mit einem Samenkorn in der Mitte

Die Gemeine Eibe wird bis zu 20 m hoch und zählt zu den langlebigsten Koniferenarten. Sie wächst in ihrer Jugend rasch, später nur noch sehr langsam und kann so ein Alter von bis zu 2000 Jahren erreichen. Gelegentlich wächst sie in Form eines Strauches. Die Krone ist tief dunkelgrün gefärbt und breit pyramidenförmig, die Äste stehen waagerecht vom Stamm ab, wobei die äußeren Enden etwas nach unten hängen. Der Stamm der Eibe verläuft gerade, ist schon von der Basis an beastet und wirkt bei älteren Exemplaren im Vergleich zur weitausladenden, niedrigen Krone etwas dünn. Die Rinde ist glatt, graubraun gefärbt und neigt dazu, sich in Form großer, dünner Schuppen abzulösen. Die Nadeln sind bis zu 3 cm lang und bis zu 3 mm breit, auf der Oberseite glänzend dunkelgrün, auf der Unterseite gelbgrün gefärbt, sie sind weich, spitz zulaufend, aber nicht stechend, und stehen in regelmäßigen Reihen zweizeilig an den Zweigen. Diese Spezies ist zweihäusig, männliche und weibliche Blüten entwickeln sich auf verschiedenen Individuen. Die gelblichen männlichen Kätzchen sitzen einzeln in den Verzweigungen der Triebe, die weiblichen Blütenstände enthalten eine einzige Samenanlage, umgeben von einem Mantel aus sterilen Fruchtblättern. Die Frucht, welche daraus heranreift, ist eine sogenannte Scheinbeere, ein fleischiger, leuchtend roter Samenmantel mit süßem, schleimigem Fruchtfleisch, der die eigentliche Frucht, den Samen in der Mitte, wie ein Becher umhüllt. Die süße fleischige Hülle wird von Vögeln als Nahrung angenommen, sie tragen damit zur Verbreitung des Samens bei.

Ursprung: Das Primärareal der Gemeinen Eibe umfasst die gemäßigten Klimazonen Eurasiens und Nordafrikas.

Ökologie: Die Gemeine Eibe bevorzugt Standorte mit subozeanischem Klima oder mit gemäßigtem Gebirgsklima mit schneereichen, frostarmen Wintern und nicht zu heißen, feuchten Sommern, dabei bevorzugt sie kalkhältige Böden. Nur selten bildet diese Art Reinbestände, meist bildet sie mit Buche, Stechpalme und Ahorn in Höhenlagen zwischen 300 und 1600 m Seehöhe Mischwälder, in den Alpen in tieferen, im Mittelmeerraum in höheren Lagen.

Verbreitung: Von der Iberischen Halbinsel nach Norden bis Großbritannien und Südskandinavien, im Osten bis zum Schwarzen Meer und über den Kaukasus und Kleinasien bis zur nordafrikanischen Mittelmeerküste.

Nutzung: Das sehr wertvolle Holz der Eibe ist äußerst zäh und elastisch, sehr hart und feinporig, eignet sich daher bevorzugt für Drechsel- und Kunsttisch-

lerarbeiten. Heute wird die Eibe vorwiegend als Zier- oder Heckenpflanze kultiviert, da sie durch regelmäßigen Schnitt problemlos zu lebenden Zäunen geformt werden kann, Besonders beliebte Ziersorten sind »Fastigiata« mit spiralig angeordneten Nadeln, »Aurea« mit goldgelben Nadeln und »Lutea« mit gelben Früchten. Samen und Blätter der Eibe sind giftig, der süße Samenmantel jedoch ist ungiftig. Aus der Rinde und den Blättern der **Kalifornischen Eibe** (*Taxus brevifolie* Nutt.) wird ein Extrakt gewonnen, den man derzeit in der Medizin zur Therapie bestimmter Krebsformen testet.

Ähnliche Arten: Die **Japanische Eibe** (*Taxus cuspidata* Siebold & Zucc.), die in Parkanlagen häufig kultiviert wird, weist gekrümmte Nadeln auf, die in einer schwarzen Spitze auslaufen. Die Spezies ***Cephalotaxus harringtonia* (Forbes) K. Koch** aus dem Osthimalaja wird ebenfalls, aber selten, in Parkanlagen angepflanzt. Sie unterscheidet sich durch längere Nadeln, die an der Unterseite graublau gefärbt sind, und durch eine Scheinbeere, die in ihrer Form ein wenig an eine himbeerrote Olive erinnert.

Oben: Ein besonders schönes Exemplar der überaus langlebigen Gemeinen Eibe. Manche Exemplare können bis zu 2000 Jahre alt werden.
Links: Ein Eibenzweig mit den charakteristischen Scheinbeeren, leuchtend roten Früchten.

Magnolia grandiflora

Immergrüne Magnolie

Visitenkarte

Höhe
bis 25 m

Wuchsform
breit pyramidenförmig bis abgerundet

Rinde
glatt, schwarzbraun

Blätter
immergrüne elliptische, glänzende Blätter

Blüten
große weiße oder cremefarbene und duftende Einzelblüten

Früchte
längliche, zapfenartige Sammelfrüchte

Die bis zu 25 m hoch wachsende Immergrüne Magnolie bildet eine nicht allzu dichte Krone, welche eine pyramiden- bis kuppelförmige Form aufweist. Der Stamm ist kräftig entwickelt und verläuft gerade, manchmal etwas buckelig. Die Rinde ist glatt und dunkel schwarzbraun gefärbt, und ihre Oberfläche erscheint rau und löst sich in Form von dünnen, rechteckigen Platten ab. Die wechselständigen immergrünen Blätter sind oval oder elliptisch und erreichen eine Länge von bis zu 25 cm. Ihre Oberseite ist glänzend grün, die Unterseite rostbraun gefärbt mit erhabener Hauptader. Die großen, kelchartigen Blüten öffnen sich weit und erscheinen vom späten Frühjahr bis in den Spätsommer hinein. Sie messen bis zu 20 cm im Durchmesser, duften angenehm nach Zitronen und bestehen aus drei weißlich grünen Kelchblättern und 6 - 12 weißen bis cremefarbenen Kronblättern, die spiralig an einer verlängerten Achse angeordnet sind. Die Frucht, eine trockene, zapfenartige Sammelfrucht, ist länglich und besteht aus zahlreichen schotenartigen Einzelfrüchten, die sich im Reifezustand öffnen und dann je einen orangeroten Samen freigeben, der an einem dünnen, seidigen Faden hängt.

Ursprung: Das Primärareal der Immergrünen Magnolie umfasst den Südosten der Vereinigten Staaten, von Nordkarolina über Texas bis nach Florida.
Ökologie: Als Standort bevorzugt diese Spezies immergrüne und Laub abwerfende Mischwälder in Küstengebieten bis 600 m Seehöhe.
Nutzung: Die Immergrüne Magnolie ist als sehr attraktiver Zierbaum in Parks und Gartenanlagen weit verbreitet. Da diese Art keine kalten Wintertemperaturen verträgt, kann sie nur in klimatisch bevorzugten Gebieten Europas kultiviert werden. Sie toleriert Luftverschmutzung gut und ist daher besonders für Standorte im städtischen Raum geeignet.
Ähnliche Arten: Die **Dreiblättrige Magnolie** (*Magnolia tripetala* (L.) L.) stammt aus demselben Primärareal, ist jedoch hauptsächlich in höheren Lagen angesiedelt und toleriert daher auch niedrigere Temperaturen. Diese Art wirft ihre verkehrt eiförmigen hellgrünen Blätter im Verlauf des Winters ab und entwickelt im Frühling strahlend weiße Blüten mit dunklen Frucht- und Staubblättern. Sie wird ebenfalls in Gärten und Parkanlagen kultiviert.

Die prächtige immergrüne Magnolie zählt zu den häufigsten Zierbäumen im südeuropäischen Raum.
Linke Seite: Die angenehm duftende cremeweiße Blüte der Immergrünen Magnolie kann bis zu 20 cm Durchmesser erreichen.

Magnolia x soulangeana

Soulange-Magnolie

Visitenkarte

Höhe
bis zu 6 m

Wuchsform
strauchartig ausladend oder baumartig breit pyramidenförmig

Rinde
glatt, graubraun

Blätter
spitz zulaufende, verkehrt eiförmige, im Herbst abfallende Blätter

Blüten
große, aufrecht stehende Blütenkelche aus innen weißen, außen rosa gefärbten Blütenblättern

Früchte
keine
(sterile Hybride)

Die Soulange-Magnolie wächst entweder in Form eines großen Strauches oder kleinen Baumes und erreicht bis zu 6 m Höhe, wobei der Stamm immer stark verzweigt und die Kronenform recht ausladend ist. Stamm und Äste können gerade wachsen oder nach oben gekrümmt sein, die Rinde ist glatt und dunkelgraubraun. Die hellgrünen, bis 20 cm langen Blätter sind verkehrt eiförmig oder elliptisch, weisen einen glatten Rand aus und enden in Form einer Spitze. Die Blüten entwickeln sich fast gleichzeitig mit den Blättern, sind aber schon früher voll entwickelt. Die nicht duftenden Blüten werden bis zu 12 cm lang und gleichen in ihrer Form manchen Lilien oder auch Tulpen. Kelch- und Kronblätter sind nicht voneinander zu unterscheiden (Tepalen), sie sind an ihrer Innenseite weiß, außen rosa bis purpurfarben schattiert. Im Zentrum befinden sich zahlreiche Stempel und Staubgefäße, da die Pflanze jedoch ein Kreuzungsbastard und damit steril ist, entwickelt sich keine Frucht oder Samen.

Ursprung: Dieser weit verbreitete Hybride entstand 1820 im Garten von Soulange-Bodin durch Kreuzung von *Magnolia denudata* Desr. und *Magnolia liliiflora* Desr.

Ökologie: Da beide Stammeltern der Soulange-Magnolie aus dem Bergland des Fernen Ostens stammen, bevorzugt sie wie diese Standorte mit kühl-gemäßigtem Klima und widersteht auch Kälte und Frost. In kontinentalen Klimazonen macht ihr jedoch die Trockenheit etwas zu schaffen. Die Pflanze gedeiht am besten auf lockeren Böden ohne Staunässe und mit leicht saurem Milieu.

Nutzung: Die Soulange-Magnolie ist ein beliebter Zierbaum, der wegen seiner spektakulären Blüte schon zeitig im Frühjahr häufig in Parks und Gärten angepflanzt wird.

Ähnliche Arten: Auch die schon erwähnten Stammeltern dieser Magnolie werden gelegentlich in Parks angepflanzt.

Liriodendron tulipifera

Tulpenbaum

Der bis zu 30 m hohe, Laub abwerfende Tulpenbaum entwickelt eine pyramidenförmige, oben abgerundete und ziemlich ausladende sowie lichte hellgrüne Krone und weist einen schlanken, geraden Stamm mit hellbrauner, regelmäßig netzartig gefurchter Rinde auf. Die mittelgroßen, wechselständig angeordneten und gestielten Blätter sind bis zu 15 cm lang, ebenso breit und werden im Herbst abgeworfen. Sie weisen eine typische vierfach gelappte Form auf, wobei die Blattenden wie abgeschnitten erscheinen. Die unteren Lappen sind in Richtung Blattgrund abgerundet und laufen dann sehr spitz zu. Die Blattoberseite ist intensiv grün, die Unterseite hellgrün gefärbt. Die zwittrigen tulpenartigen Blüten stehen endständig einzeln an den Triebspitzen und sie setzen sich aus wenigen grünen Kelchblättern, mehreren gelbgrünen, 4 - 6 cm langen Kronblättern und aus Frucht- und Staubblättern zusammen. Die Frucht besteht aus mehreren Flügelfrüchten und bildet eine Art Zapfen aus lanzettlich linealisch geformten Einzelfrüchten. Im Reifezustand löst sich der Fruchtstand auf und die Samen werden vom Wind verbreitet.

Ursprung: Das Primärareal des Tulpenbaumes umfasst den Osten der Vereinigten Staaten, von Massachusetts bis Florida.

Ökologie: Der Tulpenbaum lebt zumeist vergesellschaftet in gemischten Laubwäldern bis in Höhenlagen von 1500 m Seehöhe. In Tennessee, auf den Allegheny-Bergen, existieren aber auch artreine Bestände von Tulpenbaumwäldern. Diese Spezies bevorzugt als Standorte kühle, lockere, tiefe Böden in subozeanischem Klima mit schneereichen Wintern und nicht zu trockenen Sommern.

Nutzung: Nach Europa wurde diese Spezies erstmals im 17. Jahrhundert eingeführt, und zwar sowohl als Zierpflanze als auch für die Nutzung in der Papierindustrie, wozu sie versuchsweise kultiviert wurde.

Visitenkarte

Höhe
bis zu 30 m

Wuchsform
rundlich
pyramidenförmig

Rinde
rau, hellbraun

Blätter
vierfach gelappte
hellgrüne,
im Herbst
abfallende Blätter

Blüten
gelblich grüne
kelchförmige
Zwitterblüten

Früchte
zapfenartiger
Fruchtstand aus
Flügelfrüchten

Platanus hispanica

Spanische Platane

Visitenkarte

Höhe
bis zu 40 m

Wuchsform
runde, ausladende Krone

Rinde
glatt beigefarben mit großen, sich in Schuppen ablösenden graubraunen Flecken

Blätter
Blätter mit drei ausgeprägten, spitz endenden gezähnten Lappen die im Herbst abgeworfen werden

Blüten
langstielige, kugelförmige Blütenstände

Früchte
langstielige, kompakte, kugelförmige Sammelfrüchte

Die bis zu 40 m hohe Platane entwickelt eine intensiv grün gefärbte, weit ausladende, luftige, runde Krone. Der Stamm verläuft gerade, weist jedoch oft kleinere oder größere Buckel auf. Die Stammbasis ist wuchtig und breit und bildet im höheren Alter oft Wurzelschösslinge. Die Rinde schuppt sich stetig in Form von großen, buchtigen graubraunen bis braunen Platten ab, wobei darunter die helle, oft leicht grünliche junge Borke zum Vorschein kommt. Dadurch entsteht ein für die Platane typisches, unregelmäßig geflecktes Rindenmuster. Die Blätter, welche im Herbst abgeworfen werden, sind dreifach gelappt, wobei jeder Lappen am Ende spitz zuläuft und grob gezähnt ist. Sie sind wechselständig angeordnet, werden bis zu 25 cm lang und ebenso breit und können auch fünffach gelappt sein. Die eingeschlechtlichen Blüten, kugelartige Blütenstände an einem langen Stiel, erscheinen im April endständig an den Trieben, die männlichen sind gelblich gefärbt, geben bald den Pollen ab und lösen sich dann auf, die weiblichen sind purpurfarben schattiert. Beide Blütenstände bestehen aus kelch- und kronlosen Einzelblüten, also nur aus Stempeln bei den weiblichen und Staubgefäßen bei den männlichen. Die Früchte, sogenannte Sammelfrüchte, sind kompakte Kugeln mit ca. 3 cm Durchmesser, welche sich im Februar oder März auflösen und dadurch unzählige kleine rostfarbene Nüsschen (Achänen) freisetzen.

Ursprung: Die Abstammung dieser Platanenart ist immer noch umstritten und viel diskutiert. Nach Meinung der Mehrheit unter den Fachleuten stammt sie aus Europa, wo sie durch Bastardierung aus der Amerikanischen Platane mit der Morgenländischen Platane, die aus Asien stammt, um die Mitte des 17. Jahrhunderts entstanden sein soll. Andere Botaniker glauben hingegen, es handle sich hier einfach nur um eine Mutation der Morgenländischen Platane. Eine dritte Gruppe nimmt an, es handle sich dabei um einen direkten Nachfahren von *Platanus aceroides* Göpp., einer ausgestorbenen Spezies, die man nur von fossilen Funden her kennt. Diese Art war in Europa vor mehreren Jahrmillionen verbreitet und ist mittlerweile ausgestorben.

Ökologie: Die Platane gedeiht vom Meeresniveau bis in etwa 800 m Seehöhe, und zwar in so gut wie jedem Boden, wobei sie sich besonders gut entwickelt, wenn das Grundwasser nicht allzu tief liegt.
Verbreitung: Die Platane trifft man wild wachsend von England bis Griechenland, als Kulturpflanze aber in ganz Europa.
Nutzung: In Gebieten mit hohem Grundwasserstand wurde die Platane ähnlich wie auch die Silberweide, die Pappel, die Feldulme und die Schwarzerle häufig entlang der Wasserläufe angepflanzt, um damit die Grundstücksgrenzen zu markieren und den Boden zu festigen. Heute ist diese Art wegen ihrer besonderen Widerstandskraft gegen alle Arten von Umweltbelastungen eine der wichtigsten Baumarten in unseren Städten.
Ähnliche Arten: Die **Amerikanische Platane** trägt gleichmäßig gezähnte, größere und vor allem breitere Blätter mit 3 - 5 weniger ausgeprägten Lappen, sowie im Allgemeinen nur eine Sammelfrucht pro Stiel. Die **Morgenländische Platane** weist tief gelappte und gezähnte, wie ausgefranst wirkende Blätter und 3 - 6 Sammelfrüchte pro Stiel auf. Diese Art wird seltener angepflanzt und ist eher im mediterranen Raum anzutreffen.

Der gerade, hohe und reizvoll gezeichnete Stamm und die lichte Krone sowie ihre Widerstandskraft machen die Platane zu einem idealen Stadtbaum. Unten: Die charakteristischen Blätter und Früchte der Platane.

Platanus occidentalis

Amerikanische Platane

Visitenkarte

Höhe
bis zu 50 m

Wuchsform
runde, ausladende Krone

Rinde
hell und glatt, in kleinen, dunklen Platten ablösend

Blätter
drei- bis fünffach gelappte Blätter, die im Herbst abgeworfen werden

Blüten
langstielige kugelige, eingeschlechtliche Blütenstände

Früchte
kugelige Sammelfrüchte, aus Achänen zusammengesetzt

In ihrer natürlichen Heimat wird die Amerikanische Platane nicht selten über 50 m hoch. Die weit ausladende Krone weist eine runde Silhouette auf und wirkt graugrün. Der Stamm verläuft gerade, bildet aber bei älteren Bäumen massive Buckel. Die Rinde schuppt in kleinen graubraunen, annähernd runden Schuppen ab, wobei darunter die junge, grünlich oder gelblich graue junge Borke zum Vorschein kommt. Die wechselständigen, gestielten Blätter sind bis zu 22 cm breit und 20 cm lang sowie drei- bis fünffach gelappt, wobei die Lappen jedoch nicht sehr deutlich ausgeprägt und oft glattrandig oder nur leicht gezähnt sind. Die Blüten, welche kein Perianth (Kelch und Krone) aufweisen, sind in kugelförmigen Blütenständen zusammengefasst und hängen an langen Stielen. Die männlichen sind blassgelb, die weiblichen rötlich gefärbt. Die Früchte, es sind Sammelfrüchte, zusammengesetzt aus kräftig kastanienbraun gefärbten Achänen mit Flughaaren, hängen ebenfalls an langen Stielen.

Ursprung: Das Primärareal der Amerikanischen Platane umfasst den Osten und Süden der Vereinigten Staaten, von Maine bis Florida und Texas.

Ökologie: Diese Art bildet gemischte Laubwälder, und zwar in kühlen Lagen und auf tiefen Böden, besonders aber entlang von Wasserläufen bis in etwa 1000 m Seehöhe.

Nutzung: Das Holz der Amerikanischen Platane, welches in Amerika gelegentlich für die Bauindustrie eingesetzt wird, ist nur von mäßiger Qualität. Als Zierbaum hingegen ist die Platane insbesondere in städtischen Parks und Gärten beliebt. Als diese Art im 17. Jahrhundert in Europa eingeführt wurde, fanden wahrscheinlich Kreuzungen mit der Morgenländischen Platane statt. Daraus entstanden schließlich lokale Populationen der Hybrid-Platane bzw. der Spanischen Platane.

Ähnliche Arten: Die **Spanische Platane** unterscheidet sich von der Amerikanischen Platane durch ihre tiefer gelappten Blätter und durch die sich in großen, buchtigen Platten ablösende Rinde sowie durch ihre Früchte, die zu mehreren an einem Stiel sitzen.

Platanus orientalis

Morgenländische Platane

Die bis zu 40 m hoch wachsende Morgenländische Platane entwickelt in ihrer Jugend eine pyramidenförmige, dann zunehmend ausladende, runde, intensiv grün gefärbte Krone. Der Stamm wächst zuerst gerade und schlank, wird dann aber sehr massiv und höckerig, an der Basis bilden sich zusätzlich rippenartige Verstärkungen. Die glatte Rinde schuppt oberflächlich in Form typischer großer, buchtig ausgeformter und graubraun gefärbter Platten ab, wodurch ein kontrastreiches Rindenmuster entsteht, weil die darunter liegende junge Borke nun grünlich weiß oder cremefarben hervorsticht. Die wechselständigen Blätter sind deutlich gelappt bis handförmig geteilt, bis zu 25 cm lang und ebenso breit, die 5 - 7 schmalen, zugespitzen Lappen sind mehr oder weniger gezähnt. Die eingeschlechtlichen Blüten stehen wie bei allen Platanen in einem kugelförmigen Blütenstand, der mit anderen zusammen an einem langen Stiel hängt. Die männlichen sind blassgelb, die weiblichen rötlich gefärbt. Die Frucht ist eine aus dicht zusammenstehenden Achänen gebildete Kugel, wobei diese in Gruppen von 3 - 6 an einem einzigen langen Stiel hängen. Die Achänen selbst sind rostrot und tragen Flughaare, mit deren Hilfe sie der Wind nach dem Zerfall der Sammelfrucht im Spätwinter verbreitet.

Ursprung: Das Primärareal der Morgenländischen Platane umfasst die östlichen Mittelmeerländer und Westasien.

Ökologie: Diese Art bevorzugt lockere Böden in geschützten Lagen, speziell entlang von Wasserläufen bis in 600 m Seehöhe mit milden, regenreichen Wintern und trockenen Sommern.

Verbreitung: Über Süditalien, Sizilien und die Türkei in den Mittleren Osten bis nach Afghanistan.

Nutzung: Das Holz der Morgenländischen Platane wird nur lokal genutzt, viel größer ist ihr Wert europaweit als Zierbaum. Man findet diese Art besonders in Parks und in Gärten des mediterranen Raumes.

Ähnliche Arten: Die **Amerikanische Platane** entwickelt nur eine kugelige Sammelfrucht pro Stiel und weist weniger tief gelappte Blätter auf, die **Spanische Platane** trägt 2 - 4 Früchte an einem gemeinsamen Stiel und hat tiefer gelappte Blätter.

Visitenkarte

Höhe
bis zu 40 m

Wuchsform
majestätisch ausladend

Rinde
glatt, in großen, buchtigen Platten ablösend

Blätter
deutlich gelappte bis handförmig geteilte Blätter, die im Herbst abgeworfen werden

Blüten
eingeschlechtliche, kugelige Blütenstände an einem langen Stiel

Früchte
trockene, kugelförmige Sammelfrucht, aus Achänen zusammengesetzt

Liquidambar styraciflua

Amberbaum, Storaxbaum

Visitenkarte

Höhe
bis zu 40 m

Wuchsform
pyramidenförmig

Rinde
in der Jugend grau und glatt, im Alter braun und gefurcht

Blätter
handförmig fünf- bis siebenfach gelappte Blätter, die im Herbst abgeworfen werden

Blüten
gelbliche, traubenartige männliche Blütenstände, grünliche, kugelförmige weibliche Blütenstände

Früchte
borstige kugelförmige Fruchtstände aus Samenkapseln

Auf natürlichen Standorten in seinem Primärareal wird der Amberbaum bis zu 40 m hoch, als Kulturpflanze erreicht er jedoch kaum Höhen von mehr als 25 m. Der Stamm verläuft gerade, die Krone entwickelt sich in der Jugend schlank, dann breit pyramidenförmig. Die in den ersten Jahren glatte graue Rinde wird mit zunehmendem Alter rissig und braun. Die handförmig gelappten Blätter bestehen aus 5 - 7 Lappen, sind im Sommer leuchtend grün gefärbt, verfärben sich im Herbst purpur- bis violettrot, kurz vor dem Abwurf orangerot bis goldgelb. Sie sind 12 - 15 cm lang, die Ränder sind gesägt, die Lappen laufen spitz zu. Die Blüten, welche zugleich mit den Blättern erscheinen, sind unscheinbar und weisen weder Kelch- noch Kronblätter auf. Die endständigen, gelblich gefärbten männlichen Blütenstände sind traubenartig, die weiblichen entwickeln sich an langen Stielen an der Basis der Triebe. Der kugelige Fruchtstand besteht aus radiär zusammenstehenden Samenkapseln, er hat etwa 3 cm Durchmesser und sieht wegen der verholzten Griffel dornig aus, sticht aber nicht, er ist anfangs grün, im Reifezustand braun gefärbt. Die

winzigen, geflügelten Samen treten nach der Reife durch kleine Öffnungen an den Kapseln aus. Die Fruchtstände verbleiben den Winter über an den Zweigen.
Ursprung: Das Primärareal des Amberbaumes umfasst den Osten Nordamerikas, von Südkanada bis Florida und Mexiko.
Ökologie: Diese Art bildet in ihrem Primärareal auf tiefgründigen, feuchten, fruchtbaren Böden gemeinsam mit anderen Baumarten Mischwälder.
Nutzung: Ritzt man die Rinde des Amberbaums, so fließt für den Wundverschluss ein aromatisches Harz aus, das sogenannte Storaxharz. Dieses wird in der Kosmetikindustrie als Träger für Duftstoffe eingesetzt, früher fand es bei einigen Naturvölkern Verwendung, und zwar als eine Art natürlicher Kaugummi. Nach Europa wurde diese Pflanze erstmals im Jahre 1681 als Zierbaum eingeführt.
Ähnliche Arten: ***Liquidambar orientalis*** **Mill.** stammt aus Kleinasien, wird als Kulturpflanze kaum höher als 12 - 15 m und entwickelt kleinere Blätter und Früchte als der aus Amerika stammende ***Liquidambar styraciflua***.

Das Farbenspiel der herbstlichen Laubverfärbung macht den Amberbaum zu einem attraktiven Blickfang in Gärten und Parks.

Celtis australis

Südlicher Zürgelbaum, Nesselbaum

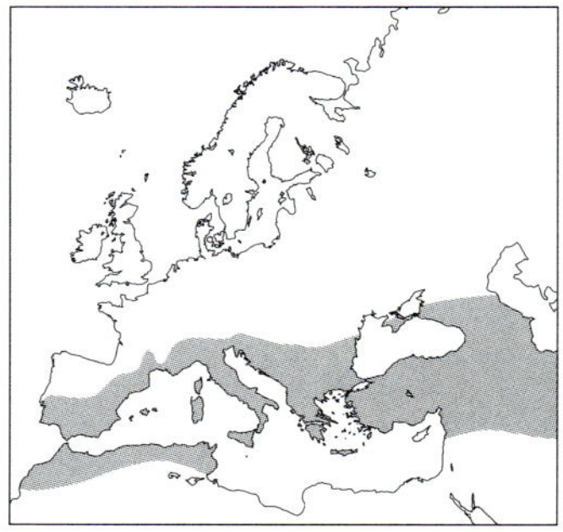

Visitenkarte

Höhe
bis zu 20 - 25 m

Wuchsform
rund, ausladend

Rinde
grau, glatt

Blätter
lanzettförmige Blätter mit schwach gefügtem Blattrand, die im Herbst abgeworfen werden

Blüten
gelblich, weibliche einzeln, männliche in Gruppen

Früchte
gestielte Steinfrüchte

Der Südliche Zürgelbaum wird nur in Ausnahmefällen bis zu 25 m hoch wird und entwickelt eine weit ausladende, runde, ebenmäßige und hellgrün gefärbte Krone. Der Stamm verläuft gerade, ist an der Basis im Alter stockig verbreitert, die Rinde ist hellgrau gefärbt und glatt. Die wechselständigen, schmalen, oval-lanzettförmigen, in eine oft asymmetrisch gekrümmte Spitze auslaufenden Blätter mit kurzem Stiel sind an der Basis abgerundet, der Blattrand ist gesägt. Die Nervatur setzt sich aus drei Hauptadern und netzartig verzweigten Nebenadern zusammen, die an der Blattunterseite leicht erhaben sind. Die Oberseite ist kräftig grün, die Unterseite graugrün gefärbt. Der Zürgelbaum ist einhäusig, d. h., die getrenntgeschlechtlichen Blüten erscheinen beide zugleich an einem Individuum, wobei die Blütezeit April bis Mai ist. Die Blüten selbst haben winzige oder keine Blütenblätter und bestehen beim männlichen Geschlecht aus Staubblättern mit kurzen Staubfäden und großen Pollenstücken, die weiblichen bilden kegelförmige Fruchtblätter mit zwei auffälligen rotbraun gekrümmten Griffeln. Die langstielige Frucht ist eine ovale oder kugelige, fleischige Steinfrucht, bis 12 mm lang und rot- oder schwarzbraun gefärbt.

Ursprung: Das Primärareal des Südlichen Zürgelbaumes umfasst die an das Mittelmeerbecken angrenzenden Gebiete bis Kleinasien.

Ökologie: Der Südliche Zürgelbaum bevorzugt karge, humusarme Böden in felsigem Gelände und bildet dort Mischwälder zusammen mit wärmeliebenden Arten wie Steineichen, Flaumeichen, Hopfenbuchen und Manna-Eschen. Der Zürgelbaum liebt sonnige, trockene Lagen und überlebt mit seinem robusten Wurzelapparat sogar im kargen Humus von Felsspalten, die er im Laufe der Zeit bisweilen zu sprengen vermag. Diese Art entwickelt sich relativ schnell und erreicht ein ansehnliches Alter von etwa 500 Jahren.

Verbreitung: Von Südspanien über Nordafrika, Italien, den Balkan und Griechenland bis nach Kleinasien, zum Kaukasus und nach Westasien.

Nutzung: Das weißlich graue Holz des Südlichen Zürgelbaums ist hart, zäh und elastisch und wurde in der Vergangenheit in der Wagnerei zur Herstellung von Holzrädern für Fuhrwerke und Kutschen verwendet, auch Peitschengriffe und Angelruten stellte man daraus her. Aus der Rinde wird ein gelber Naturfarbstoff gewonnen, und die Samen der von den Vögeln geschätzten Steinfrüchte sind fettreich.

Ähnliche Arten: Der **Westliche Zürgelbaum** (*Celtis occidentalis)* stammt aus dem Osten der Vereinigten Staaten und wurde um die Mitte des 18. Jahrhunderts erstmals nach Europa eingeführt. Die Rinde dieser Spezies ist tief gefurcht, die Blätter an der Basis glattrandig und im oberen Teil gesägt.

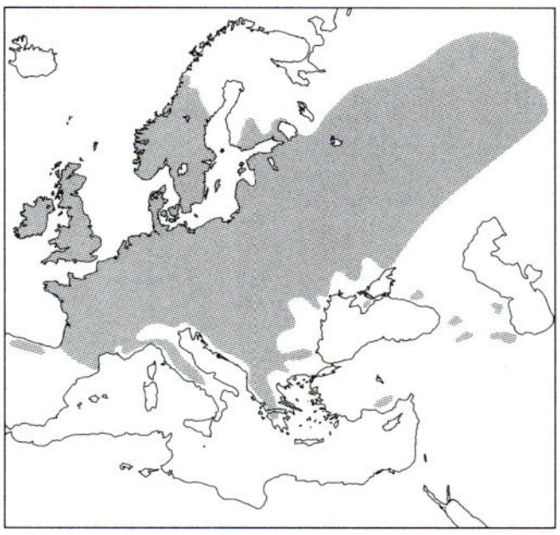

Ulmus glabra

Bergulme

Die dichte, weit ausladende Krone der bis zu 30 m hohen Bergulme wird von Ästen geformt, deren Enden etwas nach unten hängen. Der Stamm verläuft gerade und ist in der Jugend von einer glatten graubraunen, später aber von einer dunkleren und tief gefurchten Rinde bedeckt. Die wechselständigen Blätter sind kurzstielig, verkehrt eiförmig und laufen in Form einer kurzen Spitze aus. Der Blattrand ist doppelt gesägt, die Basis für Ulmen typisch asymmetrisch, wobei eine Hälfte so stark ausgebuchtet sein kann, dass sie den Stiel beinahe bis zum Ansatz bedeckt. Die Blattunterseite ist hellgrün gefärbt und weich behaart, die Oberseite ist dunkelgrün und fühlt sich rau an. Die zahlreichen kleinen, zwittrigen Blüten erscheinen schon vor den Blättern und bilden Blütenstände von winzigen Dolden. Sie weisen ein sehr kleines becherartiges, fünfblättriges Perigon auf, aus welchem bifurcate (gegabelte), flaumige Griffel sowie Staubblätter mit auffälligen violettroten Staubbeuteln herausragen. Die scheibenförmigen Flügelfrüchte sind ca. 2 x 3 cm groß und tragen je ein Samenkorn im Zentrum.

Ursprung: Europa.

Ökologie: Die Bergulme ist ein typischer Bewohner der Mischwälder im Hügel- und Bergland und kommt dort gemeinsam mit Laubbäumen wie z. B. Eichen vor. An der unteren Koniferengrenze lebt sie zwischen 400 und 1300 m Seehöhe auch mit Nadelbäumen vergesellschaftet. Diese Art ist nicht besonders anspruchsvoll, speziell was die Lichtverhältnisse betrifft, und bevorzugt kühle, lockere und tiefe Böden.

Verbreitung: Von Südspanien nach Norden bis Skandinavien, östlich zur Uralkette und nach Süden über Griechenland bis zum Kaukasus und in die Türkei.

Nutzung: Die Bergulme liefert qualitativ mittelmäßiges Holz, das in einigen Ländern vor allem als Bauholz zum Einsatz kommt. Als Zierbaum trifft man sie neben der Feldulme gelegentlich in Parks, Gärten und Alleen.

Ähnliche Arten: Die Blattbasis setzt bei der **Feldulme**, wie bei allen Ulmen, asymmetrisch an, doch wird der Blattstiel bei dieser Art nicht ganz bedeckt. Außerdem weist die Blattnervatur im Vergleich zu den Blättern der Bergulme weniger Seitenadern, nämlich 7 - 12 gegenüber 12 - 18, auf.

Visitenkarte

Höhe
bis zu 30 m

Wuchsform
gerade, mit ausladender Krone

Rinde
graubraun

Blätter
verkehrt eiförmige bis elliptische asymmetrische Blätter, die im Herbst abgeworfen werden

Blüten
rötliche Blütenstände

Früchte
Flügelfrucht mit Samen in der Mitte

Ulmus minor

Feldulme

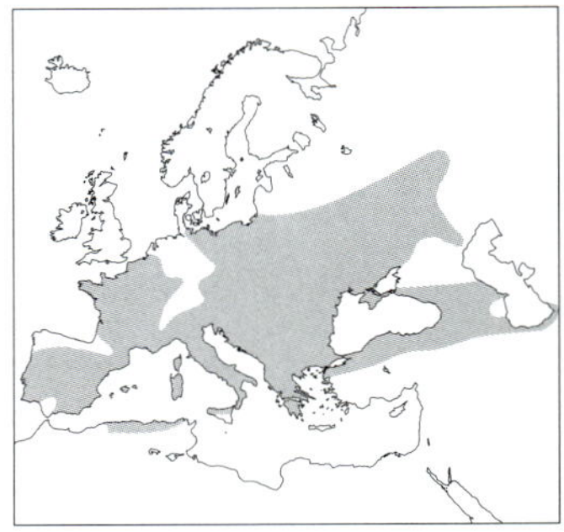

Visitenkarte

Höhe
bis zu 30 m

Wuchsform
schlank pyramidenförmig bis rundlich ausladend

Rinde
dunkelgraubraun

Blätter
verkehrt eiförmige bis elliptische Blätter, die im Herbst abgeworfen werden

Blüten
rötliche doldenartige Blütenstände

Früchte
ovale Flügelfrucht mit einem Samen in der Mitte

Die besonders langlebige Feldulme kann mehr als 600 Jahre alt werden und Höhen von ca. 30 m erreichen. Die Krone ist vergleichsweise schlank und von unregelmäßiger pyramidenförmiger bis rundlicher und eher lichter Form. Der Stamm wächst gerade und ist im Kronenbereich stark verzweigt. Die Rinde ist dunkelgraubraun gefärbt und ziemlich rau, wobei ihre Oberfläche in regelmäßige rechteckige Platten zerteilt und tief gefurcht ist. An den Ästen der Feldulme kann die Korkschichte ziemlich dick entwickelt sein. Die wechselständigen Blätter weisen den für Ulmen typischen asymmetrischen Blattgrund auf, ihre Form ist verkehrt eiförmig bis ellipitsch, sie werden ca. 10 cm lang und sind hellgrün gefärbt, der Blattrand ist fein gezähnt. Die Nervatur besteht aus einer Hauptader und aus 7 - 12 Paaren paralleler Seitenadern. Die zwittrigen Blüten erscheinen schon vor den Blättern und bilden Dolden-Blütenstände aus purpurfarbenen Staubbeuteln,

Obwohl die Bestände der Feldulme durch die Ulmenkrankheit europaweit beträchtlich dezimiert wurden, ist diese Art bei uns immer noch relativ häufig anzutreffen.

die auf kurzen Filamenten sitzen, sowie aus flaumigen Griffeln. Das Perianth ist nur als winziges becherartiges Perigon ausgebildet. Die Frucht ist eine ovale, dünnscheibige Flügelfrucht, die in ihrer Mitte nur ein Samenkorn trägt.

Ursprung: Das Primärareal der Feldulme umfasst Mittel- und Südeuropa sowie den Kaukasus.

Ökologie: Die Feldulme bewohnt bevorzugt kühle Mischwälder in geschützten Lagen und feuchten Böden mit relativ hoch stehendem Grundwasserspiegel. Diese Spezies erträgt auch länger anhaltende Überflutungen. Sie wächst bis in Höhenlagen von etwa 600 m Seehöhe.

Verbreitung: Von Frankreich und Spanien bis an die Südküste des Kaspischen Meeres.

Nutzung: Das Holz der Feldulme ist in wassergesättigtem Zustand äußerst beständig und wird auch als Möbel- und Furnierholz (Rüster) verwendet. Auch als Zierbaum in Alleen, Parks und Gärten ist sie für viele Stadtbewohner ein vertrauter Anblick.

Ähnliche Arten: Die **Silberulme** (*Ulmus canescens* Melville) ist in Süditalien und auf den italienischen Inseln, auf dem Balkan, den griechischen Inseln, in der Türkei und in Kleinasien verbreitet. Die Jungtriebe dieser Art weisen einen charakteristischen silberweißen Belag auf und die Seitenadern der Blattnervatur sind mit 12 - 18 Paar pro Blatt besonders zahlreich. Darüber hinaus sitzt der Samen bei dieser Art nicht in der Mitte der Flügelfrucht, sondern unter deren Spitze. Die **Flatterulme** (*Ulmus leavis* Pall.) stammt aus dem Osten Mitteleuropas und wird bei uns häufig als Zierbaum angepflanzt. Diese Art weist eine weite, unregelmäßige Krone mit stark ausgebauchten Blättern auf. Ihre Blüten und Früchte sitzen auf deutlich erkennbaren Stielen. Die Flügelfrucht trägt den Samen in der Mitte und ist am Rand behaart. Die **Sibirische Ulme** (*Ulmus pumila* L.) stammt aus Zentral- und Nordostasien und wird wegen ihrer Widerstandsfähigkeit gegen die gefürchtete Ulmenkrankheit bei uns gerne als Zierbaum angepflanzt. Man erkennt diese Art sofort an ihren schmalen, an der Basis beinahe symmetrischen Blättern.

Ficus carica

Feige

Visitenkarte

Höhe
bis zu 15 m

Wuchsform
rundlich,
sehr ausladend

Rinde
glatt, hellgrau

Blätter
große handförmig gelappte Blätter

Blüten
fleischige, feigenförmige Blütenstände mit eingeschlechtlichen Blüten

Früchte
Feigen

Der bis zu 15 m hohe Feigenbaum ist mit seiner lichten, recht unregelmäßig geformten und breit ausladenden, bei älteren Exemplaren auch mehrstufigen Krone unverwechselbar. Der Stamm wächst in der Jugend aufrecht, dann oft verdreht und ist schon von der Basis an in mehrere dicke Hauptäste verzweigt. Die dünne, glatte Rinde ist aschgrau gefärbt. Die wechselständigen Blätter haben einen mittellangen Stiel, messen bis zu 20 cm und sind handförmig gelappt, oft mit herzförmiger Basis. Die Lappen sind an der Spitze abgerundet und können mehr oder weniger ausgeprägt sein. Die Blattoberseite ist wachsig, rau und intensiv grün gefärbt, die Unterseite weißlich grau behaart, die Nervatur stark erhaben. Die eingeschlechtlichen Blüten entwickeln sich auf verschiedenen Individuen (zweihäusig) und bestehen aus jeweils einem Staubgefäß beim männlichen Geschlecht bzw. einem Fruchtblatt beim weiblichen Geschlecht. Sie kleiden den inneren Hohlraum der sogenannten Rezeptakel aus, das sind fleischige grüne, birnenförmige Hüllen mit einer kleinen Öffnung an der Spitze. Der gesamte Blüten- beziehungsweise Fruchtstand wird Feige genannt. Seine Struktur ist speziell an die ihn bestäubenden Insekten, die winzigen Wespen der Spezies *Blastophaga psenes,* angepasst, deren komplizierter Lebenszyklus auf die Blüte- und Reifezyklen der Feigenfrucht genau abgestimmt ist. Die Früchte sind bei der Wilden Feige stoppelig behaart, bei der domestizierten Art glatt, süß und im Reifezustand violettbraun bis schwarz oder gelbgrün gefärbt.

Ursprung: Das Primärareal des Feigenbaumes umfasst Südwestasien und das Mittelmeerbecken. Die Domestizierung der Pflanze setzte während der Menschheitsgeschichte schon sehr früh ein, wahrscheinlich noch vor der Entwicklung des Ackerbaus.

Ökologie: Obwohl diese Art ursprünglich aus den warm-temperierten Klimazonen stammt, hat sie sich mit den Menschen weit über ihr Primärareal hinaus nach Norden und Süden ausgebreitet. Diese Spezies toleriert sogar relativ niedrige Wintertemperaturen und längere Trockenperioden, aber auch feuchte Sommer. Der wild wachsende ursprüngliche Feigenbaum gehört zur sogenannten Pioniervegetation warmer Länder auf Felsen und Geröll, auf den Trümmern alter Mauern oder in den Spalten gepflasterter Wege, sowie im Freiland und auf Ruinen etc., während die domestizierte Art tiefe, humusreiche Böden bevorzugt.

Verbreitung: Südeuropa, Nordafrika, Kleinasien, Mittlerer Orient, Beludschistan, Afghanistan, Pakistan. Die Feige wird mittlerweile in vielen Gebieten Amerikas, Südafrikas, Australiens und Neuseelands kultiviert.
Nutzung: Der domestizierte Feigenbaum ist in erster Linie als Obstbaum mit begehrten Früchten von wirtschaftlichem Wert, denn in vielen wärmeren Ländern stellen Feigen ein wichtiges Handelsgut dar. Frisch oder getrocknet werden diese wohlschmeckenden Früchte in die ganze Welt exportiert. Große Feigenbaumkulturen findet man in der Türkei, in Griechenland sowie in Süditalien und in Spanien. Auch als Schattenspender oder Zierbaum ist diese Art in vielen Gärten des mediterranen Raumes anzutreffen.

Ficus benjamina

Ficus Benjamin

Visitenkarte

Höhe
bis zu 30 m

Wuchsform
dachartig ausladend

Rinde
glatt, silbergrau

Blätter
immergrüne eiförmige bis lanzettliche Blätter

Blüten
eingeschlechtliche Blüten in kugeligen Rezeptakeln

Früchte
kleine, kugelige Feigen

In ihrem natürlichen Lebensraum wachsend erreicht diese Baumart bis zu 30 m Höhe, als Kulturpflanze wird sie jedoch höchstens 15 - 20 m hoch. Der schlanke, gerade verlaufende Stamm trägt eine dichte, zuerst runde, dann dachartig ausladende Krone. Die Äste wachsen bei älteren Exemplaren breit horizontal und entwickeln dann nach unten wachsende säulenartige Luftwurzeln, die die Krone stützen und die Wasserversorgung verbessern. In der Natur wächst *Ficus benjamina* in tropischen Wäldern oft als Kletterpflanze, er rankt sich dabei an anderen Bäumen hoch, wobei seine mächtigen Äste die ihn stützende Pflanze sogar ersticken können. Die Rinde ist zuerst hell silbrig grau und glatt und wird bei älteren Exemplaren etwas dunkler. Die wechselständigen immergrünen, festen und glatten Blätter sind eiförmig bis lanzettlich und laufen in einer schmalen Spitze aus. An der Oberseite sind sie leuchtend dunkelgrün gefärbt, an der Unterseite etwas heller. Sie sind 5 - 12 cm lang und gestielt, mit glattem, manchmal gewelltem Rand. Die winzigen eingeschlechtlichen Blüten sitzen in fleischigen, kugeligen Rezeptakeln mit einer kleinen Öffnung an der Spitze. Die Frucht ist saftig und fleischig, sie ähnelt in Farbgebung und Größe einer Heidelbeere.

Ursprung: Südostasien, Indien bis zu den Philippinen.

Ökologie: Diese Art bewohnt tropische Wälder, toleriert aber auf artfremden Standorten lange Trockenzeiten und Wintertemperaturen unter 10 °C.

Nutzung: In seiner ursprünglichen Heimat wird durch schräge Einkerbungen der Rinde Milchsaft gewonnen, ein Ausgangsstoff für die Gummierzeugung, aus dem Bast fertigt man Seile. Zusammen mit anderen *Ficus*-Arten gilt dieser Baum in alten asiatischen Kulturen als heiliger Tempelwächter. Als Zierpflanze ist diese Spezies ebenfalls weit verbreitet, in klimatisch geeigneten Ländern sieht man sie häufig in Parks und Alleen. Als junge Pflanze eignet sich *Ficus benjamina* auch als Zimmerpflanze.

Ähnliche Arten: ***Ficus magnolioides*** hat größere, dickere Blätter, deren Rand nicht gewellt ist und bildet robuste, dicke Luftwurzeln aus.

Rechts: Ficus microcarpa, *der Chinesische Ficus Benjamin, mit an Orgelpfeifen erinnernden Säulenwurzeln.*

Maclura pomifera

Texanische Maulbeere

Visitenkarte

Höhe
bis zu 20 m

Wuchsform
unregelmäßig ausladend

Rinde
orangebraun, gefurcht

Blätter
eiförmige, spitz zulaufende Blätter, die im Herbst abgeworfen werden

Blüten
traubige männliche Blütenstände, weibliche Blütenstände in runden Dolden

Früchte
große kugelförmige Maulbeeren

Die bis zu 20 m hohe Texanische Maulbeere bildet eine unregelmäßige, breit ausladende, dunkelgrün gefärbte und lichte Krone aus. Der Stamm wächst in der Jugend gerade, später verdreht, die Rinde weist eine charakteristische orangerote Färbung auf, sie ist gefurcht und löst sich faserig ab. Die wechselständigen Blätter sitzen an einem kurzen Stiel, sind länglich eiförmig und glattrandig mit abgerundetem oder keilförmigem Blattgrund und mit einer lang gezogenen Spitze. Die Blattoberseite ist olivgrün gefärbt, glatt und glänzend, die Unterseite etwas dunkler, matt und leicht rau. Die Pflanze ist zweihäusig, die männlichen Blüten bilden am Triebansatz kurze, hängende Trauben aus kleinen Blüten mit einem vierblättrigen Perigon und je vier Staubgefäßen. Die weiblichen Blüten stehen in rundlichen Dolden zusammen, sitzen an einem kurzen Stiel und weisen lange, federartige weiße Griffel auf, die der Blüte das Aussehen einer seidigen Quaste verleihen. Die Frucht ist eine im Reifezustand orangefarbene oder grüngelbe Maulbeere mit einem Durchmesser von bis zu 14 cm. Frisch abgeschnitten, sondert sie ein milchiges, klebrig werdendes Sekret ab.

Ursprung: Das Primärareal der Texanischen Maulbeere umfasst den mittleren Westen der Vereinigten Staaten.
Ökologie: Die Spezies bevorzugt mildes Klima und erobert in kurzer Zeit freies Land, auch verlassene Gärten und Ruinen besiedelt sie rasch.
Nutzung: Die Texanische Maulbeere wurde in der ersten Hälfte des 19. Jahrhunderts als Heckenpflanze nach Europa eingeführt, und zwar hauptsächlich wegen ihrer stacheligen Zweige, doch man schätzt sie auch wegen der dekorativen Blüten und Früchte.

Morus alba

Weißer Maulbeerbaum

Visitenkarte

Höhe
bis zu 15 m

Wuchsform
rundliche Krone

Rinde
braun, gefurcht

Blätter
zugespitzt eiförmige Blätter, die im Herbst abgeworfen werden

Blüten
männliche Blütenstände in Form von aufrechten Kätzchen, weibliche kugelförmig

Früchte
essbare Maulbeeren

Der bis zu 15 m hohe Weiße Maulbeerbaum bildet eine große, dichte dunkelgrüne Krone und einen robusten, gedrungenen, unregelmäßig verzweigten Stamm. Die Rinde ist in der Jugend glatt mit dunkelgrauer Färbung und wird dann braun und tief gefurcht. Die wechselständigen, gestielten Blätter entwickeln bald abfallende Stipeln und weisen eine 6 - 8 cm lange, ovale, spitz zulaufende Spreite auf, der Blattgrund ist asymmetrisch herzförmig abgerundet, der Blattrand unregelmäßig gezähnt. Manchmal ist die Spreite in drei Lappen geteilt. Blattober- und -unterseite sind glatt und hellgrün, die Oberseite ist leicht glänzend. Die Pflanze ist einhäusig, mit vorwiegend eingeschlechtlichen, selten auch zwittrigen Blüten, die männlichen Blüten stehen in zylindrischen, 2 - 4 cm langen, aufrechten Kätzchen zusammen, die weiblichen bilden kugelige Blütenstände. Das Perigon besteht aus vier verwachsenen Tepalen. Die Frucht, eine typische Maulbeere von fleischiger, zuckerreicher Konsistenz, entsteht aus den befruchteten weiblichen Blüten. Sie ist länglich elliptisch und weiß oder rosa gefärbt, im Reifezustand aber rot bis schwarz. Sie schmeckt bereits in halbreifem Zustand angenehm süß.

Ursprung: Das Primärareal des Weißen Maulbeerbaums umfasst Zentral- und Ostasien.

Ökologie: Diese Spezies bevorzugt milde Klimazonen.

Nutzung: Da die Maulbeeren einen hohen Zuckergehalt aufweisen, benutzen sie asiatische Völker frisch oder getrocknet und zu Pulver zermahlen zum Süßen und Färben von Speisen und Getränken. Die Weiße Maulbeere wurde zusammen mit der Seidenraupe, die sich ausschließlich von ihren Blättern ernährt, in Europa eingeführt. Bis vor etwa 50 Jahren war sie in Südeuropa weit verbreitet, doch mit dem zunehmenden Ersatz der Seide durch Kunstfasern in der Textilindustrie verlor die Seidenraupenzucht und damit auch der Anbau von Maulbeerbäumen zusehends an Bedeutung.

Ähnliche Arten: Die **Schwarze Maulbeere** trägt kleinere, auf der Unterseite raue Blätter, ihre Früchte sind glänzend schwarz.

Morus nigra

Schwarzer Maulbeerbaum

Der Schwarze Maulbeerbaum wird 10 - 15 m hoch und bildet eine intensiv grüne, dichte und breit ausladende Krone. Der Stamm wächst gerade und kräftig, bei älteren Exemplaren buckelig und unregelmäßig verzweigt. Die Rinde ist braun, rau und nach allen Richtungen gefurcht und gebrochen. Die wechselständigen Blätter sind kurz gestielt, die Blattspreite ist nur sehr selten gelappt und oval-herzförmig mit gesägtem Rand. Die Blattoberseite ist rau, die Unterseite, ebenso wie die jungen Triebe, weich behaart. Die großteils eingeschlechtlichen Blüten bilden sich auf je einer Pflanze (einhäusig), die männlichen Blüten bilden Blütenstände von kurzstieligen, aufrecht stehenden Kätzchen und bestehen aus je vier Tepalen und vier Staubgefäßen, die weiblichen stehen in kugelförmigen Köpfchen an einem kurzen Stiel zusammen und bestehen aus je einem Fruchtknoten mit zwei Griffeln. Die Frucht, die sich aus dem weiblichen Blütenstand entwickelt, ist eine ovale bis kugelige Maulbeere. Im unreifen Zustand schmeckt sie noch leicht säuerlich, wenn sie reif ist, angenehm süß. Ihre Färbung ist dunkel purpurfarben bis schwarz glänzend.

Ursprung: Kleinasien, Iran.

Ökologie: Hanglagen in gemischten Laubwäldern.

Nutzung: Diese Art kam wahrscheinlich im Verlauf des 16. Jahrhunderts nach Europa und wurde dort hauptsächlich wegen ihrer Früchte kultiviert, aus welchen sich Sirup und Marmelade herstellen lassen. Gelegentlich werden sie auch zu einem alkoholischen Getränk vergoren.

Ähnliche Arten: Der **Weiße Maulbeerbaum** entwickelt zartere, manchmal gelappte Blätter und hellere Früchte.

Visitenkarte

Höhe
bis zu 15 m

Wuchsform
ausladende, rundliche Krone

Rinde
braun, rissig

Blätter
oval-herzförmige Blätter, die im Herbst abgeworfen werden

Blüten
männliche Blüten in aufrecht stehenden Kätzchen, weibliche in kugelförmigen Dolden

Früchte
essbare Maulbeeren

Carya ovata

Weiße Hickorynuss

Visitenkarte

Höhe
bis zu 40 m

Wuchsform
schlanke, ovale Krone

Rinde
grau, in länglichen Schuppen ablösend

Blätter
unpaarig gefiederte Blätter mit 5 - 7 Segmenten, Laub abwerfend

Blüten
männliche Kätzchenblüten, weibliche Ährenblüten in Gruppen von 2 - 3

Früchte
grüne, fleischige Schale, darunter Nuss mit essbarem Kern

Der Hickorynussbaum wird in seinem natürlichen Areal bis zu 40 m hoch, als Kulturpflanze aber nicht höher als 20 m. Die hohe, ovale oder rundliche, lichte und dunkelgrün gefärbte Krone wird von einem geraden, regelmäßig verzweigten Stamm getragen. Die graue Borke löst sich bei älteren Exemplaren in Form von länglichen Schuppen ab, die sich dabei charakteristisch aufwölben. Die wechselständigen, bis 30 cm langen Blätter sind unpaarig gefiedert und bestehen aus zwei bis drei Paaren ungestielter Segmente und einem kurz gestielten, größeren Segment an der Spitze. Die Blattspreite ist länglich oval oder ovalelliptisch und läuft am Blattgrund und an der Spitze spitz zu. Der Blattrand ist gezähnt. Die Frucht ist keine echte Nuss, sondern eine Steinfrucht, deren grüne Schale sich im Reifezustand in vier Spalten ablöst. Das darunter liegende Perikarp ist bräunlich gefärbt, rundlich oval und verholzt, hat eine gekerbte Oberfläche und umschließt einen essbaren, fettreichen Kern.

Ursprung: Das Primärareal der Hickorynuss umfasst Teile Nordamerikas, von Quebec bis Minnesota, Florida und Texas.

Nutzung: Die Hickorynuss kam am Beginn des 17. Jahrhunderts nach Europa, wo sie besonders in Deutschland zu Versuchszwecken in der Forstwirtschaft eingesetzt wurde. Seltener sieht man diese Art auch als Zierpflanze in Parks. Die Nusskerne haben einen angenehmen Geschmack und ein feines Aroma, das Holz der Hickorynuss ist elastisch und widerstandsfähig, es wird bevorzugt zur Herstellung von Skiern, Schlittenkufen sowie Golf- und Baseballschlägern verwendet.

Ähnliche Arten: Die **Schwarze Hickorynuss** (*Carya cordiformis* (Wangenh.) K. Koch) weist ebenfalls unpaarig gefiederte Blätter auf, die jedoch aus jeweils neun Segmenten bestehen. Die Nüsse sind bitter und daher ungenießbar. Diese Art stammt aus demselben Ursprungsgebiet und wird in Europa nur selten in Parks kultiviert.

Pterocarya fraxinifolia

Kaukasische Flügelnuss

Diese prächtige Baumart wird gewöhnlich etwa 20 m hoch, erreicht aber gelegentlich Höhen von bis zu 30 m. Die Flügelnuss weist keinen zentralen Stamm auf, sondern entwickelt schon von der Basis an mehrere Stämme. Die Rinde ist zunächst glatt und bleigrau gefärbt, mit zunehmendem Alter wirkt sie jedoch gefurcht und bräunlich. Die wechselständigen Blätter sind unpaarig gefiedert mit 11 - 21 länglich lanzettförmigen Segmenten und schmal gesägten Rändern. Die Blätter erreichen eine Gesamtlänge von etwa 30 - 50 cm. Die kleinen grünlichen Blüten sind eingeschlechtlich. Die männlichen stehen in 5 - 10 cm langen, aufrechten Kätzchen zusammen, die weiblichen in 10 - 15 cm langen, hängenden Ähren. Die Krone der weiblichen Blüten verwächst nach der Bestäubung zur Fruchthülle. Die Flügelnuss bildet, wie ihr Name schon andeutet, Schließfrüchte, die zwei ledrige Flügelfortsätze aufweisen, welche zur Verbreitung der Samen beitragen.

Ursprung: Westasien.

Ökologie: Laubmischwälder bis zu 700 m Seehöhe, mit feuchten Böden, vorzugsweise entlang von Wasserläufen.

Nutzung: Im 18. Jahrhundert wurde die Flügelnuss in Europa zu forstwirtschaftlichen Zwecken eingeführt, und zwar wegen ihres wertvollen Holzes, welches sich besonders für den Möbelbau eignet. Auch als Zierbaum erfreut sich die Flügelnuss mittlerweile großer Beliebtheit und ist häufig in Parks und Gärten anzutreffen.

Ähnliche Arten: Die einzigartige Wuchsform mit der scheinbar stammlosen Krone und ihre langen, hängenden Fruchtstände machen die Flügelnuss zu einem unverwechselbaren Baum.

Visitenkarte

Höhe
bis zu 30 m

Wuchsform
weit ausladend, von der Basis an verzweigt

Rinde
grau und glatt, im Alter braun und gefurcht

Blätter
unpaarig gefiederte Blätter mit 11 - 21 Segmenten, Laub abwerfend

Blüten
männliche Blütenstände: aufrechte Kätzchen, weibliche: hängende Ähren

Früchte
Schließfrucht mit zwei ledrigen Flügeln

Juglans regia

Walnussbaum

Der Walnussbaum wird nur in Ausnahmefällen bis zu 30 m hoch. Die offene, lichte Krone ist abgerundet und weit ausladend, der Stamm wächst gerade, ist ziemlich massiv und weist eine hellgraue, zuerst glatte, später raue, längs gefurchte Rinde auf. Die wechselständigen Blätter weisen einen an der Basis verbreiterten Stiel auf, sind unpaarig gefiedert und bestehen aus 2 bis 3 Paaren oval zugespitzter, glattrandiger Einzelblättchen mit rundlichem Blattgrund sowie einem größeren Endsegment. Sie werden bis zu 35 cm lang. Die Blattoberseite ist glänzend hellgrün gefärbt, die Unterseite matt und etwas heller. Reibt oder quetscht man die Blätter, so verströmen sie einen aromatischen typischen Nussgeruch. Die männlichen und weiblichen Blüten weisen kein Perianth auf und wachsen an einem Individuum (einhäusig), die männlichen bilden auffällige, hängende Kätzchen an den Triebansätzen, die weiblichen stehen in Gruppen von bis zu 5 Stück an den Triebenden. Die männlichen Blüten bestehen aus zahlreichen Staubgefäßen an einem Tragblatt, die weiblichen aus je einem Fruchtknoten in einer Hülle aus verwachsenen Tragblättern mit zwei gekrümmten, gefransten, großen Griffeln. Die Frucht, eine Schein-Steinfrucht, besteht aus einer fleischigen glatten Außenhülle, der grünen Schale, die nicht aus der äußeren Wand des Fruchtknotens gebildet wird wie bei der normalen Steinfrucht, sondern aus den Tragblättern. Das Perikarp, die eigentliche »Nussschale«, ist runzelig gekerbt und verholzt und besteht aus zwei an den aufgeworfenen Rändern verwachsenen Hälften, die einen essbaren, wohlschmeckenden Kern umschließen.

Ursprung: Bis vor nicht allzu langer Zeit vermutete man den Ursprung des Walnussbaumes in Westasien, doch seit fossile Überreste der Spezies im italienischen Venetien entdeckt wurden, welche aus dem Quartär stammen, muss davon ausgegangen werden, dass es sich um eine eurasische Spezies handelt, die bis zum Ende der letzten Eiszeit aus Mittel- und

Visitenkarte

Höhe
bis zu 30 m

Wuchsform
ausladende, runde Krone

Rinde
hellgrau, rissig, gefurcht

Blätter
unpaarig gefiederte Blätter mit 5 - 7 Segmenten, Laub abwerfend

Blüten
eingeschlechtlich, männliche Blütenstände in Kätzchen, weibliche in Gruppen bis 5 zusammenstehend

Früchte
runde gelbgrüne Frucht mit essbarem Kern

Westeuropa verschwand. Derzeit kommt der Walnussbaum von der Balkanhalbinsel bis nach Afghanistan noch in seinem natürlichen Primärareal vor.

Ökologie: Diese Spezies liebt warm-gemäßigtes Klima bis 1000 m Seehöhe, in dem die Jahreszeiten weder zu trocken noch zu niederschlagsreich sind. Im Tertiär war diese Spezies in artenreichen Laubmischwäldern auf tiefen, lockeren, humusreichen Böden häufig vertreten.

Nutzung: Schon vor langer Zeit kam der Walnussbaum mit Hilfe des Menschen wieder nach West- und Mitteleuropa zurück, weil dessen fettreiche Früchte eine wichtige Rolle für die Ernährung spielten. Der Kern der Walnuss ist reich an Fetten und Zucker und darin die enthaltenen ätherischen Öle werden auch in der Kosmetik- und Arzneimittelherstellung verwendet. Auch das Holz des Walnussbaumes hat einen hohen Wert und ist besonders für die Herstellung von Möbeln geeignet. Es ist feinporig, leicht zu bearbeiten und gleichzeitig fest und widerstandsfähig. Sein warmer, leicht rosafarbener Braunton ist überaus beliebt. Der schöne Wuchs und das ansprechende Grün der Krone machen aus dem Walnussbaum auch einen beliebten Zierbaum, der häufig in Parks und in Gärten anzutreffen ist.

Ähnliche Arten: Der **Schwarze Walnussbaum** (*Juglans nigra* L.) und der **Graue Walnussbaum** (*Juglans cinerea* L.) stammen beide aus Nordamerika und sind daher bei uns selten anzutreffen. Beide Baumarten werden in Europa entweder wegen ihres Holzes oder als Zierpflanzen kultiviert. Sie sind leicht vom Walnussbaum zu unterscheiden, denn sie haben zusammengesetzte Blätter aus 11 - 23 Segmenten, die mehr an die Blätter des Ailanthusbaumes oder der Esche erinnern. Darüber hinaus sind die Früchte des Schwarzen Walnussbaumes außen rau und warzig, die des Grauen Walnussbaumes weisen klebrige Buckel auf. Die Nüsse selbst sind in beiden Fällen rund und weisen keinen vorgewölbten Rand auf.

Am Ende des Quartärs ist der Walnussbaum wegen der Eisvorstöße während der Eiszeiten praktisch aus ganz Europa verschwunden. Später wurde er vom Menschen wegen seiner wohlschmeckenden, nahrhaften Früchte wieder in seinem ursprünglichen Areal eingebürgert. Links: Die männlichen Blütenkätzchen des Walnussbaumes.

Juglans nigra

Schwarzer Walnussbaum

Visitenkarte

Höhe
bis zu 50 m

Wuchsform
ausladend

Rinde
schwarzbraun, gefurcht

Blätter
unpaarig gefiederte Blätter mit 15 - 23 Segmenten, Laub abwerfend

Blüten
männliche Kätzchenblütenstände, weibliche in Gruppen von 1 - 3

Früchte
grüne, runzelige Schein-Steinfrüchte

In seinem natürlichen Lebensraum wird der Schwarze Walnussbaum bis zu 50 m hoch, als Kulturpflanze jedoch selten höher als 30 m. Die hellgrün gefärbte Krone ist licht und weit ausladend, der Stamm gerade, manchmal auch buckelig geformt und von einer schwarzbraunen, regelmäßig in Längsrichtung gefurchten Rinde bedeckt. Die wechselständigen, bis zu 60 cm langen Blätter bestehen aus 15 - 23 ovalen, zugespitzten Einzelsegmenten mit rundlicher, leicht asymmetrischer Basis und gesägtem Rand. Sie werden etwa 6 - 12 cm lang und sind ober- und unterseits hellgrün. Die eingeschlechtlichen Blüten dieser einhäusigen Pflanze weisen kein Perianth auf, die männlichen bilden hängende Kätzchen aus zahlreichen Staubgefäßen, die weiblichen stehen an den Triebspitzen in Gruppen von 1 - 3 Stück. Die Frucht ist eine runde Schein-Steinfrucht von etwa 4 - 5 cm Durchmesser mit einer rauen, warzigen, im Reifezustand grünbraunen, angenehm aromatisch duftenden Schale, die eine schwärzliche, runde, sehr harte Nuss von angenehmem, stark aromatischem Geschmack umschließt.

Ursprung: Das Primärareal des Schwarzen Walnussbaumes umfasst den Osten der Vereinigten Staaten von Massachusetts bis Florida und nach Westen bis Minnesota und Texas.
Ökologie: Laubmischwälder in Tälern und in tiefen Lagen des Hügel- und Berglandes sind ideale Standorte für den Schwarzen Walnussbaum. Diese Spezies bevorzugt tiefe, humusreiche, leicht lehmige Böden mit relativ hoch stehendem Grundwasserspiegel im kontinentalen Klimabereich.
Nutzung: Um 1630 wurde der Schwarze Walnussbaum erstmals nach Europa eingeführt und dort vielfach in Parks und Gärten kultiviert. Auch in der Forstwirtschaft setzte man diese Spezies versuchsweise ein, und zwar insbesondere zur Holzgewinnung in Deutschland. Das Holz liegt qualitativ ein wenig unter dem der europäischen Walnuss, doch sein Vorteil liegt darin, dass es schneller wächst. Im städtischen Raum ist diese Art als Alleebaum bestens geeignet.
Ähnliche Arten: Der **Graue Walnussbaum** stammt aus denselben Regionen Amerikas, weist jedoch eine graue Rinde auf und die Unterseite seiner Blätter ist weich behaart, die Früchte sind klebrig und warzig.

Die Bilder zeigen die ausladende hellgrüne Krone und den dunklen, geraden Stamm des Schwarzen Walnussbaums, der in Amerika weit verbreitet ist, besonders deutlich.

Castanea sativa

Edelkastanie oder Esskastanie

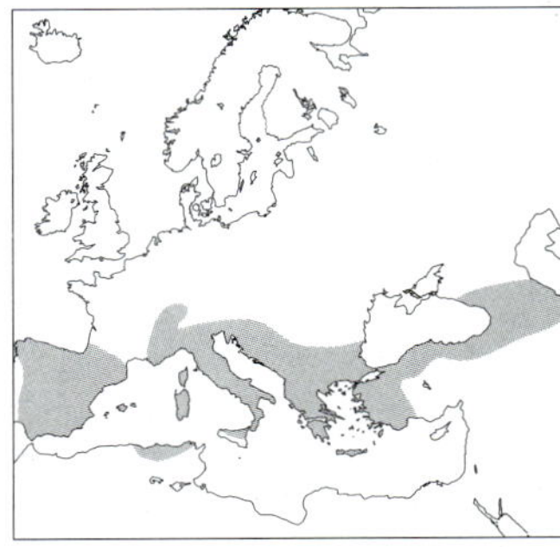

Visitenkarte

Höhe
bis zu 25 m

Wuchsform
runde, ausladende Krone

Rinde
juvenil glatt und grau, im Alter braun und gefurcht

Blätter
länglich lanzettförmig oder elliptisch lanzettförmig mit gezähntem Seitenrand, Laub abwerfend

Blüten
eingeschlechtlich, männliche Blüten in aufrecht stehenden Kätzchenblütenständen, weibliche an der Basis der Kätzchen

Früchte
dreikammerige, stachelige Kapseln mit essbaren Achänen

Die bis zu 25 m hohe Edelkastanie weist eine gerundete, ausladende Krone auf, die bei älteren Exemplaren von einem mächtigen Stamm mit bis zu 10 m Basisumfang getragen wird. Die Rinde ist zunächst bleigrau und glatt, bei jüngeren Bäumen leicht glänzend, im Alter erscheint sie dunkelbraun und weist tiefe Längsfurchen auf. Die wechselständigen, 10 - 20 cm langen Blätter sind auf der Oberseite glänzend dunkelgrün, auf der Unterseite hellgrün gefärbt. Die Blattspreite ist länglich elliptisch bis lanzettförmig zugespitzt, der Blattgrund ist abgerundet und glattrandig, die seitlichen Blattränder sind tief gezähnt. Die männlichen Blüten dieser einhäusigen Pflanze sitzen in Grüppchen an aufrechten oder schräg abstehenden Kätzchen und bestehen aus einem kleinen Perigon mit 6 Tepalen und zahlreichen cremeweißen Staubgefäßen. Sie duften intensiv. Die weiblichen Blüten weisen kein Perigon auf und sitzen in Grüppchen von 2 - 3 Stück an der Basis der Kätzchen. Jedes dieser Grüppchen ist von Tragblättern umgeben, welche später die charakteristische stachelige Hülle der Kastanienfrüchte bilden. Die essbaren Kastanien selbst entwickeln sich in

deren Kammern, die sich im Reifezustand öffnen, wobei noch festzuhalten ist, dass jede Kastanie aus einer Blüte hervorgegangen ist.

Ursprung: Das Primärareal der Edelkastanie umfasst Südeuropa, Nordafrika und Westasien. Bis vor kurzem nahm man fälschlicherweise an, es handle sich bei dieser Art um eine rein asiatische Spezies.

Ökologie: Die Edelkastanie zählt zu den heliophilen Spezies, die das obere Stockwerk des submediterranen Laubmischwaldes bilden und ist bis zu 900 m Seehöhe verbreitet. Sie bevorzugt leicht saure Böden. In Südeuropa kommt diese Art oft gemeinsam mit der Steineiche und Zerreiche sowie an der oberen Buchenwaldgrenze auch mit Kiefern vergesellschaftet vor. Gelegentlich trifft man im Berg- und Hügelland auf reine Kastanienwälder, die jedoch meist aus alten Beständen zur Holzgewinnung hervorgegangen sind.

Verbreitung: Im nördlichen Mittelmeerbecken von Spanien bis nach Kleinasien zum Schwarzen Meer. Darüber hinaus im algerischen Atlas (Tellatlas). In Italien bis 1400 m Seehöhe, auf Sizilien in Gebieten mit Steineichenwäldern, wo sie schon seit der Antike angepflanzt wurde und dort die Steineiche nach und nach verdrängt hat.

Zwei unverwechselbare Bilder: Links ein blühender Edelkastanienbaum im Frühjahr; rechts ein schattiger Edelkastanienhain im Herbst.

Nutzung: Die älteste Nutzungsform der Edelkastanie ist sicherlich das Sammeln ihrer nahrhaften Früchte, wobei wahrscheinlich ist, dass diese Spezies schon vor dem Getreide kultiviert wurde, die Domestizierung der Edelkastanie begann vermutlich schon vor etwa 12.000 Jahren. Die Kastanien sind reich an Stärke und stellten im Mittelalter für die Bevölkerung des nördlichen Mittelmeerraumes eines der wichtigsten Grundnahrungsmittel dar. Das mittelharte Holz dieser Art wird in der Möbel- und Bauindustrie verwendet. In einigen mediterranen Ländern ist die Edelkastanie ein wichtiger Nutzholzbaum.

Ähnliche Arten: Die Edelkastanie könnte gelegentlich mit der **Kastanienblättrigen Eiche** (*Quercus acutissima* Carruth.) verwechselt werden, welche manchmal in Parks angepflanzt wird. Ihre Blätter, die auf den ersten Blick identisch erscheinen, unterscheiden sich aber durch die deutlicher lanzettliche Form und durch die ausgeprägtere Spitze von jenen der Edelkastanie. Ein Blick auf die Rinde beseitigt dann jeden Zweifel, denn diese ist dick, hellgrau gefärbt und zeigt tiefe und breite Furchen, die Frucht ist eine typische Eichel.

Fagus sylvatica

Rotbuche

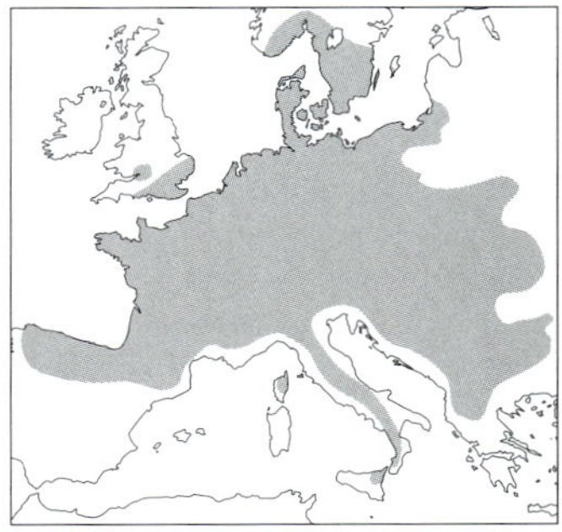

Visitenkarte

Höhe
bis zu 40 m

Wuchsform
breit kuppelförmige Krone

Rinde
grau, glatt

Blätter
ovale bis elliptische Blätter, Laub abwerfend

Blüten
männliche Kätzchenblütenstände, weibliche in Gruppen von 2-3

Früchte
Becherfrüchte mit vierteiliger Cupula und dreikantigen Nüsschen

Die bis zu 40 m hohe Rotbuche entwickelt eine breite, kuppelförmige Krone aus regelmäßig übereinander stehenden Astreihen. Der Stamm wächst zuerst gerade mit kreisrundem Querschnitt, in späteren Jahren bildet er dicke Rippen aus, gelegentlich auch Buckel. Die dünne Rinde ist leicht glänzend und hellgrau gefärbt, die wechselständigen, ovalen bis elliptischen Blätter sind ca. 10 - 15 cm lang, der Blattrand ist zwischen den parallelen Seitenadern leicht aufgewölbt. Sie sitzen an einem kurzen Stiel und sind beim Austreiben rötlich, dann hell- und schließlich dunkelgrün gefärbt, wobei die Unterseite etwas heller ist. Bei der hell purpurfarbenen Varietät »Blutbuche« und der Ziersorte »Atropurpurea« sind die Blätter rot gefärbt beziehungsweise schwärzlich purpurfarben. Die Blüten sind eingeschlechtlich, die männlichen stehen in hängenden, langstieligen Kätzchen zusammen, die weiblichen sitzen aufrecht in Gruppen von 1 - 2 in einer Hülle aus vier oberen Tragblättern und zahlreichen linealischen unteren Tragblättern. Die Früchte, die sogenannten Bucheckern, bestehen aus einer verholzten Kapsel, die während der Reifung aus den Tragblättern entsteht und sich mittels vier Spalten öffnet, um so ein bis zwei dreikantige Nüsschen freizusetzen.

Ursprung: Dieser über ganz Europa verbreitete, ja geradezu typisch europäische Baum, dessen Primärareal Mitteleuropa umfasst, bevorzugt feucht-kühles, ozeanisches Klima von Nordspanien bis zum Schwarzen Meer.

Ökologie: Die Rotbuche bevorzugt Standorte mit ozeanischem Klima mit geringen Temperaturunterschieden zwischen den regenreichen, mäßig warmen Sommern und den kühlen, aber frostarmen Wintern. Aus diesem Grunde findet man reine Rotbuchenwälder hauptsächlich im Westen Mitteleuropas oder in Lagen zwischen 600 und 1200 m Seehöhe in den Alpen und in 1000 bis 1700 m Seehöhe im Apennin vor. Die

Rotbuche toleriert kalkhältige Böden gut, gedeiht aber auch auf Urgestein, solange das Milieu nicht zu sauer ist. Der Rotbuchenwald stellt ein eigenes Ökosystem dar, welches dadurch gekennzeichnet ist, dass auf den Waldboden nur wenig Licht einfällt. Die Baumkronen sind so dicht, dass sie das Sonnenlicht fast gänzlich abschirmen, wodurch sehr selektive Bedingungen für die Unterholzvegetation entstehen. Diese ist entsprechend karg, es gibt nur etwa 20 Spezies, die im reinen Buchenwald gedeihen. Die Laubstreuschicht ist dick und der darunter liegende Humus bietet optimale Wachstumsbedingungen für viele Pilzarten, die zugleich als Symbionten der Rotbuche fungieren.

Verbreitung: Die Rotbuche ist in ganz Europa verbreitet, von Südschweden bis ins sizilianische Bergland und von Großbritannien bis Südostrussland. Die Spezies ***Fagus sylvatica*** wird heute in zwei Subspezies unterteilt, und zwar in die hier beschriebene Ssp. ***sylvatica*** und die Subspezies ***orientalis,*** welche die Erstere ab dem Südosten Russlands nach Osten und in Griechenland ersetzt.

Nutzung: Das Holz der Rotbuche gilt als »Hartholz«, ist aber nicht besonders hart, und es wird auch gerne von Schädlingen befallen. Dennoch wird es vielseitig verwendet, und besonders in der Vergangenheit war es eines der wichtigsten Hölzer für das Bau- und Zimmereigewerbe. Heute stellt man aus diesem Holz bevorzugt Parkettböden und Möbel her. Weltweit findet man Rotbuchen wegen ihrer eleganten Wuchsform in Park- und Gartenanlagen. Im Lauf der Zeit entstanden zahlreiche Ziervarietäten wie z. B. »Atropurpurea« mit schwärzlich purpurnem Laub oder »Pendula« mit hängenden Zweigen bzw. »Asplenifolia« mit unverwechselbaren farnähnlichen Blättern.

Ähnliche Arten: Wie schon erwähnt existiert eine weitere Subspezies der Rotbuche, nämlich ***orientalis*** **(Lipsky) Greuter & Burdet**, die größere, 10 - 12 cm lange Blätter entwickelt und darüber hinaus tiefere Lagen und geschütztere Standorte bevorzugt. Eine andere Spezies, die man gelegentlich in Parks antrifft, ist die **Amerikanische Buche** (*Fagus grandifolia* Ehrh.), deren Blätter 9 - 14 Paar Seitenadern im Gegensatz zu 5 - 9 bei der Gemeinen Buche aufweisen, der Blattrand ist fein gezähnt.

Oben: eine jahrhundertealte Buche im Abruzzen-Nationalpark. Links: Im Buchenwald kontrastieren die lebhaften Farben des herbstlichen Laubes mit dem einförmigen Grau der Rinde besonders reizvoll.

Quercus cerris

Zerreiche

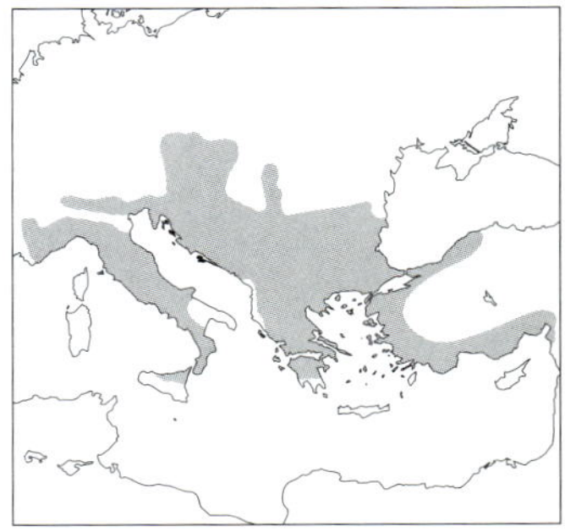

Visitenkarte

Höhe
bis zu 35 m

Wuchsform
weit ausladend, nach oben schlank

Rinde
aschgrau, rau, gefurcht

Blätter
eingebuchtete schmal eiförmige Blätter, Laub abwerfend

Blüten
männliche Kätzchenblütenstände, weibliche einzeln oder in Gruppen von 2-5

Früchte
Eicheln mit »stacheligen«, ungestielten Bechern

Die bis zu 35 m hoch wachsende Zerreiche weist eine nach allen Richtungen ausladende Krone auf. Der gerade verlaufende Stamm ist von einer dicken, harten und rauen Rinde von aschgrauer Färbung bedeckt, die oft mit dekorativen, kontrastreich gefärbten Flechten besiedelt ist. Die Blätter verbleiben im trockenen Zustand teils bis zum Frühling an der Pflanze. Sie sind wechselständig, weisen einen kurzen, bis zu 2,5 cm langen Stiel und eine länglich ovale, leicht ledrige Blattspreite mit buchtig gezähntem Blattrand auf. Die Blattoberseite ist glänzend dunkelgrün, die Unterseite heller, matt und leicht behaart. Darüber hinaus entwickeln sie zwei fadenartige Stipel. Die jungen Blätter sind, wie auch die jungen Zweige, von einem wolligen Flaum bedeckt. Die Blüten sind eingeschlechtlich und entwickeln sich beide an einem Individuum (einhäusig), die männlichen mit sechsblättrigem Perigon und hellgelben Staubgefäßen in Form von Kätzchen, die weiblichen kurz gestielt und einzeln in Bechern aus kleinen, verwachsenen, spiralig angeordneten Schuppen. Die Frucht, eine ovale Eichel mit abgeflachter Spitze, ist ca. 2,5 cm lang, braun gefärbt und zart silbergrau behaart. Sie steckt bis über die Hälfte in dem mit schmalen, länglichen und behaarten Schuppen versehenen verholzten Becher.

Ursprung: Das Primärareal der Zerreiche umfasst Südosteuropa und Kleinasien.

Ökologie: Die Zerreiche ist ein typischer Bewohner von Gebieten mit submediterranem Klima, dabei bevorzugt sie Lagen bis 800 m Seehöhe, ist jedoch in manchen Gebieten (Sizilien, Peloponnes, Türkei) auch bis in Höhen von 1500 m anzutreffen. Sie bildet entweder reine

Zerreichenwälder oder Mischwälder, wo sie häufig mit Stieleichen, Sommereichen, Traubeneichen, Steineichen, Edelkastanien und Schneeballahorn vergesellschaftet wächst. Sie bevorzugt neutrale bis leicht saure, tonreiche Böden.

Verbreitung: Vom Alpenrand über den Apennin in Italien zum Schwarzen Meer und über die Balkanhalbinsel und die Küstengebirge bis nach Anatolien.

Nutzung: Das Holz der Zerreiche ist hart, doch etwas spröde und ziemlich brüchig. Da es von geringerer Qualität ist als das anderer Eichenarten, wird es vor allem als Brennstoff verwendet. Mit entsprechender konservierender Behandlung lassen sich daraus auch Eisenbahnschwellen herstellen.

Ähnliche Arten: Die Zerreiche ist wegen der besonderen Form ihrer Früchte sowie ihres Laubes und ihrer Rinde kaum mit anderen Eichenarten zu verwechseln.

Die charakteristischen Merkmale dieses Baumes sind neben seiner lichten, nach allen Richtungen ausladenden Krone auch die unregelmäßig gefurchte Rinde sowie die Blätter und insbesondere die langen, behaarten Schuppen, aus denen die kurzstieligen Becher der Eicheln bestehen.

Quercus ilex

Steineiche

Visitenkarte

Höhe
bis zu 25 m

Wuchsform
ovale, ausladende Krone

Rinde
graubraun, rissig

Blätter
immergrüne, ledrige Blätter mit variabler Form

Blüten
männliche in Kätzchenblütenständen, weibliche einzeln oder in Paaren

Früchte
Eicheln in Bechern aus dicht angeordneten Schuppen

Die immergrüne, bis zu 25 m hohe Steineiche weist eine dunkelgrüne, dichte Krone auf, die bei sehr alten Exemplaren eindrucksvoll wirkt. Der Stamm verläuft gerade, ist ziemlich robust und von einer rauen, rissigen graubraunen Rinde bedeckt, die in Form kleiner, unregelmäßiger, viereckiger Platten gefeldert ist. Die wechselständigen Blätter sind ledrig und können in der Form stark variieren: von rund bis oval zugespitzt, glattrandig oder mit gewelltem, unregelmäßig buchtig gezähntem oder sogar stechend spitz gezähntem Rand wie bei den Blättern der Stechpalme. Ihre Breite ist ebenfalls unterschiedlich und die Länge reicht bis zu 7 cm, ihr Stiel ist kurz. Die Blattoberseite ist glatt, glänzend und dunkelgrün, die Unterseite mit erhabenen Blattadern weißlich behaart und graugrün gefärbt. Die männlichen Blüten sind, wie bei allen Eichenarten, in Kätzchenblütenständen zusammengefasst, während die kurz gestielten weiblichen Blüten einzeln oder in kleinen Gruppen an den Zweigen zusammenstehen. Die bis zu 3 cm langen Eicheln haben ein langes, zugespitztes Perikarp, sind im Reifezustand kastanienbraun und stecken bis fast zur Hälfte in einem dünnen hellgrauen Becher aus dicht zusammenstehenden Schuppen.

Ursprung: Das Primärareal der Steineiche umfasst die Gebiete rund um das gesamte Mittelmeerbecken.

Verbreitung: Von der Iberischen Halbinsel südlich bis Nordafrika und von Italien und Griechenland nach Osten bis nach Kleinasien und in den Mittleren Orient.

Ökologie: Die Steineiche ist ein typischer Bewohner der mediterranen Macchie und kommt bis in Höhen von 600 m, auf dem Apennin sogar bis in 1500 m Seehöhe vor, dabei bevorzugt sie karge, trockene, nicht zu lehmige Böden. In der Antike bedeckten ausgedehnte Steineichenwälder die Gebirgszüge der Mittelmeerländer, heute sind davon leider nur noch Restbestände übrig geblieben.

Nutzung: Schon seit der Antike ist der hohe Tanningehalt (Gerbstoff), welcher für die Fäulnis- und Schädlingsbeständigkeit des Steineichenholzes verantwortlich ist,

bekannt. Es ist darüber hinaus sehr hart und schwer zu bearbeiten, sodass seine Verwendungsmöglichkeiten nur beschränkt sind. Die Steineiche wird wegen ihrer Genügsamkeit und Unempfindlichkeit heute hauptsächlich zu Zwecken der Wiederaufforstung und als Alleebaum eingesetzt.

Ähnliche Arten: Die **Korkeiche** ist wegen ihrer charakteristischen dicken Rinde leicht von der Steineiche zu unterscheiden. Die Hauptader der Blattnervatur erscheint von oben betrachtet gebogen, außerdem liegt der Becher nicht so eng an den Eicheln an, die Schuppen sind erhaben. Die **Kermeseiche** weist hingegen vollkommen glatte Blätter und Jungtriebe auf.

Oben: Immergrüne Steineichen auf Sardinien, wo die Spezies noch ausgedehnte Wälder bildet.
Unten: Der mit Moos und Flechten bewachsene knorrige Stamm einer alten Steineiche.

Quercus petraea

Traubeneiche

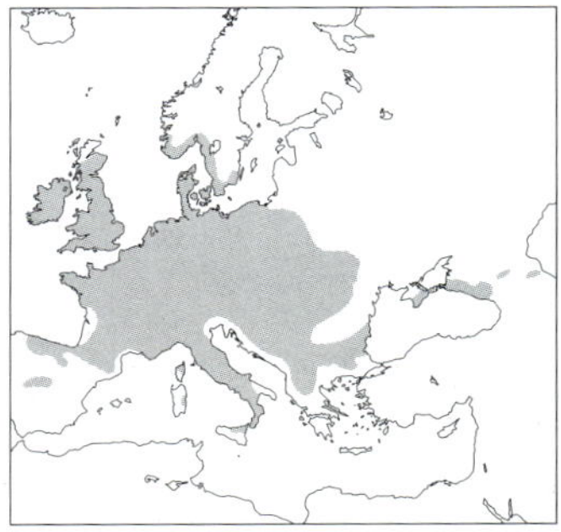

Visitenkarte

Höhe
bis zu 40 m

Wuchsform
speziell im oberen Teil ausladende, oval-runde Krone

Rinde
graubraun, rau, längs gefurcht

Blätter
gestielte, regelmäßig eingebuchtete Blätter, Laub abwerfend

Blüten
männliche in Kätzchenblütenständen, weibliche ungestielt in Gruppen bis zu 5

Früchte
Eicheln mit kleinem Becher aus dichten Schuppen

Die majestätisch wirkende Traubeneiche wird bis zu 40 m hoch. Ihre Krone ist breit eiförmig und tendiert dazu, mit dem Alter stark in die Breite zu wachsen. Der Stamm wächst meistens gerade, wird bei älteren Individuen aber oft buckelig und verdreht. Die zuerst glatte Rinde wird schon bald rau, ist graubraun gefärbt und weist tiefe Längsfurchen auf. Die wechselständigen Blätter sind 7 - 12 cm lang, in 5 - 8 buchtig abgerundete Lappenpaare geteilt, der Blattgrund trägt keine Öhrchen sondern verjüngt sich keilförmig, sie verfügen über einen 1,8 - 2,5 cm langen Stiel. Junge Blätter weisen, wie auch junge Triebe, noch eine flaumige Behaarung auf, bilden dann aber eine glatte Oberseite, während die Behaarung an der Unterseite erhalten bleibt. In den Verzweigungen der Nervatur sitzen kleine Büschel von etwas längeren braunen Haaren. Wie alle Eichenarten ist auch diese Spezies einhäusig, wobei die männlichen Blüten dünne, hängende Kätzchen bilden, welche aus einem kleinen grünlichen Perigon bestehen, das 6 - 12 Staubgefäße mit eher kurzem Filament und auffälligen hellgelben Staubbeuteln umgibt. Die ungestielten grünlichen weiblichen Blüten stehen einzeln oder bilden Grüppchen von 2 - 5 an den Zweigen. Jede einzelne Blüte ist von einer Blütenhülle umgeben, aus der später der Becher der Eichel gebildet wird. Die Frucht ist eine klassische Eichel. Der Becher umschließt nur das untere Drittel des Eichelperikarps und besteht aus dicht gepressten, lanzettförmigen, leicht erhabenen Schüppchen. Das Perikarp ist im Reifezustand länglich oval und glänzend

grünlich bis gelblich braun gefärbt. Form und Farbe erinnern im halbreifen Zustand an eine Weintraube.
Ursprung: Südliches Mittel- und Osteuropa.
Ökologie: Die Traubeneiche bevorzugt temperiertes, feucht-mildes Klima bis zu 1300 m Seehöhe, wo sie entweder reine Eichenwälder oder zusammen mit Stieleiche, Flaumeiche, Zerreiche, Kastanie, Rotbuche und Weißbuche Mischwälder bildet. Sie gedeiht vorzugsweise auf leicht sauren Böden.
Verbreitung: Von Mitteleuropa nach Norden bis Großbritannien, Irland und Südskandinavien, im Süden bis Italien, Mazedonien und Bulgarien.
Nutzung: Die Traubeneiche liefert ein besonders hochwertiges Holz, das im Schiffsbau und für die Erzeugung von Böden, Möbeln, Einlegearbeiten und auch von Fässern eingesetzt wird, in denen qualitätsvolle alkoholische Getränke zum Reifen gelagert werden.
Ähnliche Arten: Die **Flaumeiche** weist etwas kleinere Blätter mit zahlreicheren, jedoch weniger ausgeprägten Ausbuchtungen auf, der Flaum auf deren Unterseite ist deutlicher ausgebildet.

Quercus pubescens

Flaumeiche

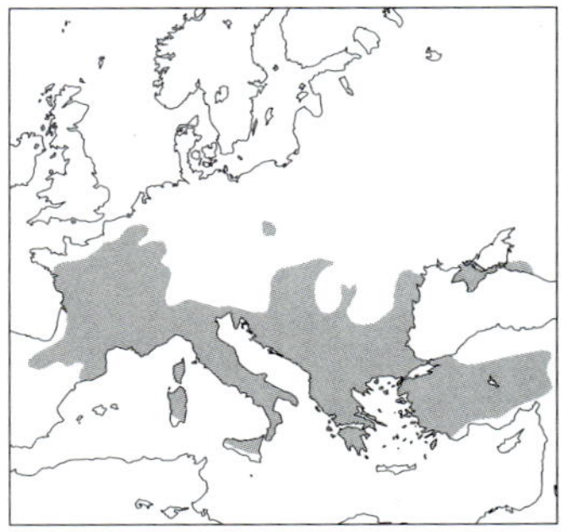

Visitenkarte

Höhe
bis zu 20 m

Wuchsform
breit,
oft strauchartig

Rinde
graubraun, rau,
gebrochen

Blätter
kleine, längliche,
unregelmäßig
eingebuchtete
Blätter,
Laub abwerfend

Blüten
männliche
Kätzchenblütenstände,
weibliche
in Gruppen
von 2 - 5

Früchte
Eicheln mit
Bechern aus
dicht anliegenden
Schuppen

Die Flaumeiche kann bis zu 20 m hoch werden, doch wächst sie häufig auch strauchartig und eher gedrungen und bildet dann eine etwas unordentlich aussehende, rundliche Krone aus. Der Stamm und die Äste sind von einer graubraunen oder schwärzlichen Borke bedeckt, die in eckige Platten aufgeteilt ist. Die wechselständigen Blätter sind 6 - 12 cm lang und weisen einen 1,2 - 1,5 cm langen Stiel auf. Die Blattspreite ist länglich oval, der Rand unregelmäßig gebuchtet. Die Blattlappen können ihrerseits gelappt sein. Junge Blätter zeigen noch einen wolligen Flaum, später erscheint die Blattoberseite glatt. Die männlichen Blüten stehen an langen Kätzchenblütenständen in Gruppen zusammen, die weiblichen sind kurz gestielt und entspringen in Gruppen von 1 - 5 Stück an den Zweigen. Die Früchte, klassische Eicheln, sind ebenfalls kurz gestielt und stecken in einem Becher mit dicht anliegenden Schuppen, sie sind im Reifezustand glänzend hellbraun gefärbt und oval geformt.

Ursprung: Das Primärareal der Flaumeiche umfasst Südeuropa und Kleinasien.

Ökologie: Diese Spezies ist ein typischer Vertreter des submediterranen Florenelements in Küsten- und Hanglagen bis 800 m, gelegentlich auch bis in 1500 m Seehöhe. Die Flaumeiche liebt sonnige, eher trockene Standorte und toleriert dabei so gut wie jeden Boden, auf kalkhältigen Böden gedeiht sie jedoch besser, da sie dort aus mikroklimatischen Gründen eine bessere Ent-

wässerung, Licht oder chemische Bodenbeschaffenheit einen Vorteil gegenüber Konkurrenten aufweist. Die Art bildet entweder reine Flaumeichenbestände oder vergesellschaftet mit Traubeneiche, Zerreiche, Hainbuche, Feldahorn, Holunder und Esche Mischwälder sowie in tieferen Lagen und auf sauren Böden auch typische Pflanzengesellschaften mit *Serratula tinctoria, Potentilla erecta, Holcus mollis und Pteridium aquilinum* bzw. auf basischen Böden mit *Lithospermum purpurocaeruleum, Cotoneaster nebrodensis, Cytisophyllum sessilifolium, Lathyrus niger, Viburnum lantana* etc.

Verbreitung: Die Flaumeiche ist von Spanien über die französische Atlantikküste nach Osten bis Kleinasien, von den südlichen Alpen bis nach Italien, Sizilien und Sardinien verbreitet.

Nutzung: Das Holz der Flaumeiche ist dauerhaft und hart, aber schwer zu bearbeiten und wird daher vor allem für die Erzeugung von Eisenbahnschwellen und Ähnlichem verwendet.

Ähnliche Arten: Die **Traubeneiche** entwickelt Blätter mit einem längeren Stiel, deren Unterseite auch weniger flaumig behaart ist. Es gibt zahlreiche ökogeografische Varietäten dieser Eichenart, von denen einige als eigenständige Spezies beschrieben worden sind. Darunter sind besonders ***Quercus congesta* C. Presl** mit runder, kompakter Krone, welche speziell auf den größeren Mittelmeerinseln verbreitet ist, und ***Q. dalechampii* Ten.**, die an der kalabrischen Küste und in Kampanien vorkommt und größere, oft gefiederte Blätter aufweist, sowie ***Q. virgiliana* Ten.**, die am Tyrrhenischen Meer vorkommt und größere, essbare Eicheln hervorbringt, zu erwähnen.

Die Flaumeiche ist eine der am weitesten verbreiteten Eichenarten im Mittelmeerraum und ist darüber hinaus auch im Hinterland der Mittelmeerküste häufig anzutreffen.

Quercus robur

Stieleiche

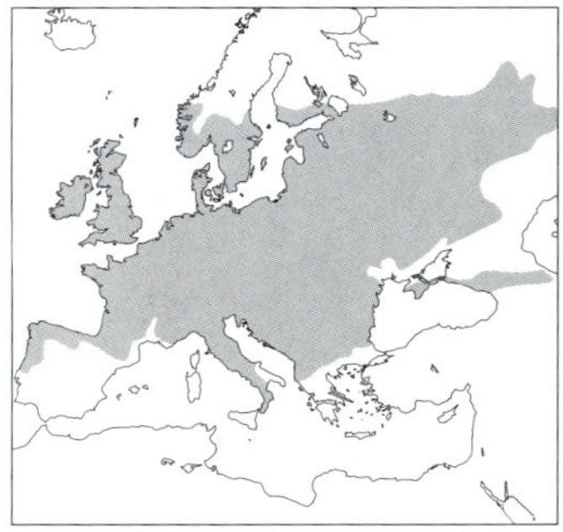

Die Stieleiche erreicht gewöhnlich Höhen von bis zu 40 m, wobei ältere Exemplare dieser majestätischen Baumart sogar bis zu 50 m hoch werden können. Der maximale Stammumfang erreicht 6 - 7 m. Die Stieleiche zählt zu den langlebigsten Spezies und kann bis zu tausend oder mehr Jahre alt werden, ihre Krone ist weit ausladend und in der Jugend rundlich, wird dann aber kuppelförmig, wobei die Äste im Alter sehr massiv und knorrig werden. Der gerade verlaufende stockige Stamm ist an der Basis besonders mächtig und breit, die Rinde ist zuerst glatt, wird aber bald rissig, rau und regelmäßig in Platten gefeldert. Die wechselständigen, glatten, leicht graugrün getönten Blätter sind bis zu 12 cm lang, verkehrt eiförmig mit zwei lang gezogenen Öhrchen am Blattgrund und in 5 - 7 Lappenpaare unterteilt, die gelegentlich aber keine tiefen Einbuchtungen aufweisen. Der Stiel ist sehr kurz und wird von den ohrenartig geformten Ausbuchtungen der Blattbasis verdeckt. Die gelblichen männlichen Blüten bilden lange, dünne Kätzchenblütenstände, während die weiblichen einzeln oder in Gruppen von 2 - 3 Stück an langen Stielen hängen (Name!). Die länglich ovalen, im Reifezustand gelbbraun gefärbten Eicheln stecken mit ihrem unteren Drittel in Bechern aus dicht gedrängten, rhombenförmigen Schuppen, sie reifen innerhalb eines Jahres heran.

Ursprung: Das Primärareal der Stieleiche umfasst Europa und den Kaukasus.

Ökologie: Die Stieleiche bevorzugt kühl-temperiertes Klima, alluviale Ebenen und tief gelegene Talböden. Auf humusreichen Böden mit nicht zu tief liegendem Grundwasserspiegel bildet sie nicht selten reine Stieleichenwälder. Die Art kommt bis zu 800 m Seehöhe vor und stellt keine besonderen Ansprüche an die Bodenbeschaffenheit, wobei sandige und lehmige Böden gleichmäßig gut aufgenommen werden. In Auwäldern der sogenannten »Harten Au« bildet diese Spezies eine charakteristische Pflanzengesellschaft mit Arten wie dem Salomonssiegel *Polygonatum*

Visitenkarte

Höhe
bis zu 40 m

Wuchsform
offene, majestätisch wirkende Krone

Rinde
braun, regelmäßig gefurcht und gefeldert

Blätter
Blätter mit kaum sichtbarem Stiel und auffälligen »Öhrchen« am Blattgrund, Laub abwerfend

Blüten
männliche Kätzchenblütenstände, weibliche in Gruppen von 1 - 3 an einem langen Stiel

Früchte
längliche Eicheln mit Becher aus dichten Schuppen

multiflorum oder dem Wilden Spargel *Asparagus tenuifolius* und *Galeopsis pubescens*.

Verbreitung: Die Stieleiche ist von Irland bis Portugal, nach Osten zum Kaukasus und Russland sowie in Italien weit verbreitet.

Nutzung: Schon seit der Antike werden die natürlichen Bestände und Kulturwälder der Stieleiche wegen ihres dauerhaften, harten Holzes und auch der Eicheln wegen, die besonders im Mittelalter ein nahrhaftes Futter für die freilaufenden Schweine darstellten, in jeglicher Hinsicht genutzt. Auch heute zählt die Stieleiche zu den wichtigsten Baumarten in der Forstwirtschaft.

Ähnliche Arten: Die Stieleiche unterscheidet sich von **Traubeneiche, Flaumeiche** und **Sommereiche** vor allem durch den sehr kurzen, fast völlig verdeckten Stiel ihrer Blätter sowie durch den ohrenartig gelappten Blattgrund und auch durch die an langen Stielen sitzenden Eicheln (Name!).

Die Stieleiche ist eine typische Spezies der weiten Ebenen und tiefen Talböden. Sie kommt zwar bis in 800 m Seehöhe vor, bevorzugt aber tiefgründige, nährstoffreiche Böden mit genügend Feuchtigkeit.

Quercus rubra

Roteiche

Visitenkarte

Höhe
bis zu 20 m

Wuchsform
zuerst säulenartig, dann ausladend

Rinde
braun, gefurcht

Blätter
ovale eingebuchtete Blätter mit gezähnten Lappen, Laub abwerfend

Blüten
männliche Kätzchenblütenstände, weibliche einzeln oder in Paaren

Früchte
Eicheln mit Becher in Form einer »Baskenmütze«

Die bis zu 25 m hohe Roteiche wächst in ihrer Jugend säulenartig schlank, dann wird die Krone rundlicher und breiter. Der gerade verlaufende Stamm ist in jungen Jahren von einer glatten grauen und leicht glänzenden Rinde umgeben, die später bräunlich matt, rissig und gefurcht wird. Die wechselständigen Blätter sind bis zu 20 cm lang und haben einen 2,5 - 5 cm langen Stiel. Die Spreite ist oval und etwa bis zur Mitte der lateralen Blatthälfte in 7 - 11 unregelmäßig gezähnte Lappen unterteilt. Die Blätter, deren Oberseite glatt ist, nehmen im Herbst eine prächtige, leuchtend rote Färbung an. Die männlichen Blüten sind gelblich und bilden Kätzchenblütenstände, die weiblichen entspringen einzeln oder in Paaren an den Zweigen und haben einen kurzen Stiel. Die Früchte, Eicheln, reifen im Laufe zweier Jahre heran und sitzen in einem charakteristischen, baskenmützenartig abgeflachten, 18 - 25 mm breiten Becher aus dicht aneinander liegenden Schuppen. Das Perikarp ist rundlich eiförmig, eher kurz, an der Basis breit und im Reifezustand graubraun gefärbt.

Ursprung: Das Primärareal der Roteiche umfasst die Mitte und den Osten von Nordamerika.

Ökologie: Diese Art bildet Mischwälder mit Ahorn, Eichen, Ulmen und Linden, vorzugsweise auf tiefgründigen, kühlen, leicht sauren Böden.

Nutzung: Die Roteiche wurde erstmals zu Beginn des 18. Jahrhunderts nach Europa eingeführt und ist dort vor allem als Zierbaum geschätzt, weil die intensiv rote herbstliche Färbung der Blätter einen spektakulären Anblick ergibt. Darüber hinaus wird diese Spezies wegen ihrer Frohwüchsigkeit und Anpassungsfähigkeit auch für Wiederaufforstungsprojekte eingesetzt.

Ähnliche Arten: Die **Sumpfeiche** (*Quercus palustris* Münchh.) weist schmälere, tiefer eingebuchtete Blätter mit einer keilförmig zulaufenden Blattbasis auf. Der Blattgrund der **Scharlacheiche** ist hingegen breiter keilförmig oder verkehrt herzförmig. Beide Spezies stammen aus demselben Primärareal wie die Roteiche und werden in Europa ebenfalls in Parks angepflanzt. Die Eicheln beider Arten sind kürzer und stecken bis über die Hälfte in einem flachen, nicht mehr als 15 mm breiten Becher.

Quercus coccinea

Scharlacheiche

Die Krone der bis zu 20 m hohen Scharlacheiche wächst mit den Jahren nach und nach in die Breite und erlangt mit zunehmendem Alter ein geradezu majestätisches Aussehen. Der gerade verlaufende Stamm entwickelt sich bei alten Bäumen mächtig und ist dann an der Basis sehr breit. Die Rinde ähnelt derjenigen der Roteiche, sie ist zuerst glatt, glänzend und grau gefärbt, wird dann aber bräunlich, matt und rissig mit vielen Längsfurchen. Die wechselständigen Blätter sind bis zu 18 cm lang und oval-elliptisch, sie sitzen an einem etwa 3 - 6 cm langen Stiel. Die Blattspreite ist lateral fast bis zur Hauptader eingebuchtet, die dadurch entstehenden 3 - 4 Lappenpaare sind schrotsägeförmig gezähnt. Im Herbst verfärben sich die Blätter zunächst lebhaft scharlachrot, dann dunkel purpurfarben und fallen schließlich ab. Die männlichen Blüten stehen in Kätzchenblütenständen zusammen, die weiblichen sitzen einzeln oder in Paaren an einem kurzen Stiel an den Zweigen. Die Eicheln reifen innerhalb von zwei Jahren heran. Sie sind eher klein (der Becher hat nur etwa 10 - 15 mm Durchmesser) mit kurzem Perikarp, das oft fast bis zur Spitze vom Becher umhüllt ist.

Ursprung: Das Primärareal der Scharlacheiche umfasst die Mitte und den Osten Nordamerikas.

Ökologie: Die Scharlacheiche bildet zusammen mit anderen Arten gemischte, lichte Laubwälder auf sauren, nicht zu tiefen, vorzugsweise kargen, trockenen Böden.

Nutzung: Die Scharlacheiche ist wegen ihrer prächtigen herbstlichen Färbung als Zierbaum in Parks und Alleen überaus beliebt, doch auch ihr Holz wird genutzt, wobei es zwar hart und fest, doch arm an Gerbstoffen ist, es verwittert rasch.

Ähnliche Arten: Die **Roteiche** trägt Blätter mit weniger tiefen Einbuchtungen und sie entwickelt auch größere Eicheln, deren Becher bis zu 25 mm im Durchmesser aufweisen. Die **Sumpfeiche** unterscheidet sich durch ihre breite oder verkehrt herzförmige Blattbasis von der Scharlacheiche.

Visitenkarte

Höhe
bis zu 20 m

Wuchsform
ausladende Krone

Rinde
braun, gefurcht

Blätter
ovale bis elliptische, tief eingebuchtete und gezähnte Blätter, Laub abwerfend

Blüten
männliche Kätzchenblütenstände, weibliche Blüten einzeln oder in Paaren

Früchte
kleine, kurze Eicheln

Quercus suber

Korkeiche

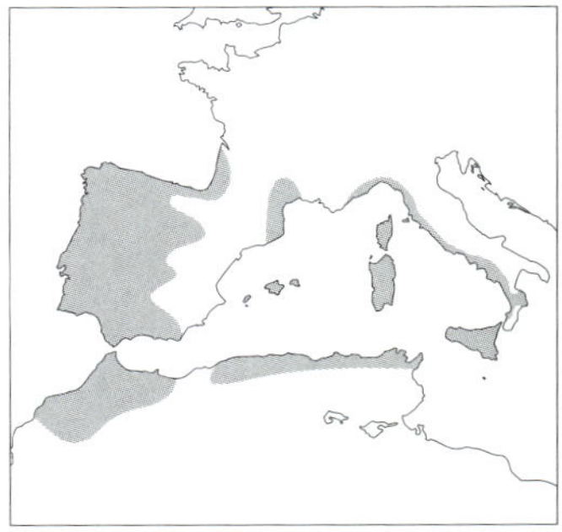

Visitenkarte

Höhe
bis zu 20 m

Wuchsform
breite, unregelmäßige Krone

Rinde
grau, in dicken Platten ablösend

Blätter
immergrüne, länglich ovale Blätter

Blüten
männliche Kätzchenblütenstände, weibliche in Gruppen von 1 - 3

Früchte
Eicheln mit Becher aus grauen, erhabenen Schuppen

Die immergrüne Korkeiche wird bis zu 20 m hoch. Die Krone ist unregelmäßig geformt, dabei recht ausladend und vermittelt dadurch oft ein unordentliches Aussehen, ihr vorherrschender Farbton ist Graugrün. Der Stamm wächst zunächst gerade, entwickelt sich im Alter jedoch oft gekrümmt oder schräg. Die charakteristische, mehrere Zentimeter dicke Korkrinde wird zur Korkgewinnung in großen Platten abgelöst (siehe Bild). Darunter kommt die junge, rötlich braune, oft zimt- bis orangefarbene junge Rinde zum Vorschein. Die wechselständigen Blätter weisen einen bis zu 1,5 cm langen Stiel auf. Die Blattspreite ist bis zu 7 cm lang und länglich oval geformt, wobei die Hauptader von oben betrachtet gekrümmt erscheint. Der Blattrand ist buchtig gezähnt, die Blattoberseite leicht glänzend und dunkelgrün, die Unterseite behaart und hellgrau. Die männlichen Blüten bilden Kätzchenblütenstände, die weiblichen sitzen in Gruppen von 1 - 3 Stück an kurzen Stielen. Die Eicheln sind bis zu 3 cm lang und stecken in leicht abstehenden Bechern aus grauen, nicht allzu kompakten Schuppen. Das Perikarp ist zugespitzt und im Reifezustand hellbraun gefärbt.

Ursprung: Das Primärareal der Korkeiche umfasst die Länder des westlichen Mittelmeerbeckens.

Ökologie: Die Korkeiche wächst auf sauren Böden oft in Reinbeständen, sie bildet aber auch zusammen mit Steineiche, Zerreiche, Seekiefer bis in 1000 m Seehöhe (Sardinien) Mischwälder.

Verbreitung: Die Korkeiche ist in Zentral- und Westspanien, Portugal, Nordafrika, Südfrankreich, auf den Balearen, an den Küsten des Tyrrhenisches Meers sowie auf Sizilien, Korsika und auf Sardinien anzutreffen.

Nutzung: Die Korkeiche ist die einzige Spezies, von welcher der begehrte Kork gewonnen werden kann. Bereits in der Antike wussten die Römer und die Griechen um die isolierenden Eigenschaften dieses natürlichen Materials, das sich auch dadurch auszeichnet, dass es auf Wasser hervorragend schwimmt. Korken als Flaschenverschlüsse werden erst seit dem 16. Jahrhundert aus dieser Rinde hergestellt.

Die Korkeiche ist besonders im westlichen Mittelmeeraum vertreten. Aus ihrer Rinde gewinnt man den auf der ganzen Welt begehrten Kork, welcher dieser Spezies den Namen gab.

Ähnliche Arten: Die **Steineiche** ist durch ihre viel dünnere, schwarzbraun gefärbte Rinde und die Blätter mit gerader Hauptader leicht von der Korkeiche zu unterscheiden, auch die zylindrisch halbkugelförmigen, dicht anliegenden Becher der Eicheln aus dicht gepressten Schuppen sind ein sicheres Unterscheidungsmerkmal.

Alnus glutinosa

Schwarzerle

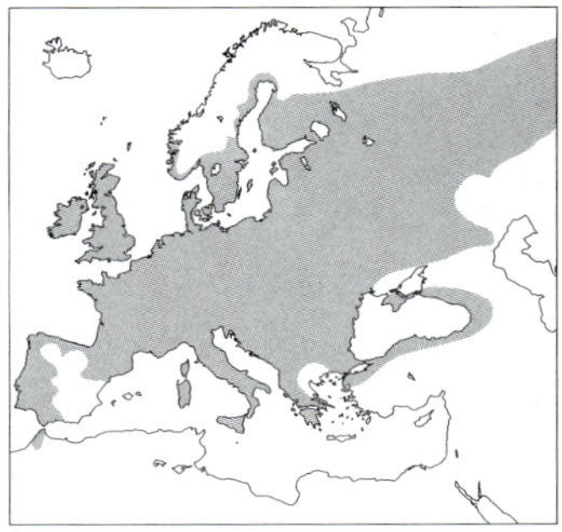

Die bis zu 30 m hohe Schwarzerle weist eine tief dunkelgrüne, dichte und pyramidenförmige Krone auf. Der Stamm wächst entweder gerade oder aufsteigend gekrümmt und ist oft schon von der Basis an verzweigt, die dunkelgraubraune Rinde ist rau und von einem Netz flacher Risse durchzogen, bei älteren Exemplaren rissig und längs gefurcht. Die Blätter sind wechselständig, verkehrt eiförmig oder rundlich geformt mit breit keilförmig zusammenlaufender Basis. Die Blattspitze kann manchmal etwas abgeflacht sein, der Blattrand ist gesägt. Die Blattoberseite ist tief dunkelgrün gefärbt und leicht glänzend, die Unterseite etwas heller. Die jungen Blätter sind wie die Jungtriebe zunächst ein wenig klebrig. Die männlichen Blüten stehen in Dreiergruppen an länglichen rotbraunen, später gelblichen Kätzchen, die weiblichen bilden eine Art Zapfen, welche an langen Stielen in kleinen Trauben beisammenstehen. Der Fruchtstand, der sich daraus entwickelt, ist ebenfalls ein kleiner, bis zu 3 cm langer und 2 cm breiter, ovaler, zuerst grüner, dann schwarzgrauer Zapfen, der noch lange Zeit nach der Freisetzung der

Visitenkarte

Höhe
bis zu 30 m

Wuchsform
pyramidenförmig

Rinde
dunkelgraubraun, rau

Blätter
verkehrt eiförmige oder rundliche Blätter, Laub abwerfend

Blüten
männliche Kätzchenblütenstände, weibliche zapfenförmige Kätzchenblütenstände

Früchte
zapfenartige Früchte mit geflügelten Samen

Zwei Aspekte: linke Seite: ein Schwarzerlenwald bei Hochwasser; rechte Seite oben: derselbe Wald mit seiner charakteristischen, niedrigen Unterholzflora.

kleinen, geflügelten Samen am Zweig verbleibt.

Ursprung: Das Ursprungsareal der Schwarzerle umfasst Europa, Nordafrika, Westasien.

Ökologie: Die Schwarzerle ist oft am Ufersaum von Wasserläufen anzutreffen, bildet aber auch kleine, reine Populationen oder Mischwälder auf wasserreichen, moorigen alluvialen Ebenen und an flachen Seeufern bis zu 1000 m Seehöhe. Sie bevorzugt torfhaltige Moorböden.

Verbreitung: Von der Iberischen Halbinsel nach Osten bis Westasien.

Nutzung: Das Holz der Schwarzerle ist, wie das der Grauerle, in wassergesättigtem Zustand höchst fäulnisbeständig, verwittert jedoch an der Luft ziemlich rasch. Es ist als Brennholz für offene Kamine gefragt, weil es wenig Rauch entwickelt und nicht

knistert. Darüber hinaus gilt es mit seinem warmen roten Farbton als Möbelholz.

Ähnliche Arten: Die **Grauerle,** welche vor allem im Bergland häufig am Ufer von Bächen und auf Schotterböden vorkommt, weist eine hellgraue, glatte, leicht glänzende Rinde und ovale, zugespitze Blätter mit grau getönter Unterseite auf. Die Jungtriebe und Blattknospen zeigen einen Haarflaum, die Zapfen haben einen sehr kurzen Stiel.

Betula pendula

Hängebirke

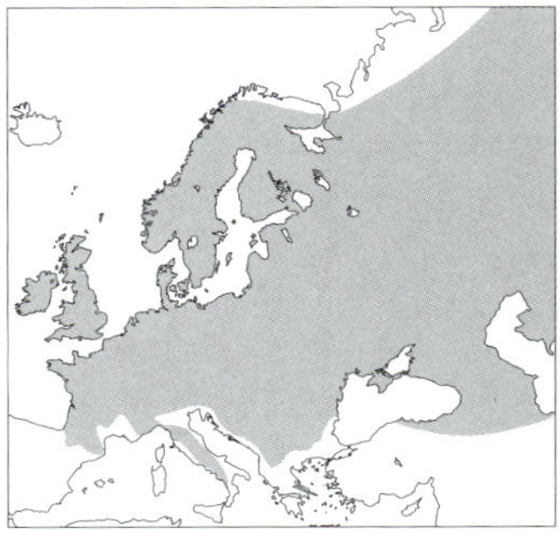

Die bis zu 25 - 30 m hohe Birke weist eine lichte, ausladende Krone auf, wobei die Enden der Zweige besonders bei älteren Exemplaren auf charakteristische Weise nach unten hängen (Name!). Der Stamm ist schlank und von einer dünnen, papierartigen weißen Rinde mit horizontal angeordneten schwarzen Flecken bedeckt. Die Papierborke löst sich horizontal in Form von Bändern ab. Die jungen Triebe und Blätter sind klebrig. Die wechselständigen Blätter weisen einen kurzen Stiel auf, die Blattspreite ist oval-zugespitzt bis dreieckig und ober- und unterseits hellgrün gefärbt. Der Blattgrund ist abgerundet oder breit keilförmig zulaufend, wodurch der Gesamtumfang manchmal rautenförmig wirkt. Der Blattrand ist doppelt gezähnt. Die männlichen Blüten stehen in langen gelblichen Kätzchenblütenständen zusammen, die kleineren weiblichen Blütenstände sind kürzer und dünner und stehen aufrecht. Zur Blütezeit zu Frühlingsbeginn werden die Blütenstände bestäubt und entwickeln sich sodann zu kleinen Zapfen, die sich im Reifezustand auflösen, um so die Samen freizusetzen. Die Samen sind kleine Achänen mit doppeltem Flügelfortsatz, die vom Wind weit verbreitet werden.

Ursprung: Das Primärareal der Birke umfasst Europa und Nordasien.

Ökologie: Die Birke bevorzugt Standorte im Bergland bis zu 2000 m Seehöhe und bildet manchmal Reinbestände, öfter jedoch Mischwälder, wo sie mit Laub- und Nadelbäumen vergesellschaftet ist, insbesondere in den Alpen. Sie bevorzugt karge, trockene, auch sandige Böden, festigt den Boden und gehört zu den erstbesiedelnden Pionierpflanzen von im Entstehen begriffenen Ökosystemen.

Verbreitung: Von Frankreich nach Norden bis 65° nördlicher Breite, nach Osten bis nach Sibirien, nach Süden bis Italien, über den Balkan bis zum Kaukasus.

Nutzung: Das elastische, relativ weiche und feinporige Holz eignet sich besonders zur Herstellung von Skiern, Spielzeugen und Haushaltsartikeln, auch als Brennholz ist es beliebt und wegen seiner guten Absorptionseigenschaften für Gerätschaften im Sanitärbereich. Jedoch auch andere Teile der Pflanze sind gefragt, so werden aus der Birkenrinde

Visitenkarte

Höhe
bis zu 30 m

Wuchsform
mäßig ausladend

Rinde
weiße, dünne Papierborke

Blätter
eiförmig zugespitzte bis dreieckige Blätter, Laub abwerfend

Blüten
hängende männliche Kätzchenblütenstände, weibliche Blüten an aufrechten Kätzchen

Früchte
längliche, zapfenartige Fruchtstände

Die Birke gehört zu den am weitesten verbreiteten Baumarten und kommt häufig in Mischwäldern zusammen mit Nadel- und Laubbäumen, aber auch im Heideland vor.
Rechts: Ein schönes Einzelexemplar einer Hängebirke mit herbstlicher Laubverfärbung.
Rechte Seite oben: Die typische weiße Papierborke der Birkenstämme mit der schwarzen Fleckung.

Arzneimittel sowie aus den Blättern ein gelber Farbstoff gewonnen und aus den Zweigen Besen gefertigt. Der zuckerreiche Birkensaft wird in Nordeuropa zu Essig und zu alkoholischen Getränken vergoren.

Ähnliche Arten: Die **Moorbirke** (*Betula pubescens* Ehrh.), welche auf sandigen und torfreichen Böden besonders in den Alpen und im Apenningebirge anzutreffen ist, weist behaarte, nicht harzige Jungtriebe auf und der Rand ihrer Blätter ist unregelmäßig gezähnt. Die **Ätna-Birke** (*B. aetnensis* Raf.) ist eine lokal-geografische Varietät, die sich hauptsächlich durch die herzförmige Basis ihrer Blätter von der Hängebirke unterscheidet. In Parks und Gärten trifft man auch häufig auf die sogenannte **Papierbirke** (*B. papyrifera* Marshall), die aus dem Norden der Vereinigten Staaten stammt, sowie auf ***B. utilis* D. Don** (= *B. jacquemontii* Spach) aus dem Himalajagebiet. Beide Arten weisen ovale Blätter auf, die bei der Papierbirke glatt, bei der **Himalaja-Birke** jedoch flaumig behaart sind.

Carpinus betulus

Hainbuche oder Weißbuche

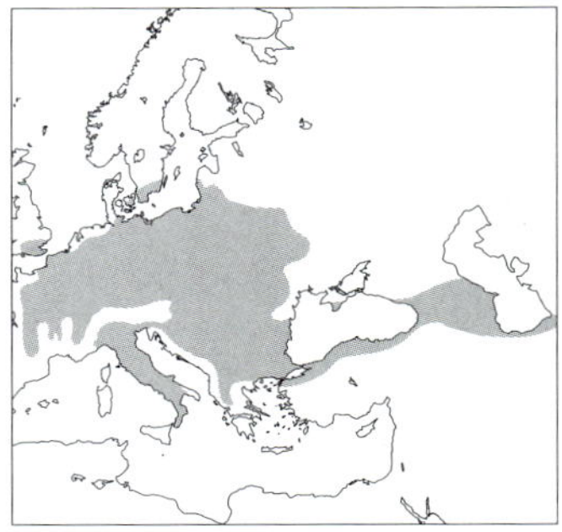

Visitenkarte

Höhe
bis zu 25 m

Wuchsform
kuppelförmige Krone

Rinde
hellgrau, dünn

Blätter
eiförmige, doppelt gesägte Blätter, Laub abwerfend

Blüten
männliche und weibliche Blütenstände in Form von hängenden Kätzchen

Früchte
Achänen mit dreilappigem Flügel

Die Weißbuche wird bis zu 25 m hoch. Ihre Krone ist dunkelgrün gefärbt, sehr dicht und regelmäßig und weist speziell im höheren Alter kuppelförmige Umrisse auf. Der Stamm wächst gerade und zeigt typische längsverlaufende rippenartige Verdickungen. Die Rinde ist dünn, dunkelgrau gefärbt und eher matt. Die wechselständigen Blätter sind kurzstielig und bis zu 10 cm lang, wobei die Spreite oval zugespitzt und der Blattgrund rund oder herzförmig ist. Die zahlreichen kelchlosen männlichen Blüten bilden Kätzchenblütenstände, die weiblichen sind von Hüllblättern umgeben und bilden aufrechte Kätzchen mit hängender Spitze. Die Frucht ist eine flache bräunliche Achäne mit dreilappigem Flügelfortsatz.

Ursprung: Das Primärareal der Weißbuche umfasst Mittel- und Südosteuropa bis zum Kaukasus.

Ökologie: Die Hainbuche liebt kühle, humusreiche Böden, besonders in ebenen oder nicht steilen, sonnigen Lagen bis 1000 m Seehöhe. Sie bildet selten reine Hainbuchenwälder und ist häufig mit der Rotbuche, der Edelkastanie, der Stieleiche und dem Haselnussstrauch vergesellschaftet anzutreffen.

Verbreitung: Von Frankreich bis Italien, nach Osten bis Westrussland, Ukraine, Kleinasien und Kaukasus.

Nutzung: Das Weißbuchenholz ist schwer zu bearbeiten, als Brennholz jedoch hoch geschätzt, die Blätter und Zweige werden gerne von Ziegen gefressen. Da die Hainbuche nach dem Schneiden ihrer Äste rasch regeneriert, wurden aus ihren Zweigen früher Vogelkäfige und ähnliches Flechtwerk gefertigt. Auch als lebende Hecke oder zur Bepflanzung von Einfahrten eignet sich diese Art ausgezeichnet.

Ähnliche Arten: Die **Östliche Hainbuche** (*Carpinus orientalis* Mill.) wird kaum höher als 4 m und wächst strauchartig, sie entwickelt kleinere Blätter und Samen ohne Flügelfortsätze. Die **Hopfenbuche** hat ähnliche Blätter, ist an ihrer kegelförmigen Krone, der rissigen Rinde und besonders den hellen, hopfenartigen Fruchtständen leicht zu erkennen.

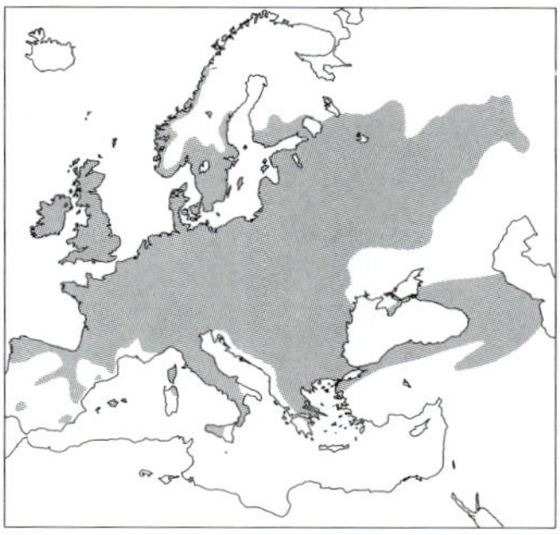

Corylus avellana

Haselnussstrauch, Gemeine Hasel

Die Hasel wird selten höher als 7 m und wächst fast immer in Form eines Strauches. Die Stämmchen wachsen gerade, stehen aber schräg nach oben und fallen an ihren Enden nach außen hin leicht ab. Nur selten ist ein richtiger Stamm zu erkennen. Die an der Basis dickeren Zweige sind von einer graubraunen, glatten, glänzenden Rinde umgeben, die ein typisches Muster aus kleinen weißlichen Flecken aufweist. Die wechselständigen Blätter sind auf beiden Seiten weich behaart und entwickeln lange, stumpfe Stipeln. Die Blattspreite ist annähernd rund oder breit oval, leicht zugespitzt und am Blattgrund herzförmig abgerundet. Der Blattrand ist doppelt gesägt. Schon im Februar beginnen die im Vorjahr angelegten zahlreichen gelblichen männlichen Kätzchen zu blühen, werden dann bis zu 8 cm lang und bilden an den noch kahlen Zweigen einen auffälligen Blickfang. Jede der Einzelblüten besteht aus zwei Staubgefäßen und zwei Hüllblättern. Die weiblichen Blüten sind so unauffällig, dass sie kaum zu entdecken sind. Sie sehen aus wie winzige grün und rotviolette Knospen und entspringen einzeln oder in kleinen Gruppen direkt an den Zweigen. Sie sind von einem gefransten Perigon umgeben, welches während der Reifung die charakteristische Hülle der Haselnuss bildet. Die Frucht, eine klassische Nuss, umschließt mit ihrer verholzten, harten Schale einen angenehm süßlich schmeckenden, fettreichen Kern.

Ursprung: Das Primärareal des Haselnussstrauches umfasst Europa und Westasien.
Ökologie: Diese Spezies ist häufig in der Strauchschicht von Wäldern im Hügel- und Bergland bis zu 1700 m Seehöhe, auf kühlen, nährstoffreichen und vorzugsweise kalkhältigen Böden anzutreffen. Sie besiedelt auch steile Hänge und trägt so, oft zusammen mit der Birke und der Zitterpappel, zur Festigung des Bodens bei.
Verbreitung: Von Spanien nach Norden bis Skandinavien, ostwärts bis Westrussland, Kleinasien und Kaukasus.
Nutzung: Die Hasel wird wegen ihrer wohlschmeckenden Nüsse schon seit der Antike systematisch kultiviert, aus ihrem zähen Holz fertigt man Werkzeugstiele.
Ähnliche Arten: Die **Byzantinische Hasel** (*Corylus colurna* L.), die bei uns gelegentlich als Zierpflanze anzutreffen ist, wächst in Form eines bis zu 20 m hohen Baumes. Im Übrigen gleicht diese Art der **Gemeinen Hasel** beinahe aufs Haar, bis auf die Stipel, welche spitz zulaufen, und die Früchte, deren Fruchthülle so lang ist, dass sie das Perikarp der Nüsse fast zur Gänze bedeckt. Die **Balkan-Haselnuss** (*C. maxima* Mill.) wird in Form zahlreicher Ziervarietäten angepflanzt, auch ihre etwas schmäleren, länglicheren Nüsse sind gefragt. Ihre Hülle ist gezähnt und an der Spitze fast geschlossen.

Visitenkarte

Höhe
bis zu 7 m

Wuchsform
breit, strauchartig

Rinde
graubraun, glatt

Blätter
eiförmige bis runde, doppelt gesägte Blätter, Laub abwerfend

Blüten
männliche Kätzchenblütenstände, weibliche Blüten einzeln oder in kleinen Gruppen

Früchte
Nüsse in gefranster Fruchthülle

Ostrya carpinifolia

Hopfenbuche

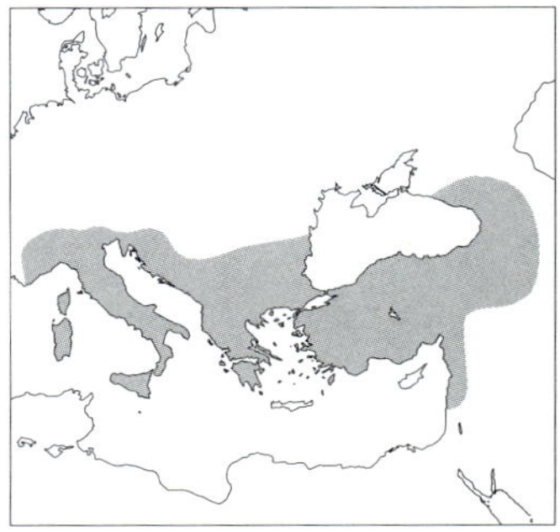

Visitenkarte

Höhe
bis zu 15 m

Wuchsform
kegelförmig

Rinde
braun, rissig

Blätter
gestielte, eiförmige, doppelt gesägte Blätter, Laub abwerfend

Blüten
männliche und weibliche Blüten in Form von Kätzchenblütenständen

Früchte
hängende, hopfenähnliche Fruchtstände

Die bis zu 15 m hohe Hopfenbuche bildet eine kegelförmige hellgrüne, regelmäßige Krone, wächst aber gelegentlich auch strauchförmig. Der Stamm wächst gerade oder stark verzweigt. Die Rinde ist braun, rau und in unregelmäßige kleine Platten zerteilt. Die wechselständigen, gestielten Blätter sind oval zugespitzt und weisen einen rundlichen Blattgrund auf, der Blattrand ist doppelt gesägt. Die Nebenadern sind regelmäßig parallel angeordnet und verleihen dem Blatt ein gefälteltes Aussehen. Die männlichen Blütenstände, bis zu 10 cm lange Kätzchen, erscheinen im Frühjahr zugleich mit den weiblichen, aufrecht stehenden Kätzchen, die etwas kleiner und kürzer sind. Jede weibliche Blüte ist von einer Hülle umgeben, die nach der Befruchtung wächst und sich sackartig um das Perikarp schließt. Diese flache, leichte Hülle dient nicht nur als Flügel zur Verbreitung, sondern schützt den Samen auch während der ersten Keimphase.

Ursprung: Das Primärareal der Hopfenbuche umfasst Südosteuropa.

Ökologie: Der bevorzugte Standort der Hopfenbuche sind Laubwälder in warmen Klimazonen und im Hügelland bis 1300 m Seehöhe. Diese Art zeichnet sich durch ihre hohe Anpassungsfähigkeit aus und gedeiht auf nährstoffreichen, kalkhältigen Substraten, aber auch auf seichten Böden im felsigen Gelände, sofern die Niederschlä-

ge 700 mm pro Jahr nicht unterschreiten. Im südlichen Teil der Ostalpen ist die Hopfenbuche im Verband mit Flaumeiche und Manna-Esche anzutreffen.

Verbreitung: Von Südfrankreich über Italien bis in den Mittleren Orient, Kaukasus.

Nutzung: Das harte, dunkle Holz der Hopfenbuche ist schwer zu bearbeiten und unregelmäßig gefasert, daher dient es vorzugsweise als Brennholz.

Ähnliche Arten: Die **Hainbuche** oder **Weißbuche** entwickelt ähnliche Blätter wie die Hopfenbuche, doch ist deren Krone dunkelgrün gefärbt und die Rinde glatt und grau. Ihre Samen sind mit einem charakteristischen, dreifach gelappten Flügelfortsatz versehen.

Die nicht besonders hoch wachsende Hopfenbuche spielte in der Vergangenheit in südlichen Ländern eine nicht unerhebliche wirtschaftliche Rolle als Brennstofflieferant, aus ihrem Holz stellte man hochwertige Holzkohle her.

Tilia cordata

Winterlinde

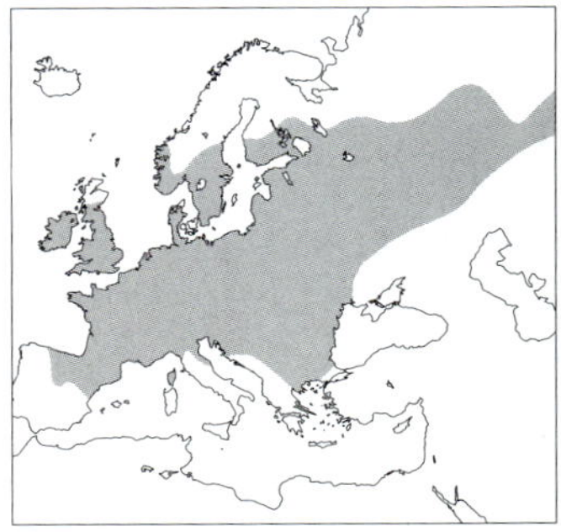

Die bis zu 30 m hohe Winterlinde bildet eine stattliche, abgerundet pyramidenförmige Krone auf einem geraden Stamm mit anfangs glatter grauer, später rissiger und schließlich von gewellten Längsfurchen durchzogener Rinde mit Buckeln. Die wechselständigen, gestielten, relativ kleinen Blätter (3 - 9 cm Länge) sind schief herzförmig mit schmal zulaufender Spitze und asymmetrisch herzförmigem Blattgrund. Der Blattrand ist fein gesägt, die Blattoberseite dunkelgrün und leicht glänzend, die Unterseite grau und in den Winkeln der Nervatur mit wolligen, braun- oder rostroten Haaren besetzt. Die Blüten erscheinen im Juni und verströmen einen angenehmen Duft. Sie bilden doldenartige Gruppen von 4 - 15 an einem lan-

Visitenkarte

Höhe
bis zu 30 m

Wuchsform
rundlich pyramidenförmige Krone

Rinde
grau, rissig

Blätter
schief herzförmige bis schief dreieckige Blätter, Laub abwerfend

Blüten
gelbliche Blüten in langstieligen, lichten Dolden

Früchte
Scheinflügelfrucht mit rundem Perikarp und Tragblatt am Stiel

gen Stiel mit einem länglich geformten Tragblatt und sie stehen aufrecht oder schräg an den Zweigen. Die Früchte sind rund, glatt und dünnwandig.
Ursprung: Das Primärareal der Winterlinde umfasst Europa und den Kaukasus.
Ökologie: Die Winterlinde bevorzugt Hügel- und Bergland mit leicht sauren, eher kargen Böden und mit kontinentalem Klima ohne viel Niederschlag. Man trifft diese Art bis in 1400 m Seehöhe an, oft im charakteristischen Verband mit Flaumeiche, Traubeneiche, Zerreiche, Zitterpappel, Birke oder Rotbuche vergesellschaftet.
Verbreitung: Von Spanien bis Irland, über Skandinavien bis Griechenland, Russland und in den Kaukasus.
Nutzung: Schon bei den antiken Römern und Griechen war die Winterlinde als Schattenspender sehr beliebt. Das weiche Lindenholz ist leicht zu bearbeiten und eignet sich besonders für Schnitzwerk und Bildhauerei, weil es kaum spaltet. Die Blüten sind reich an ätherischen Ölen mit schleimlösender Wirkung und werden daher häufig in Form von Tee zubereitet und verabreicht.
Ähnliche Arten: Ein natürlicher Hybride von **Sommerlinde** und Winterlinde ist ***Tilia* x *vulgaris* Hyne pro sp.**, die sogenannte **Holländische Linde.** Diese Form ist sowohl in der Natur als auch als Kulturbaum ziemlich verbreitet und man erkennt sie daran, dass die Unterseite ihrer Blätter keine rötlich braunen Haare aufweist wie bei der Winterlinde. Die Sommerlinde hat Blätter mit einer hellgrünen, flaumig behaarten, aber nicht grau getönten Unterseite, außerdem ist die Rinde glatter und ihre Früchte sind deutlich gerippt.

Eine Gruppe von Holländischen Linden. Diese Hybriden sind natürliche Bastarde aus Winter- und Sommerlinde.

Tilia tomentosa

Silberlinde

Visitenkarte

Höhe
bis zu 30 m

Wuchsform
abgerundet pyramidenförmig

Rinde
graubraun, gefurcht

Blätter
herzförmige oder rundliche, spitz gezähnte Blätter, Laub abwerfend

Blüten
gelbliche, hängende Blütendolden mit Tragblatt

Früchte
Scheinflügelfrüchte mit rundem Perikarp

Die Silberlinde bildet eine stattliche, kuppelartige Krone auf einem geraden Stamm mit schräg aufsteigenden bis horizontal ausladenden und im unteren Teil auch hängenden Ästen. Die Rinde ist in der Jugend graubraun und glatt, später rissig und von Längsfurchen durchzogen. Die jungen Triebe und Blätter sind flaumig behaart. Die wechselständigen, gestielten Blätter sind rundlich bis herzförmig, werden etwa 10 cm lang und haben einen gesägten, doppelt gesägten oder manchmal auch schrotsägeförmig gezackten Rand. Das dunkle Grün der glatten Blattoberseite steht in reizvollem Kontrast zu der durch die dichte Flaumbehaarung silbrig erscheinenden Unterseite. Die Blüten stehen in Gruppen von 6 - 10 an hängenden Dolden mit einem flügelartigen Tragblatt zusammen. Sie erscheinen im Juni und Juli und verströmen einen intensiven Duft, wobei sie ein gelblich weißes Perianth aufweisen. Zusätzlich zu den normalen Staubgefäßen entwickeln die Blüten auch sterile Staubblätter, die an der Basis der Blütenblätter entspringen. Die Funktion dieser Organe ist nicht gänzlich geklärt, steht aber wahrscheinlich mit den sie bestäubenden Insekten in Zusammenhang. Die Scheinflügelfrucht besteht einerseits aus dem Tragblatt mit Stiel und andererseits aus den 1 - 2 mit winzigen Warzen besetzten eiförmigen Früchten.

Ursprung: Das Primärareal der Silberlinde umfasst Südosteuropa und Kleinasien.

Ökologie: Die Silberlinde bevorzugt lichte Wälder und Hänge mit kalkhältigen Böden und wächst vergesellschaftet mit Laub abwerfenden Eichen- und Buchenarten sowie mit Hopfenbuchen.

Nutzung: Diese Baumart verbreitete sich in der zweiten Hälfte des 18. Jahrhunderts in ganz Europa. Ihre hohe Widerstandsfähigkeit gegen Umwelteinflüsse wie Smog, Luftverschmutzung, Trockenheit und Frost machen die Silberlinde, insbesondere in der heutigen Zeit, zu einem der wichtigsten und beliebtesten Stadtbäume in allen Metropolen Europas.

Ähnliche Arten: Auch eine nordamerikanische Lindenart, ***Tilia heterophylla* Vent.**, wird in europäischen Parks und Gärten kultiviert, die Blattunterseite ist bei dieser Spezies weiß oder grau behaart, wobei die Blätter mit 15 - 20 cm Länge doppelt so groß sind wie die der Silberlinde. Darüber hinaus weisen sie in den Winkeln der Seitenadern eine bräunliche Behaarung auf.

Tilia platyphyllos

Sommerlinde

Die bis zu 40 m hohe Sommerlinde bildet eine kuppelartige, bei älteren Exemplaren eindrucksvoll majestätische Krone und einen geraden Stamm mit eher dünner graubrauner Rinde, die zunächst glatt ist, im Alter aber zusehends rissig und brüchig wird, jedoch nicht so deutlich gefurcht ist wie die Rinde der Winterlinde. Junge Triebe und Blätter können behaart oder glatt sein. Die 6 - 12 cm langen, wechselständigen, zarten Blätter sind oval-herzförmig und laufen in Form einer kurzen, geschwungenen Spitze aus, der Blattgrund ist mehr oder weniger symmetrisch herzförmig. Der Blattrand ist regelmäßig gesägt. Ober- und Unterseiten der Blattspreite können glatt bis flaumig behaart sein. Die Blüten erscheinen im Juni und stehen in Gruppen zu 2 - 5 in hängenden Dolden zusammen. Sie duften intensiv, sind gelblich und weisen keine sterilen Staubblätter auf. Die Frucht ist rundlich bis birnenförmig, flaumig behaart und von fünf erhabenen Rippen durchzogen.

Ursprung: Das Primärareal der Sommerlinde umfasst Europa und den Kaukasus.

Ökologie: Die Sommerlinde ist ein typischer Bewohner feucht-warmer Laubmischwälder in Ebenen und im Hügelland bis 1200 m Seehöhe und bevorzugt humusreiche Böden, wobei sie in Bezug auf deren Säuregehalt keine besonderen Ansprüche stellt. Zumeist ist sie mit Hainbuche, Stieleiche, Feldulme, Schwarzerle, Esche, Bergahorn, Bergulme und Buche vergesellschaftet.

Verbreitung: Von Spanien bis Russland und Georgien.

Nutzung: Die Sommerlinde ist ein idealer Stadtbaum und eignet sich zur Bepflanzung von Alleen und Grünanlagen, erträgt aber nicht allzu viel Streusalz. Die frühe Blüte, schon einige Wochen vor den anderen Lindenarten, macht die Sommerlinde zu einem wichtigen Baum für Bienen und damit für Imker. Die prächtigsten »Dorflinden« sind Sommerlinden.

Ähnliche Arten: Unter den Linden werden verschiedene Subspezies unterschieden, die alle sowohl in der Natur als auch kultiviert vorkommen. Die Subspezies ***platyphyllos*** weist oberseits glatte und unterseits behaarte Blätter auf, ***pseudorubra* Schneid.** hat oben glatte, unten flaumig behaarte Blätter mit winzigen weißen Haaren an den Verzweigungen der Nervatur, die Subspezies ***cordifolia* (Besser) Schneid.** bildet beidseitig flaumig behaarte Blätter. Die **Winterlinde** und die **Holländische Linde** lassen sich leicht durch den hellgrauen Farbton ihrer Blattunterseiten unterscheiden, darüber hinaus sind ihre Früchte nicht gerippt. Die **Amerikanische Linde** schließlich, welche manchmal in Parks angepflanzt wird, entwickelt größere Blätter (10 - 20 cm), deren Unterseite glatt und hellgrau getönt ist. Sie blüht Ende Juni, ihre Blüten weisen sterile Staubblätter auf.

Visitenkarte

Höhe
bis zu 40 m

Wuchsform
abgerundet kegelförmig

Rinde
graubraun, rissig

Blätter
oval-herzförmige, asymmetrische Blätter, Laub abwerfend

Blüten
gelbliche, hängende Blütendolden mit Tragblatt

Früchte
Scheinflügelfrüchte mit rundem Perikarp

Populus alba

Silberpappel

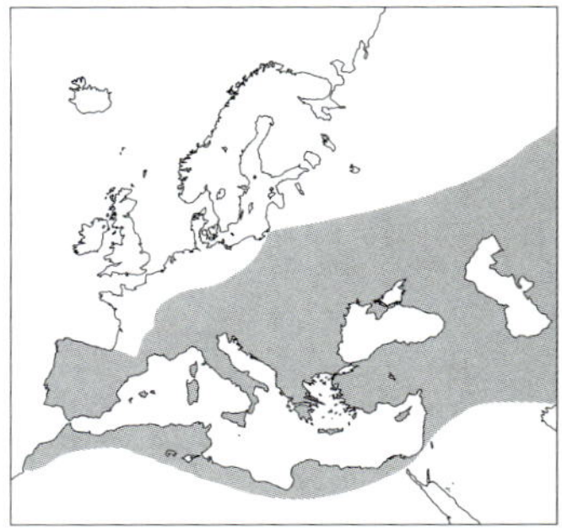

Visitenkarte

Höhe
bis zu 30 m

Wuchsform
abgerundet ausladend

Rinde
weißlich, papierartig

Blätter
ovale bis handförmig gelappte Blätter, Laub abwerfend

Blüten
eingeschlechtliche Kätzchenblütenstände

Früchte
längliche Kapseln

Die Silberpappel wird bis zu 30 m hoch und entwickelt eine beeindruckende ausladende Krone und einen gerade verlaufenden, mächtigen Stamm, der in der Jugend von einer papierartigen, dünnen weißen bis hellgrauen Rinde mit schwarzen, sich oft ringförmig um den Stamm ziehenden Flecken bedeckt ist. Bei sehr massiven alten Stämmen ist die Rinde dicker, nimmt einen graubraunen Farbton an und ist außerdem von Längsfurchen durchzogen. Die jungen Triebe sind zuerst wollig weiß behaart, werden aber später glatt. Die wechselständigen, gestielten, bis zu 10 cm langen Blätter weisen eine ovale bis handförmig gelappte Blattspreite auf, wobei die Lappen selbst entweder gezähnt oder nochmals gelappt sein können. Die Blattoberseite ist glänzend dunkelgrün und bildet einen schönen Kontrast zu der fast schneeweißen, flaumig behaarten Unterseite. Die eingeschlechtlichen Blüten bilden in beiden Geschlechtern lange Kätzchenblütenstände, die männlichen Blüten entwickeln 6 - 10 Staubblätter. Die Fruchtstände entwickeln sich aus den weiblichen Kätzchen. Die reifen Früchte, längliche Kapseln, teilen sich in zwei Hälften und setzen winzige Samen mit vielen langen, dünnen und wolligen Flughaaren frei.

Urprung: Das Primärareal der Silberpappel umfasst temperierte Klimazonen in Europa, Nordafrika und Westasien.

Ökologie: Die Silberpappel ist ein typischer Bewohner alluvialen Schwemmlandes entlang von Wasserläufen und an Seeufern. Auch feuchte Ebenen bis 1000 m Seehöhe gehören zu ihren

Habitaten. Sie bevorzugt lockere, kies- oder sandreiche bis schlammige Böden, die auch basisch sein können und einen geringfügigen Salzanteil (nicht über 0,05%) aufweisen dürfen. Diese Spezies ist zumeist mit Schwarzpappel, Silberweide, Ulme, Schwarzerle und anderen Feuchtigkeit liebenden Arten vergesellschaftet. In den Küstengebieten südlicher Länder bildet die Silberpappel Gemeinschaften mit Tamariske, Oleander und Keuschbaum (*Vitex agnus-castus* L.).

Verbreitung: Von Marokko und Spanien bis nach Afghanistan, einschließlich Mitteleuropa und Kleinasien.

Nutzung: Als Zierbaum sticht die Silberpappel hauptsächlich wegen der schön gefärbten Blätter ihrer Krone hervor, die schon beim leisesten Windhauch in silbrigen und dunkelgrünen Schattierungen flimmern. Besonders schön wirkt sie kurz vor einem Gewitter, wenn der Himmel hinter ihr bleigrau verhangen ist.

Ähnliche Arten: Die **Graupappel** (*Populus* x *canescens* (Ait.) Smith pro sp.) ist ein natürlicher Bastard von weiblichen Silberpappeln mit männlichen Zitterpappeln. Sie entstand in Gebieten, wo beide Spezies gemeinsam vorkommen. Die Graupappel entwickelt rundliche, spitz zulaufende Blätter, die auf der Unterseite weißlich grau sind und einen unregelmäßig gesägten oder gezähnten Rand aufweisen, die Rinde ist nur im oberen Bereich des Stammes papierweiß.

Die Silberpappel ist ein beliebter Zierbaum, der häufig als Alleebaum am Rand von Straßen gepflanzt wird. Ihr natürliches Habitat sind alluviale Böden entlang von Wasserläufen und Seeufern.

Populus nigra

Schwarzpappel

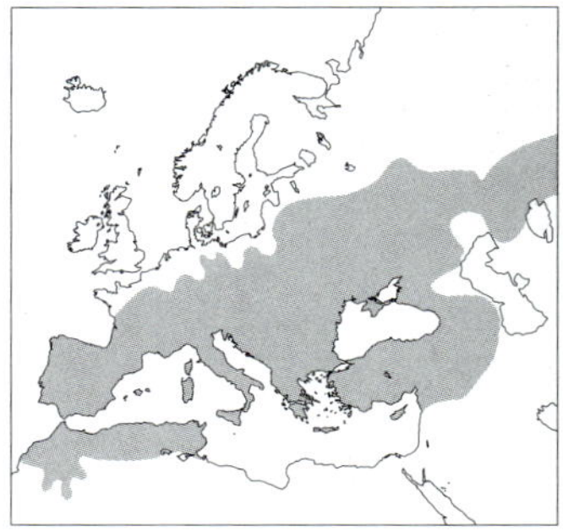

Visitenkarte

Höhe
bis zu 30 m

Wuchsform
ovale, hohe oder säulenförmige Krone

Rinde
graubraun, gefurcht

Blätter
oval-dreieckige oder oval zugespitzte Blätter, Laub abwerfend

Blüten
eingeschlechtliche Kätzchenblütenstände

Früchte
eiförmige Kapseln

Die schlanke, bis zu 30 m hohe Schwarzpappel entwickelt eine ovale, unregelmäßig ausladende oder, bei der Varietät *italica* Duroi pro cv., auch »Pyramidenpappel« genannt, eine sehr schlanke, fast säulenförmige Krone. Der Stamm wächst gerade, bei älteren Exemplaren zumeist verdreht und buckelig, die Rinde ist dick, graubraun und von tiefen Längsfurchen durchzogen. Die wechselständigen, gestielten Blätter werden nicht länger als 8 cm, wobei die Blattspreite oval-dreieckig bis rautenförmig ist. Besonders bei der Varietät »Pyramidenpappel« laufen die Blätter an der Spitze und am Blattgrund breit keilförmig zu. Der Blattrand ist regelmäßig gesägt, die Blattoberseite glänzend grün gefärbt und die Unterseite etwas heller und matt. Beide Blattoberflächen sind glatt und besonders in der Jugend etwas klebrig. Die eingeschlechtlichen Blüten stehen in langen Kätzchenblütenständen beisammen, die männlichen entwickeln rotviolette Staubbeutel, die weiblichen ein grünen, runden Fruchtknoten. Die Früchte sind ovale Kapseln, die sich nach der Reifung in zwei Hälften aufspalten und dann große Mengen winziger, in wolligen Haarflaum eingehüllte Samen freisetzen.

Ursprung: Das Primärareal der Schwarzpappel umfasst temperierte Klimazonen in Europa, Nordafrika, Westasien.

Ökologie: In ökologischer Hinsicht gleicht diese Spezies der Silberpappel, mit der sie bis in 1000 m Seehöhe häufig gemeinsam vorkommt, sie toleriert allerdings salzige oder basische Böden nicht, und in sehr warmen Gebieten mit trockenen Sommern gedeiht sie schlechter als die Silberpappel.

Verbreitung: Von Frankreich bis Nordafrika und Afghanistan über Mitteleuropa bis in den Kaukasus.

Nutzung: Die Schwarzpappel ist schon seit langer Zeit ein typischer Begleiter von Entwässerungsgräben und Dämmen und man pflanzt sie sowohl als Landmarke oder auch, um mit ihren Wurzeln lockere, rutschende Böden zu befestigen. Die besonders schlanke, eindrucksvolle und auch raschwüchsige »Pyramidenpappel« säumt heute noch die Wege zu herrschaftlichen Villen oder zu großen Landgütern und erfüllt damit dieselbe Funktion wie die Zypressen im mediterranen Raum.

Ähnliche Arten: Die Pyramidenpappel erkennt man außer an ihrer charakteristischen Krone auch an den rautenförmigen Blättern. Viele Fachleute vertreten die Meinung, dass es sich bei dieser Varietät eher um

Obwohl die Schwarzpappel früher um ein Vielfaches häufiger als heute vorkam, findet man sie immer noch zahlreich entlang von Flüssen und kleineren Wasserläufen.

eine natürliche Mutation als um eine gezüchtete Zierform der Schwarzpappel handelt, die vermutlich spontan im Gebiet der Apenninen entstanden ist, wo sie heute noch weit verbreitet ist und die gewöhnliche Schwarzpappel ersetzt. Von hier aus wurde sie wohl bereits seit der Antike domestiziert und über den Rest der Welt verbreitet. Die **Bastardschwarzpappel** (*Populus* x *canadensis* L. pro sp.) ist ein künstlicher Bastard zwischen der Schwarzpappel und ihrem amerikanischen Verwandten, ***P. deltoides* Marshall,** mit großen Blättern und breitem Blattgrund. Dieser Bastard ist die eigentliche »Papierpappel«, deren Holz der wichtigste Rohstoff für die Papierindustrie ist und die speziell im vergangenen Jahrhundert weitläufig in den Talebenen angepflanzt wurde und weiter angepflanzt wird. Die Rinde dieser Form ist heller und glatter, die Blätter sind oval zugespitzt mit flachem Blattgrund und größer als bei der Schwarzpappel, aber kleiner als die ihres amerikanischen Elternteils. Dieser Bastard wächst rascher als seine beiden Elternteile.

Populus tremula

Zitterpappel

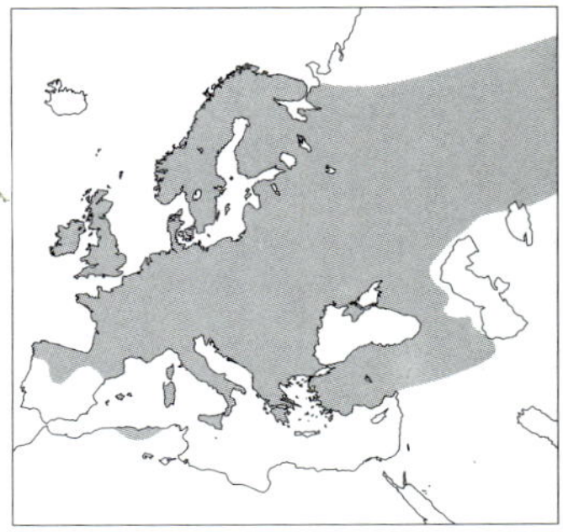

Visitenkarte

Höhe
bis zu 20 m

Wuchsform
längliche, kegelförmige Krone

Rinde
graugrün, rissig

Blätter
rundliche, leicht zugespitzte Blätter, Laub abwerfend

Blüten
eingeschlechtliche Kätzchen

Früchte
längliche, birnenförmige Kapseln

Die Zitterpappel, eine Art, die zahlreiche Wurzelschösslinge bildet, wird bis zu 20 m hoch und bildet eine hellgrün gefärbte, länglich kegelförmige Krone. Der Stamm wächst gerade oder leicht gekrümmt und weist eine dünne, glatte, grünlich graue Rinde auf, die mit zunehmendem Alter allmählich grau und rissig wird. Die wechselständigen Blätter sind auf beiden Seiten glatt und stehen an einem charakteristischen langen, abgeflachten Stiel. Die Blattspreite ist rundlich, eher breit als lang, mit rundlichem oder herzförmigem Blattgrund und sanft gezähntem Rand. Die Blattoberseite ist lebhaft grün und leicht glänzend, die Unterseite heller gefärbt und matt. Die ersten Blätter der jungen Wurzeltriebe sehen allerdings ganz anders aus, sie sind leicht flaumig behaart, graugrün, dreieckig-oval oder verkehrt herzförmig und weisen einen beinahe glatten Rand auf. Die eingeschlechtlichen Blüten bilden bis zu 12 cm lange Kätzchenblütenstände. Die Frucht ist eine längliche, birnenförmige Kapsel, die sich in zwei Hälften aufspaltet, um so eine Menge winzig kleiner, wolliger weißer Samen freizusetzen.

Die Zitterpappel bevorzugt als Standorte Mischwälder in Gebirgsregionen. Wegen ihres ständig in Bewegung befindlichen Laubes ist sie leicht zu erkennen.

Ursprung: Das Primärareal der Zitterpappel umfasst Europa und Sibirien.
Ökologie: Diese genügsame Spezies zählt zur Pioniervegetation auf kargen, vorzugsweise sauren Böden bis in 2000 m Seehöhe. Zumeist wächst die Zitterpappel vergesellschaftet mit Birken, Haseln, Traubeneichen, Zerreichen, Waldkiefern, Rotbuchen, Weißtannen und Fichten.
Verbreitung: Von Skandinavien über die Iberische Halbinsel bis nach Nordafrika und Ostsibirien.
Nutzung: Die Zitterpappel ist wegen ihrer Genügsamkeit und wegen ihrer Qualitäten als Pionierpflanze mit rascher Vermehrung durch zahlreiche Wurzelschösslinge von großem Nutzen für die Stabilisierung von Gleithängen und die Wiederaufforstung von Kahlschlägen. Als Zierbaum ist sie durch ihr schon beim leisesten Lufthauch sprichwörtlich »zitterndes« Laub und wegen ihrer eleganten Wuchsform ein lohnender Anblick.
Ähnliche Arten: Durch die fast kreisrunden, auf beiden Seiten glatten Blätter ist es beinahe unmöglich, diesen Baum mit einer anderen Spezies zu verwechseln.

Salix alba

Silberweide

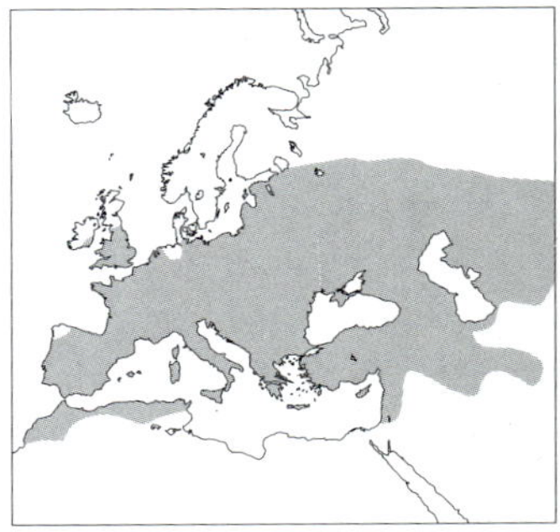

Visitenkarte

Höhe
bis zu 30 m

Wuchsform
schlank

Rinde
grau, rau

Blattform
lanzettförmige Blätter, Laub abwerfend

Blüten
eingeschlechtliche, aufrechte Kätzchenblütenstände

Früchte
birnenförmige Kapseln

Die Silberweide wird bis zu 30 m hoch und bildet einen geraden, im unteren Drittel oft geteilten Stamm mit graubrauner, rauer, längsgefurchter Rinde. Die Krone ist schlank, wird aber vor allem im oberen Teil ausladend. Ihr silbrig graugrüner Farbton bildet einen attraktiven Kontrast zu den anderen Gattungen, mit denen die Silberweide ihr natürliches Habitat teilt. Die bis zu 11 cm langen, schmal-lanzettförmigen, wechselständigen Blätter entwickeln keine oder linealische, rasch abfallende Stipel und einen kurzen Stiel. Die Blattspreite ist auf der Oberseite seidig graugrün gefärbt, auf der Unterseite silbergrau behaart, bei manchen Supspezies auch glatt. Die Blütenstände bilden lange, schmale, aufrecht stehende Kätzchen, die männlichen werden bis zu 5 cm lang und weisen zwei Nektardrüsen auf, die weiblichen sind bis zu 6 cm lang mit nur einer Nektardrüse. Die männlichen Blüten bestehen aus je zwei Staubblättern mit gelben Staubbeuteln, die weiblichen aus einem länglichen grünen Fruchtknoten. Die Frucht, eine birnenförmig gekrümmte Kapsel, öffnet sich in zwei Hälften, um so die Samen, Massen von winzig kleinen Stäbchen mit schneeweißen, wolligen Flughaaren, freizusetzen.

Ursprung: Das Primärareal der Silberweide umfasst temperierte Klimazonen in Europa, Westasien, Nordafrika.

Ökologie: Die Silberweide ist eine für die Talböden typische Art, die bisweilen in großer Zahl entlang von Wasserläufen und an Seeufern bis in ca. 1000 m Seehöhe anzutreffen ist. Auf Schwemmland mit sandigen und schlammigen Böden gedeiht sie besonders gut. In ihrem natürlichen Habitat ist sie mit Schwarzpappel und Silberpappel,

Gemeinem Schneeball (*Viburnum opulus* L.), Schwarzerle, Feldulme, Holunder und Blutrotem Hartriegel (*Cornus sanguinea* L.) vergesellschaftet, in feuchten Tiefebenen südlicher Länder auch mit der Platane, mit der sie schon seit der Antike gemeinsam zur Uferbefestigung angepflanzt wird.

Verbreitung: Vom westlichen Nordafrika über Europa und Ostsibirien bis an die Grenze Chinas, Iran und Kleinasien.

Nutzung: Die Silberweide wurde seit Menschengedenken entweder wild wachsend oder kultiviert wegen ihrer biegsamen Zweige genützt, die man u. a. zum Flechten von Körben verwendete. Als Zierbaum ist sie nur für feuchtere Böden geeignet.

Ähnliche Arten: Als besonders geschätzte Kultursorten trifft man häufig auf folgende Subspezies der Sildberweide: ***caerulea*** **(Sm.) Rech. f.** mit oberseits glatten, unterseits wenig behaarten Blättern, und die sogenannte **Dotterweide, *vitellina* (L.)**, mit orangegelben oder braunroten Jungtrieben, die sich später gelb färben. ***Salix*** x ***rubens*** **Schrank,** ein Hybride aus *S. alba* und *S. fragilis,* weist eine runde, breit gewachsene Krone auf und entwickelt beiderseits beinahe ganz glatte Blätter. Die **Chinesische Trauerweide** (*S. babylonica* L.) ist an ihren typischen, hängenden Zweigen leicht zu erkennen und bildet ebenfalls beidseitig glatte Blätter.

Oben: Im Wasser stehende Silberweiden am Ufer eines Hochwasser führenden Flusses. Links: Die Trauerweide ist als beeindruckender und vitaler Zierbaum besonders weit verbreitet.

Salix daphnoides

Reifweide

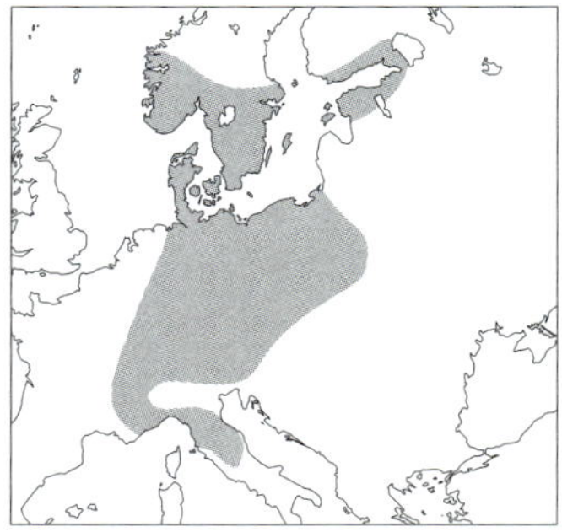

Visitenkarte

Höhe
bis zu 15 m

Wuchsform
breit ausladend

Rinde
hellgrau, oberflächlich gefurcht

Blätter
lanzettförmige Blätter, Laub abwerfend

Blüten
eingeschlechtliche, aufrechte Kätzchen

Früchte
glatte Kapseln

Die bis zu 15 m hohe Reifweide entwickelt eine breite, manchmal schirmartige Krone und einen geraden, jedoch bisweilen gekrümmten Stamm mit zuerst glatter, später von wenigen Furchen durchzogener hellgrauer Rinde. Die Jungtriebe sind anfangs von einer bläulich weißen, wachsigen Schicht (Reif) überzogen, die nach und nach verschwindet und die darunter liegende junge, glänzende rotbraune Rinde freigibt. Zieht man diese ab, so stellt man fest, dass sie auf der Innenseite intensiv gelb gefärbt ist. Die wechselständigen Blätter sind lanzettförmig, bis 10 cm lang und weisen einen kurzen Stiel und kurze, dreieckige Stipel auf. Der Blattgrund läuft schmal oder rundlich zu, der Rand ist fein und regelmäßig gesägt und mit Drüsen besetzt. Die Blattoberseite ist glatt, glänzend und dunkelgrün, die Unterseite grau, die Hauptader erhaben. Die eingeschlechtlichen Blüten bilden längliche, zylindrische, im Unreifezustand silbrig behaarte, aufrechte Kätzchenblütenstände mit zweifarbigen Tragblättern, die männlichen Blüten entwickeln je zwei Staubgefäße. Die Frucht ist eine kleine, birnenförmige Kapsel, die sich nach der Reifung in zwei Hälften teilt, um die wollig behaarten Samen freizusetzen.

Ursprung: Das Primärareal der Reifweide umfasst beinahe ganz Europa und Westasien.

Ökologie: Diese vorwiegend montane bis subalpine Spezies kommt natürlich zwischen 600 und 1300 m Seehöhe entlang von Bächen und Flüssen vor. Sie bevorzugt alluviale Böden, Ufer- und Talebenen mit Kies, Sand oder Schlamm, die häufig überflutet werden.

Verbreitung: Von Ostfrankreich bis Skandinavien und Russland, Alpen und Apennin.

Nutzung: Diese Weidenart wird wegen ihrer großen silbrigen männlichen Kätzchen insbesondere im Alpenraum gerne angepflanzt.

Ähnliche Arten: Die **Mandelweide** (*Salix triandra* L.) findet man in ehemaligen mit Korbweiden bepflanzten Gebieten und in sumpfigen Tälern und Niederungen. Diese Art weist an den Triebspitzen ebenfalls drüsenreiche Blätter auf, ihre Zweige sind jedoch nie wie bei der Reifweide von einer bläulich weißen Wachsschicht bereift.

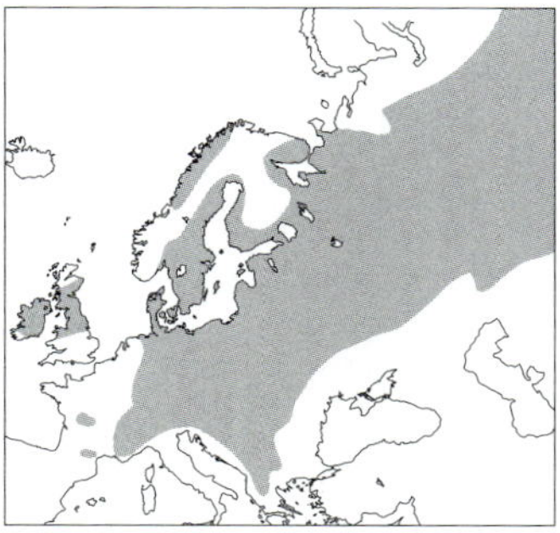

Salix pentandra

Lorbeerweide

Die Lorbeerweide wird nicht höher als 12 m und wächst häufig strauchartig, mit einer unregelmäßigen, breit ausladenden Krone. Die Rinde ist graubraun, matt und von feinen Furchen durchzogen, wobei sie an den jungen Zweigen noch glatt, glänzend und rotbraun gefärbt ist. Die Blätter sind wechselständig, gestielt, glatt und von länglich ovaler bis elliptischer Form. Sie laufen spitz zu und sind am Blattgrund mehr oder weniger abgerundet. Der Blattrand ist regelmäßig fein gezähnt, an den Spitzen der Zähne sitzen kleine Drüsen, die ein gelbliches Sekret ausscheiden, das für den würzigen Duft verantwortlich ist, welchen die jungen Blätter verströmen, wenn sie gerieben werden. Die Blattoberseite ist glatt und dunkelgrün gefärbt, die Unterseite matt, etwas heller oder leicht graustichig. In der Nähe des Stielansatzes trägt jedes Blatt ein bis drei Paar Drüsen. Die eingeschlechtlichen Blütenstände (Kätzchen) stehen an langen, beblätterten Seitenzweigen. Die Blüten weisen jeweils zwei Nektardrüsen auf und sitzen in gelblichen, rundlich ovalen, ebenfalls mit Drüsen besetzten Hüllblättern. Die Frucht, eine längliche Kapsel, setzt zahlreiche behaarte Samen frei.

Ursprung: Das Primärareal der Lorbeerweide umfasst Europa und Sibirien.

Ökologie: Die Lorbeerweide ist ein auffälliges Gehölz und bevorzugt feuchte, sumpfige Böden und saures Milieu auf Torfbasis oder aber feines, alluviales Schwemmmaterial. Sie kommt dort zusammen mit anderen Weidenarten und mit Grauerlen vergesellschaftet vor, bevorzugt jedoch Niederungen und Hügelland.

Verbreitung: Von den Britischen Inseln und Skandinavien über die Alpen bis nach Zentralsibirien.

Nutzung: In Mittel- und in Nordeuropa ist die Lorbeerweide ein beliebter Zierbaum.

Ähnliche Arten: Aufgrund ihrer typischen Charakteristika ist die Lorbeerweide kaum mit anderen Arten zu verwechseln.

Visitenkarte

Höhe
bis zu 12 m

Wuchsform
breite, unregelmäßige Krone

Rinde
graubraun, gefurcht

Blätter
längliche, oval-elliptische Blätter, Laub abwerfend

Blüten
eingeschlechtliche, aufrechte Kätzchenblütenstände

Früchte
längliche Kapseln

Salix viminalis

Korbweide

Visitenkarte

Höhe
bis zu 10 m

Wuchsform
breit, strauchartig

Rinde
bräunlich

Blätter
linealisch lanzettliche Blätter, Laub abwerfend

Blüten
eingeschlechtliche Kätzchenblütenstände

Früchte
ovale Kapseln

Dieser kleine, kaum höher als 10 m wachsende Baum entwickelt eine strauchartige Krone mit zahlreichen langen, biegsamen, zuerst grau flaumig behaarten, dann glatten, matt schimmernden bräunlichen oder grünlichen Zweigen. Die wechselständigen Blätter sind sehr schmal und lang (bis zu 15 cm). Sie sitzen an einem kurzen Stiel, ihr Rand ist leicht gewellt und fein gezähnt, die Blattoberseite ist glatt, dunkelgrün und leicht glänzend, die Unterseite ist matt und mit parallel zu den Seitenadern stehenden, seidig weißen, kurzen Flaumhaaren bedeckt.
Die zylindrischen Kätzchen sind etwa 3 - 5 cm lang, wobei die weiblichen etwas schlanker sind. Alle Blüten weisen eine einzige Nektardrüse auf. Die Frucht ist eine ovale, behaarte Kapsel und enthält Samen mit Flughaaren.
Ursprung: Das Primärareal der Korbweide umfasst Eurasien, vom nördlichen Mitteleuropa bis nach Sibirien.
Ökologie: Die Korbweide bevorzugt alluviale Böden mit Sand- und Schlammanteil und neutralem bis alkalischem Milieu entlang von Wasserläufen. Man trifft sie bis ca. 500 m Seehöhe an.
Nutzung: Schon seit der Antike werden die langen, biegsamen, einjährigen Triebe der Korbweide abgeschnitten, um daraus Flechtwaren herzustellen. Heute finden sich in Europa nur noch vereinzelt Reste der ehedem ausgedehnten Kulturkorbweidengründe.

Ähnliche Arten: Wegen ihrer langen Triebe und der besonders langen und schmalen Blätter kann die Korbweide gelegentlich mit der ebenfalls sehr schmalblättrigen **Uferweide** (*Salix eleagnos* Scop.) verwechselt werden. Bei den Blättern letzterer Art ist die Unterseite jedoch matt und nicht seidig glänzend behaart wie bei der Korbweide.

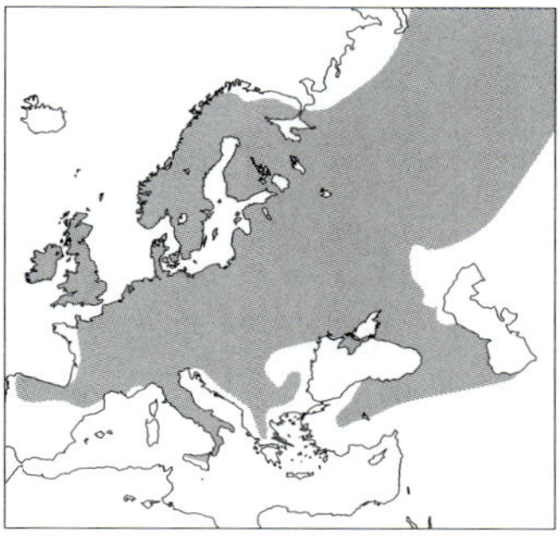

Salix caprea

Salweide

Die relativ kleine, maximal 15 m hohe Salweide bildet häufig strauchartige Formen, entwickelt sie sich als Baum, so ist die Krone jedoch schlank und annähernd pyramidenförmig. Der Stamm weist in der Jugend eine graue, matte und mit zunehmendem Alter rissige bräunliche Rinde auf. Die 2 - 4 Jahre alten Zweige sind glatt berindet, die jungen Triebe graugrün oder gelblich gefärbt und werden später braun. Die wechselständigen elliptischen und gestielten Blätter sind mit bis zu 8 cm Länge und etwa 4 cm Breite kürzer und breiter als die aller anderen Weidenarten. Die Blüten stehen in dicken, auffälligen, silbergrau glänzenden Kätzchenblütenständen mit 5 - 6 cm Länge und 2 - 3 cm Breite zusammen, die weiblichen werden nach der Befruchtung noch bis zu 10 cm lang und sind graugrün gefärbt. Die Blüten weisen je eine Nektardrüse und verkehrt eiförmige gelbliche, an der Spitze mit silbergrauen Haaren besetzte Tragblätter auf. Die silbrig behaarte Samenkapsel sitzt an einem kurzen Stielchen.

Ursprung: Das Primärareal der Salweide umfasst ganz Europa und Nordasien.

Ökologie: Die Salweide gehört zu den wichtigsten Pionierpflanzen und besiedelt frei werdende Standorte vom Meeresspiegel an bis in den subalpinen Raum. Dabei toleriert sie die verschiedensten Böden, solange diese einigermaßen belüftet und nicht wassergesättigt sind. Im Unterschied zu den anderen Weidenarten überdauert sie auch trockene Sommer. Diese Art besiedelt zumeist Waldränder, Lichtungen und Kahlschläge und erobert als Gehölzpionier aufgelassene Teile von Steinbrüchen und anderes devastiertes Gelände rasch, besonders auf lehmigen Böden.

Verbreitung: Unterhalb 71° nördlicher Breite, von Europa bis Japan.

Nutzung: Für den Forstwirt ist diese Weidenart wegen ihrer Pionierqualitäten auch bei der naturnahen Wiederaufforstung von Nutzen.

Ähnliche Arten: Die **Aschweide** (*Salix cinerea* L.) bevorzugt viel feuchtere Standorte als die Salweide und bildet schmälere Blätter als diese. Darüber hinaus sind die 2- bis 4-jährigen Zweige unter der Rinde deutlich gerippt und ihre jungen Zweige von grauschwarzem oder bräunlichem Flaum bedeckt. Die großblättrige Weide ***S. appendiculata* Vill.** kommt ausschließlich im Gebirge vor und weist sehr unterschiedlich geformte, meist längliche Blätter und fein gerippte Zweige auf.

Visitenkarte

Höhe
bis zu 15 m

Wuchsform
schlank pyramidenförmig

Rinde
graubraun, rissig

Blätter
oval-elliptische, zugespitzte Blätter, Laub abwerfend

Blüten
eingeschlechtliche Kätzchen

Früchte
längliche Kapseln

Malus sylvestris

Holzapfel

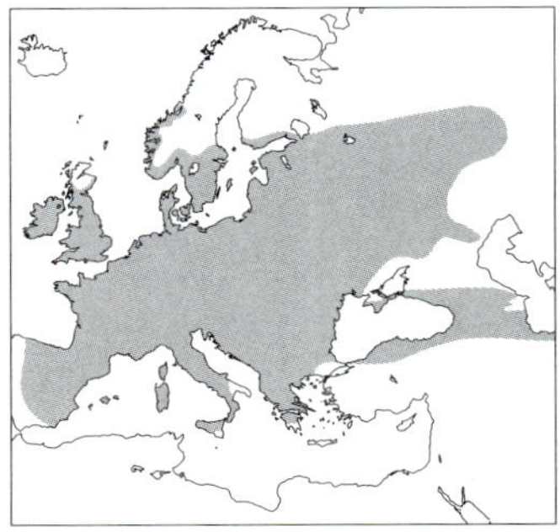

Visitenkarte

Höhe
bis zu 10 m

Wuchsform
regelmäßig ausladend

Rinde
bräunlich, rau

Blätter
ovale Blätter mit gesägtem Rand, Laub abwerfend

Blüten
weiße Blütendolden

Früchte
saure gelbe bis rötliche Apfelfrüchte

Der eher gedrungen wirkende Wild- oder Holzapfelbaum erreicht maximal 10 m Höhe. Die Krone ist dicht und wächst abgerundet in die Breite. Der Stamm verläuft gerade oder leicht gekrümmt und ist von einer bräunlichen, schuppigen, bei älteren Exemplaren rissigen Rinde umgeben. Die wechselständigen, gestielten Blätter sind von oval-zugespitzter Form mit abgerundetem Blattgrund. Die Blattoberseite ist glatt und dunkelgrün gefärbt, die Unterseite heller und nur im Frühjahr flaumig behaart. Die Blüten stehen in Gruppen von zu 3 - 7 zusammen und messen 3 - 4 cm im Durchmesser. Die Blütenblätter sind außen rosa gefärbt, innen weiß und umhüllen zahlreiche Staubgefäße sowie einen unterständigen Fruchtknoten. Die Frucht, ein rundlicher Apfel von 2 - 4 cm Durchmesser, ist zuerst grün, dann gelb, manchmal auch rötlich gefärbt. Sein Inneres enthält einige glatte schwarzbraune, tropfenförmige Samen (Apfelkerne).

Ursprung: Das Primärareal des Holzapfels umfasst Europa und den Kaukasus.

Ökologie: Der Holzapfel bevorzugt wie Flaumeiche, Stieleiche und Hainbuche Standorte in warm-gemäßigten Klimazonen im Hügelland und im niedrigen Bergland mit leicht sauren Böden.

Verbreitung: Von Skandinavien und Großbritannien bis in den Süden Europas und von Spanien bis ans Kaspische Meer.

Ähnliche Arten: Der **Kulturapfel** (*Malus domestica* Borkh.) ist, wie der Name schon sagt, eine Spezies, die durch Domestizierung des wild lebenden Holzapfels entstanden ist. Er unterscheidet sich von seinem Stammvater sowohl durch seine größeren, süßen und saftigen Früchte als auch durch die Blattunterseite, die auch im Sommer noch flaumig behaart ist. Die **Quitte** (*Cydonia oblonga* Mill.) weist eiförmige, glattrandige, an der Unterseite behaarte Blätter auf.

Prunus armeniaca

Aprikose, Marille

Die Aprikose wird kaum höher als 5 m und bildet eine intensiv grüne, rundliche, leicht kuppelförmige Krone. Der robuste Stamm wächst oft verdreht und knorrig mit Buckeln und ist von einer bräunlichen, rauen, in unregelmäßige kleine Platten zerlegten Rinde bedeckt. Die Äste verlaufen ebenso gekrümmt und verdreht wie der Stamm und weisen eine ähnliche Rinde auf. Vielfach wird die Aprikose als Spalierbaum an einer Wand gezogen. Die wechselständigen, gestielten Blätter sind rundlich herzförmig bis eiförmig und etwa 6 - 9 cm lang, ihr Rand ist gesägt. Die kurzstieligen Blüten sitzen einzeln oder in Gruppen an Kurztrieben. Sie erscheinen im März oder April schon vor den Blättern und haben Durchmesser von 2 - 3 cm, wobei der fünfblättrige Kelch und die weißrosa gefärbten Kronblätter oberhalb des Fruchtknotens (unterständig) entspringen. Der Griffel ist dementsprechend lang. Die Frucht, eine Steinfrucht mit samtigem, gelborangefarbenem Epikarp, das im Reifezustand sonnseitig mehr oder weniger rot gefleckt sein kann, hat ein orangegelbes, süßes und saftiges Mesokarp und ein hart verholztes Endokarp, das den mandelartigen Samen enthält.

Ursprung: China und Mandschurei.

Ökologie: Diese Sonnenpflanze liebt die Wärme und bevorzugt sonnige Lagen und kalkhältige Böden.

Nutzung: Ursprünglich nahm man an, dass diese Spezies aus Kleinasien stammen würde, weswegen sie von Linné mit dem Namen *armeniaca* bedacht wurde. Heute glaubt man zu wissen, dass Armenien nur eine der zahlreichen Regionen ist, in welchen dieser Baum in seiner seit Menschengedenken domestizierten Form kultiviert wird. Von seinem Ursprungsareal China und Mandschurei aus verbreiteten die Menschen diese Spezies über ganz Asien bis zum Mittelmeer, wobei die Verbreitung in Europa höchstwahrscheinlich über Arabien zu Stande kam.

Ähnliche Arten: Ein blühende Aprikosenbaum könnte mit der Mirabellenart »Pissardii« verwechselt werden, die ebenfalls hellrosa Blüten aufweist. Diese sind jedoch kleiner und sind von roten Kelchblättern umhüllt. Der Pfirsichbaum kann mit seinen intensiv rosafarbenen Blüten und lanzettförmigen Blättern kaum mit der Aprikose verwechselt werden.

Visitenkarte

Höhe
bis zu 5 m

Wuchsform
rundlich ausladend

Rinde
bräunlich, rau, rissig

Blätter
ovale bis herzförmige, gesägte Blätter, Laub abwerfend

Blüten
weiße oder rosa Blüten, einzeln oder in Gruppen

Früchte
samtige, gelborangefarbene Steinfrüchte

Prunus avium

Vogelkirsche, Süßkirsche

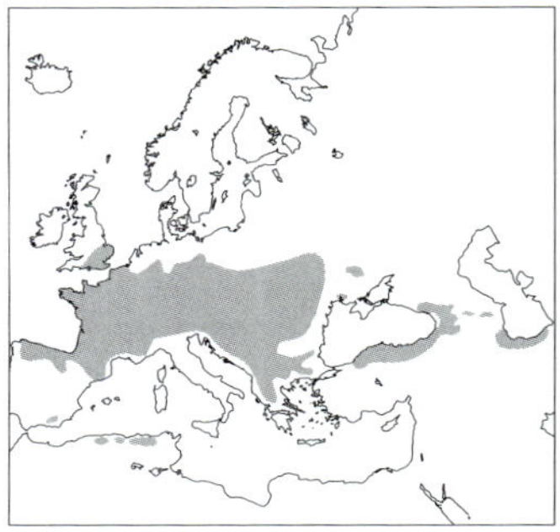

Visitenkarte

Höhe
bis zu 20 m

Wuchsform
rund ausladend

Rinde
rissig bis glatt, ringförmig ablösend

Blätter
oval zugespitzte, gesägte Blätter, Laub abwerfend

Blüten
langstielige weiße Blüten in Büscheln

Früchte
runde Steinfrüchte an langen Stielen

Die bis zu 20 m hohe Vogelkirsche entwickelt eine nicht allzu dichte, regelmäßige und ausladende Krone mit rundlicher Silhouette. Der Stamm verläuft gerade, bildet manchmal Buckel und ist von einer charakteristischen glatten, leicht glänzenden graubraunen Rinde bedeckt, die sich in ringförmigen Streifen ablöst (Ringelborke). Nicht selten sieht man das bernsteinartige, transparente Harz des Kirschbaumes aus Rissen an Astgabeln hervortreten, deren Wunden es verschließt. Die wechselständigen, gestielten, oval-zugespitzten Blätter weisen am Ansatz des Stiels an der Blattspreite zwei kleine rötliche Drüsen auf. Der Blattrand ist stumpf gesägt, die Spreite ist 10 - 15 cm lang. Die langstieligen Blüten, sprichwörtliche Frühlingsboten, erscheinen noch vor den Blättern und stehen in Büscheln von 5 - 8 zusammen. Sie setzen sich aus 5 gebogenen Kelchblättern und 5 strahlend weißen Kronblättern sowie zahlreichen Staubblättern mit gelblich braunen Staubbeuteln und einem unterständigen Fruchtknoten zusammen. Die Frucht, eine Steinfrucht von ca. 1 - 3 cm Durchmesser, ist im Reifezustand glänzend hellrot bis schwarzpurpurn gefärbt. Sie ist kugelrund, am Stielansatz eingebuchtet und enthält einen Kern, der aus dem verholztem Endokarp und dem Samen besteht.

Ursprung: Mittel- und Südeuropa sowie südliche Schwarzmeerküste.

Ökologie: Die Vogelkirsche ist ein typischer Bewohner von Laubmischwäldern in Tälern und Hochebenen mit gemäßigtem Klima und bevorzugt leicht saure, nährstoffreiche Böden, wobei sie ihr Habitat mit Linden, Eschen, Edelkastanien, Stieleichen, Hainbuchen etc. teilt.

Verbreitung: Von Spanien nach Norden bis ins südliche Großbritannien, nach Süden bis in die nördliche Türkei, zum Kaukasus und an die Südküste des Kaspischen Meeres.

Nutzung: Die Vogelkirsche wurde mehrmals zu verschiedenen Zeiten und in mehreren Regionen ihres Primärareals domestiziert. Man kultivierte diese Art wegen ihrer wohlschmeckenden Früchte. Durch die unterschiedlichen Auslesebedingungen entstanden im Laufe von Jahrtausenden unzählige Sorten, wobei die Sauerkirsche oder

Die strahlend weißen Blüten der Kirschen gelten überall auf der Welt als Boten des Frühlings.

Weichsel von Linné als eigene Spezies *(Prunus cerasus)* klassifiziert wurde. Die Kultursorten gehören hauptsächlich zwei großen Gruppen an, »Juliana« mit weichem und »Duracina« mit festem Fruchtfleisch. Bei den Kultursorten haben die Früchte Durchmesser bis zu 3 cm, die Farben variieren von Schwärzlich über Dunkelrot bis zu einem hellen Zinnoberrot, wobei aber auch gelbliche Farbtöne möglich sind. Bei der wilden Kirsche oder Vogelkirsche wird die Frucht höchstens 1,5 cm groß und ist im Reifezustand immer kräftig rot gefärbt. Das Holz der Vogelkirsche gehört zu den gefragtesten Hölzern in der Möbeltischlerei, da es feinporig, fest, widerstandsfähig und leicht zu bearbeiten ist. Überdies weist es einen sehr schönen rosabraunen Farbton auf.

Ähnliche Arten: Die **Sauerkirsche** *(Prunus cerasus)* ist kleiner als die Vogelkirsche und ihre Blätter hängen nicht nach unten und weisen auch keine roten Drüsen am Stielansatz auf, der Blattrand ist deutlicher gesägt. Die Frucht bildet ein weicheres Fruchtfleisch mit einem angenehm säuerlichen Geschmack. Sauerkirschen sind besonders für die Herstellung von Konfitüren oder Likören geeignet. Die **Chinesische Zierkirsche** (*P. serratulata* Lindl.), welche oft auf eine Wildkirschenunterlage aufgepfropft wird, ist häufig in Parks und als Alleebaum anzutreffen. Sie entwickelt grob gesägte Blätter und gefüllte rosa Blüten, die in auffälligen, hängenden Büscheln zusammenstehen.

Prunus cerasifera

Kirschpflaume, Mirabelle, Ringlotte

Visitenkarte

Höhe
bis zu 8 m

Wuchsform
breit

Rinde
dunkelbraun, rau

Blätter
elliptische, gesägte Blätter, Laub abwerfend

Blüten
gestielte einzelne weiße oder rosa Zwitterblüten

Früchte
rote oder gelbe kugelige Steinfrüchte

Die kleinwüchsige Mirabelle wird nicht höher als 8 m. Die Krone ist licht und breit ausladend, bei der Sorte »Pissardii« dunkel rotviolett getönt, bei den anderen zartgrün gefärbt. Der schlanke Stamm wächst in der Jugend gerade, im Alter gekrümmt und weist eine dunkelbraune, matte, raue Rinde ohne deutliche Furchen auf. Die Zweige sind, vor allem bei verwilderten Sämlingen, bisweilen dornig, und das frisch geschnittene Holz verströmt einen zarten Apfelduft. Die wechselständigen Blätter weisen einen 5 - 8 mm langen Stiel und eine oval-elliptische, zugespitzte, am Blattgrund abgerundete Spreite auf. Die Seitenadern der Blattnerven sind deutlich zu erkennen. Die Blätter sind glatt oder an der Unterseite leicht behaart, am Rand gesägt und entweder hellgrün, dunkelgrün oder dunkelrotviolett gefärbt. Die einzeln stehenden Blüten erscheinen im März und April und verfügen über 1 cm lange Stiele, messen 2,2 cm im Durchmesser und sind strahlend weiß bzw. bei der Art »Pissardii« rosa gefärbt. Die Staubblätter haben violette Filamente. Die Frucht, eine kugeli-

ge Steinfrucht von ca. 3 cm Durchmesser, ist im Reifezustand rot oder rötlich gelb mit saftigem und süß-säuerlichem Mesokarp. Die Früchte der Kirschpflaume oder Mirabelle reifen im Juni und Juli.

Ursprung: Kaukasus und Westasien.

Ökologie: Diese Spezies bevorzugt kühl-gemäßigtes Klima, Hanglagen und Talebenen. Sie ist nicht sehr anspruchsvoll, was die Bodenbeschaffenheit betrifft, vorausgesetzt, er ist nicht allzu karg und einigermaßen durchlüftet.

Nutzung: Die Mirabelle ist in Mitteleuropa schon seit der Antike bekannt und wurde noch vor der Römerzeit aus Asien eingeführt. In Frankreich gibt es heute noch ausgedehnte Mirabellenkulturen, und auch als Zierbaum sieht man die Mirabelle nicht selten. Speziell die Sorte »Pissardii« ist wegen der attraktiven purpurnen Färbung ihres Laubes und der rosa Blütenpracht beliebt. Aufgrund aktueller genetischer Studien ist davon auszugehen, dass die Mirabelle der wilde Stammvater der Pflaume ist, aus welchem im Laufe von Jahrtausenden durch Auslese und Zucht die vielen verschiedenen Pflaumensorten, die wir heute kennen, hervorgegangen sind.

Ähnliche Arten: Die Pflaume weist etwas schmälere und derbere Blätter mit keilförmig zulaufender Basis auf, und auch die Blattspitze ist stumpfer als beim Blatt der Mirabelle. Die Pflaumen stehen in Paaren oder Dreiergruppen, sie sind länglich und wesentlich größer als die Mirabellen.

Schon vor der Römerzeit kam die Mirabelle von Asien nach Mitteleuropa, wo sie seither als Obstbaum oder auch als Zierpflanze hoch geschätzt wird.

Prunus domestica

Kulturpflaume

Visitenkarte

Höhe
bis zu 8 m

Wuchsform
rundlich
ausladend

Rinde
schwarzbraun,
matt, rau

Blätter
verkehrt eiförmige,
gesägte Blätter,
Laub abwerfend

Blüten
weiß, gestielt,
in Paaren oder
Dreiergruppen

Früchte
Steinfrüchte
unterschiedlicher
Form und Farbe

Die Kulturpflaume erreicht nur selten 8 m Höhe und entwickelt eine breit ausladende, dichte Krone mit abgerundeten Umrissen. Der Stamm wächst gerade oder gekrümmt, wobei die Krümmungen bei älteren Exemplaren besonders im mittleren Teil auftreten. Die Rinde ist schwarzbraun gefärbt, matt, rau und rissig. Die wechselständigen, kurz gestielten Blätter weisen eine bis zu 8 cm lange, verkehrt eiförmige Spreite auf, wobei die Spitze stumpf ausgebildet sein kann. Der Blattgrund läuft keilförmig zu. Blattober- und -unterseite weisen denselben grünen Farbton auf, wobei die Unterseite mehr oder weniger behaart sein kann. Die Blüten sitzen in Paaren oder Dreiergruppen an 1 - 2 cm langen Stielen und entwickeln bis zu 2,2 cm lange weiße Kronblätter sowie Staubblätter mit gelblichen Staubbeuteln. Die wohlschmeckende

Steinfrucht, die Pflaume, zeigt gewöhnlich eine länglich ovale Form, ist aber bei manchen Kultursorten rund. Epikarp und Mesokarp können je nach Sorte alle möglichen Farbtöne zwischen Dunkelviolett, Rot, Gelb und Grün annehmen.
Ursprung: Die Kulturpflaume stammt von der Mirabelle ab, die in Westasien schon vor Jahrtausenden domestiziert wurde.
Ökologie: Die Kulturpflaume ist liebt kühl-gemäßigtes Klima sowie sonnige Lagen und gilt als Stickstoffindikator. Durch die Domestizierung entstanden zahlreiche Sorten, welche die unterschiedlichsten Standortbedingungen bevorzugen.
Nutzung: Die Kulturpflaume ist mit ihren vielen Varietäten in vielen Ländern ein wichtiger Obstbaum. Die Sorten lassen sich grob zwei Hauptgruppen zuordnen, und zwar solche, die für den Frischverzehr bestimmt sind, wie »Reineclaude«, »Victoria« etc., und jene, die konserviert in Form von Kompotten oder als Trockenfrüchte auf den Markt kommen. Besonders in Kalifornien stellen Letztere einen wichtigen Zweig der Obstproduktion dar.
Ähnliche Arten: Die Kulturpflaume neigt dazu, im Randbereich der Kulturen auszuwildern und dabei die Merkmale ihrer wilden Vorfahren zu entwickeln. Die Subspezies ***institia* (L.) C. K. Schneid.** mit runden bläulichen, aber sauren Früchten könnte eine davon sein, ebenso wie ***Prunus cocomilia* Ten.,** die auf Sizilien und in Kalabrien vorkommt und glatte Blätter sowie runde gelbe, rot gesprenkelte, süße oder saure Früchte entwickelt. Die **Wilde Pflaume** (*P. spinosa* L.) ist ein Strauch oder kleiner Baum mit dornigen Zweigen, kleinen, rundlich lanzettförmigen bis rautenförmigen Blättern und weißen, einzeln stehenden Blüten, die im März und April reichlich an den noch unbelaubten Zweigen erscheinen. Ihre Früchte sind kugelig, hellblau gefärbt und schmecken sauer.

Die Kulturpflaume ist ein weit verbreiteter und auch kommerziell wichtiger Obstbaum mit unzähligen verschiedenen Sorten, die durch die Domestizierung im Lauf von Jahrtausenden entstanden sind.

Prunus dulcis

Mandelbaum

Visitenkarte

Höhe
bis zu 10 m

Wuchsform
unregelmäßig ausladende Krone

Rinde
dunkelbraun, rau

Blätter
schmale lanzettförmige Blätter, Laub abwerfend

Blüten
rosa bis weiß, in Paaren

Früchte
trockene Steinfrüchte

Der bis zu 10 m hohe Mandelbaum entwickelt eine lichte, ausladende hellgrüne Krone. Der Stamm wächst meist verdreht und verkrümmt, die Rinde ist sehr dunkel gefärbt und ziemlich rau. Die wechselständigen, gestielten Blätter sind bis zu 6 cm lang mit schmal-lanzettförmiger Spreite und gesägtem Rand. Die Blüten erscheinen in mediterranen Ländern schon im Jänner auf den noch unbelaubten Zweigen und sind zunächst zartrosa, dann weiß gefärbt und sitzen paarweise an sehr kurzen Stielen. Das Mesokarp der reifen Frucht trocknet rasch und öffnet sich sodann bei Vollreife, um den harten Steinkern (Endokarp) freizugeben, der den Samen, die wohlschmeckende Mandel, enthält.

Ursprung: Es lässt sich nicht mehr mit Sicherheit feststellen, woher der Mandelbaum, welcher bereits seit Jahrtausenden in Kleinasien und im Mittelmeerbecken kultiviert wird, ursprünglich stammt. Die ältesten archäologischen Funde gehen bis ins Paläolithikum (ältere Steinzeit) zurück und belegen die Nutzung dieser Art im südlichen Griechenland schon in dieser fernen Vergangenheit.

Ökologie: Diese wärmeliebende Spezies bevorzugt mediterranes Klima, besonders sonnige Hanglagen, ohne dabei spezielle Ansprüche an die Bodenbeschaffenheit zu stellen. Der Mandelbaum gedeiht in den Bereichen des mediterranen Eichenwaldes und der Macchie, wo er sein Habitat mit Oliven, Zitrusfrüchten und Feigenplantagen teilt. Auch diese Art neigt zum Auswildern.

Nutzung: Mandeln sind seit Jahrtausenden ein wichtiger Bestandteil der Ernährung im mediterranen Raum. Die nahrhaften, wohlschmeckenden Kerne werden getrocknet und entweder frisch verzehrt oder zu Marzipan verarbeitet; auch ein Erfrischungs-

Der Mandelbaum ist um das Mittelmeerbecken weit verbreitet, doch seine wahre Herkunft zu bestimmen erweist sich als überaus schwierig. Im südlichen Griechenland deuten archäologische Funde auf Mandelbaumkulturen hin, die aus der Altsteinzeit stammen.

getränk wird daraus hergestellt. Weiters stellen Mandeln, gehobelt oder gemahlen, wichtige Zutaten der Konfiserie und Zuckerbäckerei dar.
Ähnliche Arten: In Apulien wächst ein wilder Verwandter der Mandel, ***Prunus webbii*** **(Spach) Vierh.**, mit breit verzweigten, dornigen Zweigen, dünneren Blättern sowie kleineren Blüten und Früchten. Gelegentlich könnte man den Mandelbaum wegen der Ähnlichkeit seiner schmalen Blätter mit dem Pfirsichbaum verwechseln, doch sind diese bei Letzterem wesentlich länger.

Prunus persica

Pfirsich

Visitenkarte

Höhe
bis zu 7 m

Wuchsform
rundliche, ausladende Krone

Rinde
rotbraun, matt

Blätter
schmale, lanzettförmige bronzegrüne Blätter, Laub abwerfend

Blüten
rosafärbige, einzeln stehende Blüten

Früchte
samtig behaarte rotgelbe Steinfrüchte

Der Pfirsichbaum ist zwar in erster Linie ein hoch geschätzter Obstlieferant, doch wegen seiner prächtigen Blüte werden auch zahlreiche Zierarten gezüchtet.

Der bis zu 7 m hohe Pfirsichbaum entwickelt eine breit ausladende Krone, deren dünne untere Äste etwas nach unten hängen, wodurch die rundlichen Umrisse entstehen. Der Stamm wächst nur selten gerade. Die graubraun gefärbte Rinde löst sich ringförmig ab. Die wechselständigen, kurzstieligen Blätter sind bis zu 9 cm lang und schmal-lanzettförmig, wobei die Spreite gelegentlich gekrümmt und häufig entlang der Hauptader gefaltet ist. Ihre Färbung ist charakteristisch bronzegrün mit etwas hellerer Unterseite. Die Blattspreite läuft in eine lang gezogene Spitze aus, der Rand ist gesägt. Die Blüten erscheinen im März und April an den noch unbelaubten Zweigen. Sie haben einen Durchmesser von ca. 4 cm und bestehen aus fünf intensiv rosafarbenen Kronblättern sowie aus dunklen Staubgefäßen und einem Stempel. Der Fruchtknoten sitzt tief im becherartig geformten Blütenstiel (unterständig). Die Frucht, eine Steinfrucht mit samtig behaartem Epikarp, zeigt ähnlich wie die Aprikose eine rundum laufende Furche, an der sie leicht in zwei Hälften geteilt werden kann. Das Mesokarp ist dick, fleischig, saftig und süß. Das harte, verholzte und eingekerbte Endokarp (Steinkern) gleicht dem der Mandel.
Ursprung: Der Pfirsich stammt nicht, wie man aufgrund seines Artnamens anneh-

men könnte, aus Persien, sondern aus Tibet und Westchina. Hier wurde diese Art ursprünglich domestiziert und über den ganzen asiatischen Kontinent bis nach Europa und Übersee verbreitet.
Ökologie: Diese wärmeliebende Sonnenpflanze benötigt einerseits regelmäßige Wasserzufuhr, andererseits hat die jahrtausendelange Domestizierung den Pfirsich darüber hinaus zu einer anspruchsvollen Pflanze gemacht, die nur auf nährstoffreichen Böden mit Erfolg kultiviert werden kann.
Nutzung: Der Pfirsich ist als wertvoller Obstbaum über die ganze Welt verbreitet und seine Früchte werden in großen Mengen entweder frisch verzehrt oder zu Konserven verarbeitet. In Japan wurden darüber hinaus zahlreiche Zierarten mit besonders früher oder später Blüte gezüchtet, die weltweit als Zierpflanzen für Gärten angeboten werden.
Ähnliche Arten: Pfirsiche neigen zum Auswildern und entwickeln dann wieder die Merkmale ihres chinesischen Urahnen: kleine Blüten mit kurzen Kronblättern und eher kleine, stark behaarte, im Reifezustand gelbe Früchte. In wärmeren Ländern trifft man auf solche Exemplare oft in Wäldern nahe an Pfirsichplantagen.

Prunus padus

Traubenkirsche

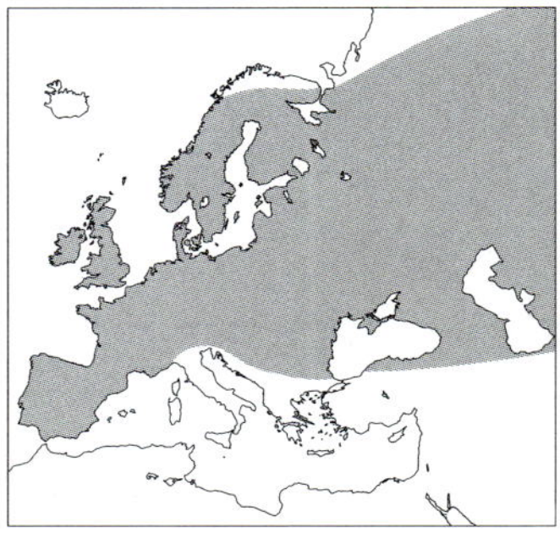

Visitenkarte

Höhe
bis zu 15 m

Wuchsform
schlank,
etwas ausladend

Rinde
grau, glatt

Blätter
verkehrt ei- oder lanzettförmige, gesägte Blätter, Laub abwerfend

Blüten
weiß,
in langen hängenden Trauben

Früchte
schwarz glänzende Steinfrüchte

Die bis zu 15 m hohe Traubenkirsche bildet eine ziemlich dichte, ausladende Krone und einen in der Jugend geraden Stamm, der bei älteren Exemplaren zunehmend gekrümmt wächst. Die Rinde ähnelt jener der Kirsche, sie ist glatt, glänzend grau gefärbt und löst sich ringförmig ab. Auch die wechselständigen, gestielten Blätter ähneln Kirschblättern, sie sind verkehrt eiförmig, zugespitzt, tief dunkelgrün gefärbt und weisen am Ansatz des Stiels, an der Blattbasis, eine oder zwei rötlich gefärbte, kleine Drüsen auf. Die bis zu 1,5 cm großen, duftenden schneeweißen Blüten sitzen an bis zu 16 cm langen, biegsamen, hängenden Trauben und erscheinen im Mai. Die Früchte, kleine, kugelige Steinfrüchte, sind im Reifezustand glänzend schwarz, das Mesokarp ist ziemlich dünn, das Endokarp ähnelt dem der Kirsche.

Ursprung: Europa, Sibirien.

Ökologie: Die Traubenkirsche wächst bevorzugt an Fluss- und Bachufern mit alluvialen Böden und auch in lichten Gebirgswäldern der kühl-gemäßigten Klimazonen. Zu ihrer Verbreitung tragen vor allem Vögel bei, welche die schwarzen Früchte verzehren und die unverdaulichen Steinfrüchte andernorts wieder ausscheiden. An die Bodenbeschaffenheit stellt diese robuste Art keine besonderen Ansprüche, solange der Lehmanteil nicht zu hoch und Wasserversorgung sowie Durchlüftung des Bodens gesichert ist. Die Traubenkirsche teilt ihr natürliches Habitat zumeist mit Schwarzerlen, Feldulmen, Silberweiden, dem Gemeinen Schneeball, dem Faulbaum, der Esche und vielen anderen Feuchtigkeit liebenden Spezies.

Verbreitung: Die Traubenkirsche ist von Skandinavien bis Spanien und nach Nordosten bis Westsibirien anzutreffen.

Nutzung: Die manchmal zur naturnahen Aufforstung eingesetzte Traubenkirsche trifft man mitunter auch in Parks und Gärten oder als Alleebaum an.

Ähnliche Arten: Die **Späte Traubenkirsche** (*Prunus serotina* Ehrh.), stammt aus dem Nordosten der Vereinigten Staaten und wurde schon vor längerer Zeit nach Europa eingeführt, sie hat sich hier, ähnlich wie Robinie und Ailanthusbaum, stark ausgebreitet. In gewissen Gebieten, wie etwa im italienischen Piemont, hat diese Art sogar die ökologische Nische der **Gewöhnlichen Traubenkirsche** erobert und diese verdrängt. Man erkennt diese Spezies an ihren ovallanzettlichen, leicht ledrigen Blättern, die an der Blattbasis keine Drüsen aufweisen, und an den kleineren, weit auseinander stehenden Blüten, die in aufrechten, geraden Trauben zusammenstehen.

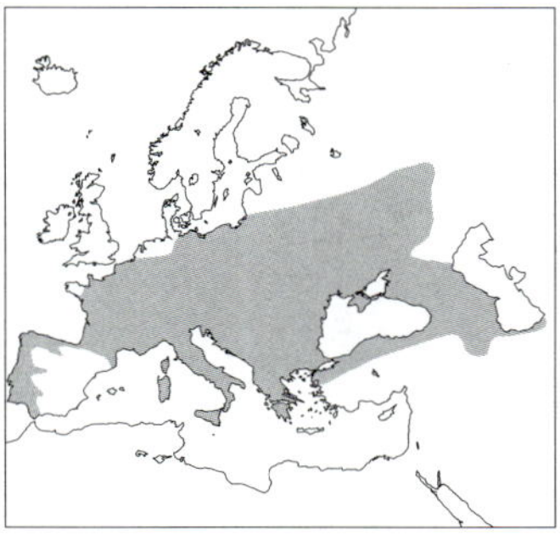

Pyrus pyraster

Wilde Birne

Die Wilde Birne kann bis zu 20 m hoch werden, wächst jedoch häufig in Form eines niederen Baumes oder Strauches, wobei die Kronenform höher als breit ist. Die Enden der Kurztriebe sind dornig zugespitzt. Der Stamm wächst oft schräg oder gekrümmt. Die Rinde ist graubraun und schuppt bei älteren Exemplaren in Form viereckiger Platten ab. Die wechselständigen Blätter sitzen an einem kurzen Stiel, wobei die Blattspreite rundlich elliptisch, am Ende zugespitzt und an der Basis abgerundet bis herzförmig ist. Die Blattoberseite ist glänzend und dunkelgrün gefärbt, die Unterseite matt und etwas heller. Der Blattrand ist fein und spitz gezähnt. Die Blüten erscheinen im April und Mai und stehen in Gruppen von 3 - 9 in Büscheln zusammen. Die bis zu 3 cm messenden Einzelblüten weisen fünf schneeweiße Kronblätter auf, die einen reizvollen Kontrast zu den rotvioletten Staubbeuteln und dem Stempel bilden. Die Frucht, eine rundliche Birne von ca. 3 cm Durchmesser, ist im Reifezustand gelblich braun.

Ursprung: Mittel- und Südeuropa.

Ökologie: Diese urtümliche Spezies ist hauptsächlich in Laubwäldern der warmgemäßigten Zonen auf feuchten und nährstoffreichen Böden bis in höchstens 1400 m Seehöhe anzutreffen. Im Hügel- und Bergland lebt sie vergesellschaftet mit Stieleiche, Flaumeiche, Zerreiche, Edelkastanie, Hainbuche und Buche.

Verbreitung: Ganz Europa, mit Ausnahme von Skandinavien und Baltikum.

Nutzung: Die Wilde Birne wird, im Gegensatz zu der von ihr abstammenden Kulturbirne, vom Menschen nicht mehr speziell genutzt, nur in gewissen Gebieten werden heute noch im Herbst wilde Birnen geerntet, um sie ähnlich wie die der Deutschen Mispel, auf Strohmatten nachreifen und trocknen zu lassen. Das Holz der Wilden Birne ist, wie das der Kulturbirne, feinporig, sehr hart und von bester Qualität. Es ist trotz der Härte gut zu bearbeiten, hat einen schönen braunen Farbton und daher in der Möbeltischlerei sehr gefragt. Es gilt als das beste Material für die Herstellung von Holzschnitten (Xylographie).

Ähnliche Arten: Die **Kulturbirne** (*Pyrus communis* L.), entwickelt keine dornigen Zweige und viel größere Früchte. Die **Mandelbirne** (*Pyrus amygdaliformis* Vill.) weist glattrandige, lanzettförmige Blätter auf, die mit ihrer graugrünen Unterseite ein wenig denen des Mandelbaums ähneln. Die Art wird nur etwa 6 m hoch und ist Teil der mediterranen Macchie.

Visitenkarte

Höhe
bis zu 20 m

Wuchsform
länglich ausladend

Rinde
graubraun, rissig

Blätter
rundliche, elliptische bis annähernd herzförmige Blätter, Laub abwerfend

Blüten
weiß, in Büscheln

Früchte
rundlich längliche, bräunliche Birnen

Sorbus aucuparia

Eberesche, Vogelbeere

Visitenkarte

Höhe
bis zu 15 m

Wuchsform
schirmartig

Rinde
grau, glatt

Blätter
unpaarig gefiedert, Laub abwerfend

Blüten
cremeweiß, in Dolden

Früchte
korallenrote Früchte

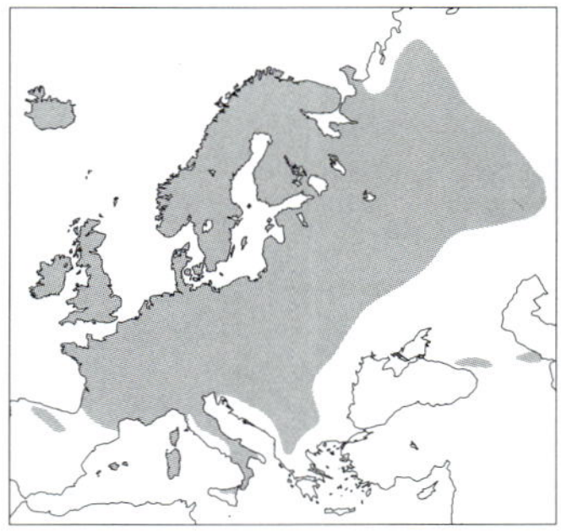

Die Eberesche wird bis zu 15 m hoch. Ihre lichte Krone ist schirmartig ausladend, der Stamm gerade, bisweilen aber ein wenig gekrümmt und von einer glatten silbergrauen Rinde bedeckt, die sich ringförmig ablöst und nur im hohen Alter rau wirkt. An den jungen Zweigen sitzen dicht behaarte weißliche Knospen. Die zusammengesetzten, unpaarig gefiederten Blätter setzen sich aus 6 - 7 lanzettförmigen und bis 5,5 cm langen, auf der Unterseite, speziell entlang der Adern licht behaarten Segmenten sowie einem unpaarigen Segment an der Spitze zusammen. Die Blattränder sind regelmäßig gesägt. Die Blüten erscheinen zwischen Mai und Juli und bilden zahlreiche aufrechte Dolden aus cremeweißen Einzelblüten mit abgerundeten Kronblättern und zahlreichen gelben Staubblättern und Stempeln. Die Früchte, kleine, runde, im Reifezustand intensiv korallenrot gefärbte Apfelfrüchte, verbleiben den ganzen Winter über auf dem Baum und bilden dann einen schönen Kontrast zum Weiß der Schneedecke.

Ursprung: Mittel- und Nordeuropa sowie südeuropäische Gebirge.

Ökologie: Das bevorzugte Habitat der Eberesche liegt zwischen 600 und 2100 m Seehöhe im Gebirge und vom montanen bis in den subalpinen Raum, wo man sie häufig auf felsigen Böden, an Waldrändern, auf Lichtungen und Kahlschlägen mit wenig humusreichen Böden antrifft. An die Bodenbeschaffenheit stellt diese Art keine allzu großen Ansprüche, solange eine gute Durchlüftung im Wurzelbereich gegeben ist.

Verbreitung: Von Island über Skandiavien bis zu den Pyrenäen, Sizilien, Mazedonien, nach Nordosten bis Zentralasien und Sibirien.

Wahrscheinlich ist diese Art deshalb so weit verbreitet, weil sie früher im Ruf stand, Hexen vertreiben zu können.

Nutzung: Wie ihr zweiter Name schon ausdrückt, sind die Früchte der Vogelbeere begehrte Nahrung für viele Vogelarten. Im mediterranen Raum hielten sich die Vogelfänger in der Vergangenheit mit ihren Fallen vorwiegend an diese Baumart. In Mittel- und Nordeuropa ist die Eberesche als Zierbaum in Gärten und Parks weit verbreitet, da die farbenfrohen

Die lebhaft roten Früchte der Eberesche locken Vögel an und bilden einen attraktiven Blickfang im winterlichen Garten, da sie oft bis zum Frühjahr am Baum verbleiben.

Früchte den winterlichen Garten lange schmücken.
Ähnliche Arten: Der **Speierling** (*Sorbus domestica* L.), ähnelt, was die Blätter und Blüten anbelangt, der Eberesche stark, seine Knospen sind jedoch nicht behaart und die Früchte birnenförnig, bis zu 3 cm lang und essbar. Der Speierling wächst im submediterranen Raum der südeuropäischen Länder und ist weiter nördlich nur mehr selten anzutreffen.

Sorbus torminalis

Elsbeere

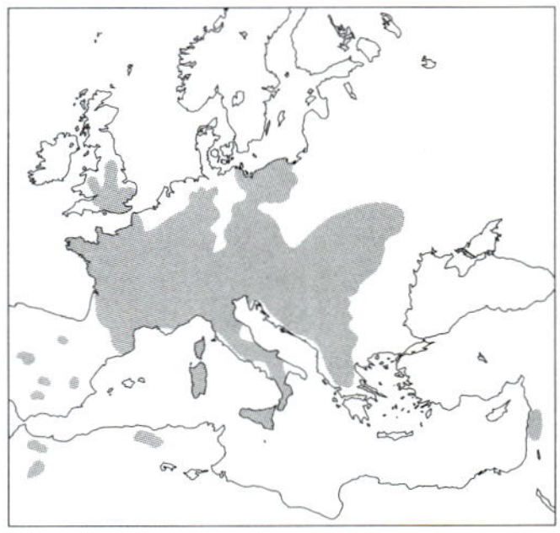

Visitenkarte

Höhe
bis zu 15 m

Wuchsform
rundlich ausladend

Rinde
grau, rau, fleckig

Blätter
ovale, regelmäßig gelappte Blätter, Laub abwerfend

Blüten
weiß, in aufrechten Dolden

Früchte
kleine hellbraune Früchte

Die bis zu 15 m hohe Elsbeere entwickelt eine dichte, oben abgeflachte Krone mit rundem Umriss. Der Stamm wächst gerade, ist oft von der Basis an verzweigt und von einer zuerst glatten, leicht fleckigen, dann rissigen, unregelmäßig gebrochenen Rinde bedeckt. Die wechselständigen, gestielten Blätter weisen eine im Umriss ovale Spreite auf, die in regelmäßige, ovaldreieckige, mehr oder weniger zugespitze Lappen mit gesägtem Rand unterteilt ist. Der Blattgrund ist abgerundet oder herzförmig. Die aufrecht stehenden Blütendolden erscheinen im Mai und Juni, die Blütenstiele und die fünfblättrigen Kelche sind behaart, die Blumenkrone, welche zahlreiche Staubgefäße und den Stempel umhüllt, besteht aus fünf cremeweißen, abgerundeten Kronblättern. Die Frucht ist eine ovale hellbraune, 1 - 1,5 cm lange Apfelfrucht von stark säuerlichem Geschmack.

Ursprung: Temperierte Klimazonen in Europa, Westasien und Nordafrika.

Ökologie: Diese wärmeliebende Spezies ist vom Meeresniveau bis in 800 m Seehöhe vertreten und bildet in lichten Laubmischwäldern typische Pflanzengesellschaften mit Flaumeiche, Zerreiche, Traubeneiche, Manna-Esche, Hopfenbuche und Wolligem Schneeball .

Verbreitung: Von Frankreich und Marokko bis nach Afghanistan.

Nutzung: Die Elsbeere liefert ein ähnlich wertvolles Holz wie die Birne, es ist hart, feinporig und kompakt, aber dennoch leicht zu bearbeiten. Elsbeerenholz ist in der Kunsttischlerei ebenso gefragt wie Birnenholz und wird wegen seiner guten Resonanzeigenschaften auch beim Instrumentenbau vielfältig eingesetzt.

Ähnliche Arten: In Italien bewohnt der sogenannte **Florentiner Apfel** (*Malus florentina* (Zuccagni) C. K. Schneid) dieselben Gebiete wie die Elsbeere. Diese Art entwickelt ähnliche, jedoch unregelmäßiger gelappte Blätter, die jedoch auf der Unterseite weißlich behaart sind. Die Frucht ist im Reifezustand rosafarben.

Ceratonia siliqua

Johannisbrotbaum

Der robuste, aber nicht sehr hohe Johannisbrotbaum entwickelt eine breite, kuppel- bis schirmförmige immergrüne Krone und einen kräftigen, mehr oder weniger krumm wachsenden, höckerigen Stamm. Die Rinde ist in der Jugend glatt und grau, wird später aber hellbraun und rissig. Die wechselständigen, zusammengesetzten Blätter sind paarig gefiedert und bestehen aus 2 - 5 Paar ovaler, elliptischer oder verkehrt eiförmiger Blattsegmente. Jedes einzelne misst ca. 5 x 3 cm. Sie sitzen an einem kurzen Stiel, der Blattgrund ist abgerundet, die Spitze stumpf abgerundet oder eingebuchtet. Die meist eingeschlechtlichen Blüten stehen an verschiedenen Individuen, die Spezies ist daher zweihäusig. Die Blüten bilden schmale Traubenblütenstände und weisen weder Kelch noch Krone auf. Die Frucht, eine lange, flache Schote, ist ca. 2 cm breit und 10 - 15 cm lang, im Reifezustand schwarzbraun, mit hartem Epikarp, fleischigem, süßem Mesokarp und einer Reihe kleiner, linsenförmiger brauner und überaus harter Samen.

Ursprung: Südliches Mittelmeerbecken.

Ökologie: Diese Spezies gehört zur mediterranen Macchie der wärmsten Regionen und kommt dort vergesellschaftet mit Ölweide, Zwergpalme, Mastixbaum, Myrte und vielen anderen wärmeliebenden Sträuchern vor. Wenngleich die Bodenbeschaffenheit für den Johannisbrotbaum keine große Rolle spielt, gedeiht er doch am besten auf kalkhältigem Substrat, wobei er als Standort geschützte Lagen an unzugänglichen Stellen bevorzugt.

Verbreitung: Marokko, Ägypten, Israel, Syrien, Türkei, Griechenland, Albanien, Süditalien, Frankreich, Spanien und die Mittelmeerinseln.

Nutzung: Die schotenförmige Frucht dieses Baumes wird schon seit der Antike für verschiedene Zwecke genutzt. Das frische Fruchtfleisch schmeckt angenehm süß und hat eine leicht abführende Wirkung. Getrocknet hingegen wirkt es gegen Diarrhöe. Darüber hinaus lässt es sich auch zu Alkohol vergären. Aus den Samen werden Klebe- und Bindemittel hergestellt, außerdem diente sie früher als Gewichtseinheit zum Wägen von Edelsteinen, die heute noch gültige (0,2 Gramm) Einheit »Karat« ist vom botanischen Namen dieses Baumes abgeleitet. Aus der Rinde und aus den Blättern des Baumes gewinnt man Tannin und letztendlich ist diese Spezies in südlichen Küstengebieten auch als Zierbaum beliebt.

Visitenkarte

Höhe
bis zu 10 m

Wuchsform
kuppel- bis schirmförmig

Rinde
hellbraun, gefurcht

Blätter
paarig gefiederte, immergrüne Blätter

Blüten
grünlich, sehr klein, in Trauben

Früchte
schwarzbraune essbare Schoten

Cercis siliquastrum

Judasbaum

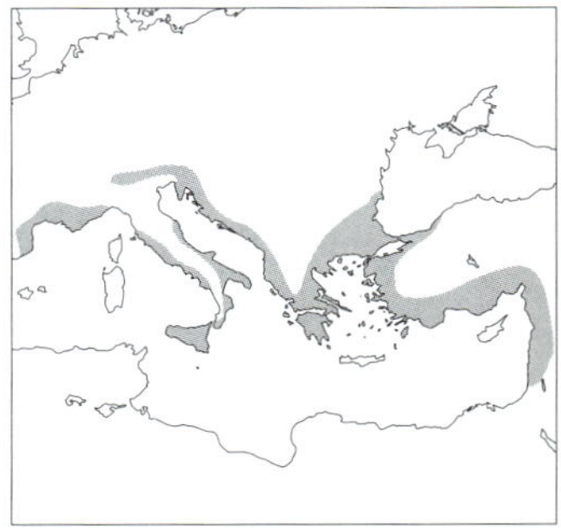

Visitenkarte

Höhe
bis zu 8 m

Wuchsform
rundlich ausladend

Rinde
schwarzbraun, gebrochen

Blätter
rundlich nierenförmige Blätter, Laub abwerfend

Blüten
rosaviolett

Früchte
längliche, flache Hülsenfrüchte

Der bis zu 8 m hohe Judasbaum bildet eine eher dichte hellgrüne, rundliche, bei älteren Exemplaren kuppelförmige Krone und einen oft schräg oder gekrümmt wachsenden, schlanken Stamm. Die Rinde ist schwarzbraun, rau und rissig. Die wechselständigen Blätter stehen an einem langen Stiel, die Blattspreite ist rundlich-oval bis nierenförmig und bis zu 10 cm lang. Der Blattgrund ist herzförmig, die Spitze abgerundet oder leicht eingebuchtet. Die Blattoberseite ist intensiv grün gefärbt und leicht glänzend, die Unterseite matt und etwas heller. Die Blüte des Judasbaumes bietet im Frühjahr einen spektakulären Anblick. Die rotvioletten Blüten sitzen in Gruppen von 3 - 6 zusammen an langen Stielen, die oft direkt am Stamm entspringen (Kauliflorie). Sie sind aus fünf freien Kronblättern und einem purpurvioletten, fünfteiligen Kelch sowie einem Stempel und Staubblättern zusammengesetzt. Die Blumenkrone ist ähnlich wie die Blüte der Schmetterlingsblütler, z. B. Robinie und Erbse, aufgewölbt und zweiseitig symmetrisch, da sie jedoch aus fünf separaten Kronblättern besteht, gehört der Judasbaum zu den Caesalpiniaceen und nicht zu den Schmetterlingsblütlern. Die Frucht ist eine lange, flache, zuerst grüne, dann schwarzbraune Hülse mit kleinen dunkelbraunen, linsenförmigen Samen.

Ursprung: Dessen ungeachtet, dass man früher annahm, der Judasbaum stamme aus dem östlichen Mittelmeerbecken, geht man heute davon aus, dass er wohl im gesamten Mittelmeerraum und in Südeuropa sowie an der Schwarzmeerküste ursprünglich beheimatet ist.

Ökologie: Der Judasbaum besiedelt lichte Wälder auf vorzugsweise kalkhältigen Böden, und zwar im Habitat von Stein- und Flaumeiche, nicht über 400 m Seehöhe. In Strauchform wachsend gehört der Judasbaum zur Pioniervegetation auf steinigen, felsigen Böden, wo er seinen Standort oft mit Steineiche, Flaumeiche, Nesselbaum, *Staphylea pinnata, Colutea arborescens*, Ginster, Terpentinbaum und Manna-Esche teilt.

Verbreitung: Von Spanien bis zur Halbinsel Krim und nach Palästina.

Nutzung: Der Judasbaum ist in südlichen Gebieten wegen seiner üppigen Blüte im

Wegen seiner üppigen Blüte im Frühjahr gehört der Judasbaum in warmen Gebieten zu den schönsten Zierbaumarten.

Frühjahr ein beliebter Zierbaum in städtischen Parkanlagen und als Alleebaum. Sein rötliches, gemasertes Holz ist hart und wird vor allem in der Kunsttischlerei verwendet. **Ähnliche Arten:** Der **Falsche Judasbaum** (*Cercidiphyllum japonicum* Siebold & Zucc.), könnte mit dem Judasbaum wegen seiner sehr ähnlichen Blätter verwechselt werden. Diese haben jedoch eine deutlicher hervortretende Nervatur, einen sanft gezähnten Rand und sind leicht zugespitzt.

Acacia dealbata

Silberakazie, Falsche Mimose

Visitenkarte

Höhe
bis zu 15 m

Wuchsform
unregelmäßig ausladend

Rinde
nussbraun-grau, glatt, matt

Blätter
graugrün, doppelt gefiedert, immergrün

Blüten
gelbe, runde Köpfchen

Früchte
schwarzbraune, schotenartige Kapselfrüchte

Die bis zu 15 m hohe Falsche Mimose oder Silberakazie entwickelt eine zuerst schlanke, später unregelmäßig ausladende, lichte, graugrün gefärbte Krone, die bei älteren Exemplaren auch schirmförmig sein kann. Der Stamm wächst zumeist nicht ganz gerade und zeigt oft einen Querschnitt mit Ausbuchtungen, im oberen Teil ist er mehrfach verzweigt. Die Rinde ist glatt, matt und grau-nussbraun. Die immergrünen, zusammengesetzten Blätter sind doppelt paarig gefiedert, gestielt und bis zu 12 cm lang, die einzelnen Blattsegmente sind linealisch und an den Triebenden sehr kurz, etwa 1 x 5 mm. Sie sind graugrün gefärbt, die Jungtriebe zart hellgrün. Am Ansatz der seitlichen Verzweigungen an der Blatthauptachse sitzen kleine Nektardrüsen, deren Hauptaufgabe es ist, Ameisen anzulocken, die die Pflanze gegen Schädlinge verteidigen. Die winzigen, stark duftenden, goldgelb gefärbten Blüten bilden zarte kugelrunde Köpfchen von etwa 5 mm Durchmesser, die mit ihren weit herausragenden, langen Staubgefäßen anmutig flaumig wirken. Die Köpfchen stehen in zusammengesetzten Trauben am Ansatz der Blatttriebe. Die spektakuläre Blüte beginnt im Spätwinter und kann bis in den April hinein andauern. Die Frucht ist eine mehrfach rundlich ausgebuchtete, schwarzbraune, schotenartige Kapselfrucht.
Ursprung: Die Silberakazie stammt aus dem Südosten Australiens.
Ökologie: Diese Art bevorzugt trockenes, warmes, mediterranes bzw. subtropisches Klima und Standorte mit sauren Böden. Ähnlich wie beim **Erdbeerbaum** (*Arbutus unedo* L.) regenerieren sich die Bestände nach Waldbränden rasch, da die Pflanze zahlreiche Wurzelschösslinge bildet.
Nutzung: Aus der Rinde der Silberakazie gewinnt man Tannin, doch stellt diese Spezies heute vor allem einen Zierbaum mit herrlicher Blüte und dekorativem Laub dar. Besonders verbreitet ist sie in milden Klimazonen des mediterranen Bereichs. Die

Die Silberakazie oder Falsche Mimose fällt durch ihre besonders schönen, herrlich duftenden, goldgelben Blütenköpfchen auf, die in dichten Trauben den ganzen Baum überziehen und vom zeitigen Frühjahr bis in den April hinein erscheinen.

herrlich duftenden Blüten werden bisweilen in kandierter Form zum Verkauf angeboten.

Ähnliche Arten: Die Spezies ***Albizia julibrissin*** **(Willd.) Durazz.** (Konstantinopel-Akazie) entwickelt eine deutlicher schirmförmige Krone, längere Blattsegmente und große rosafarbene Blütenköpfchen.

Elaeagnus angustifolia

Schmalblätterige Ölweide

Visitenkarte

Höhe
bis zu 7 m

Wuchsform
breit ausladend

Rinde
graubraun, faserig, gefurcht

Blätter
silbrige, schmale, lanzettförmige Blätter

Blüten
gelblich, glockenförmig

Früchte
gelbliche, olivenähnliche Früchte

Die bis zu 7 m hohe Schmalblätterige Ölweide entwickelt eine dichte, breit ausladende, silbrig graugrün gefärbte Krone und einen geraden, manchmal schon von der Basis an verzweigten Stamm. Die faserige, graubraun gefärbte Rinde ist in Längsrichtung gefurcht. Die jungen Triebe sind silberweiß behaart, wie auch die Unterseite der Blätter, welche wechselständig angeordnet und ledrig, aber nicht hart sind. Sie sitzen an einem kurzen Stiel. Die Blattspreite ist oval bis lanzettförmig, bis zu 8 cm lang und weist einen glatten Rand auf. Die Blattoberseite ist dunkelgrün gefärbt mit leicht silbrigem Glanz. Die achselständigen, kurzstieligen Blüten entwickeln sich in Paaren oder Dreiergruppen an den Trieben. Sie sind glockenförmig, gelblich gefärbt, recht unscheinbar und weisen vier Blütenkronblätter auf, deren Rand nach außen gebogen ist. Die Frucht, eine Schein-Steinfrucht, ist gelblich grün, 2 cm lang und essbar, allerdings nicht besonders saftig. Sie gleicht einer Olive.

Ursprung: Die gemäßigten Klimazonen Westasiens bis Afghanistan.

Ökologie: Die Spezies bevorzugt kontinentale Klimazonen bis Steppenklima mit kargen Böden und toleriert auch geringen Salzgehalt, länger anhaltende Trockenzeiten erträgt sie weniger gut.

Nutzung: Die Ölweide wurde im 17. Jahrhundert in Europa als Zierpflanze eingeführt, wo sich diese Art besonders in Küstengebieten ausgebreitet hat.

Ähnliche Arten: Die Ähnlichkeit der Ölweide mit dem echten **Ölbaum** ist eher oberflächlich und beschränkt sich im Wesentlichen auf die Färbung der Krone und die Form der Blätter. Der Ölbaum entwickelt einen mächtigen, bei älteren Exemplaren buckelig verkrümmten Stamm, wobei die Rinde nur leicht schuppig, jedoch faserig oder gefurcht ist. Seine Blätter sind gerade und steif.

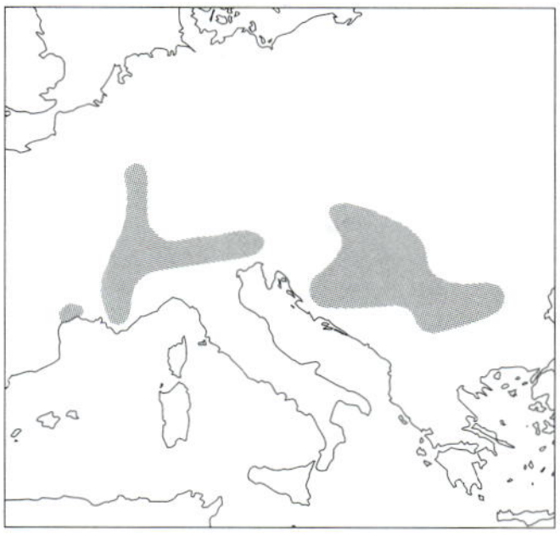

Laburnum anagyroides

Goldregen

Der in Form eines kleinen Baumes oder Strauches wachsende Goldregen wird höchstens 6 m hoch und bildet eine unregelmäßige, eher schlanke Krone aus. Der Stamm wächst gerade, ist häufig schon von der Basis an verzweigt und von einer glatten grünen, mit kleinen linsenförmigen Korkwarzen (Lentizellen) besetzten Rinde bedeckt. Die jungen Triebe weisen eine dichte graue und flaumige Behaarung auf. Die langstieligen wechselständigen, zusammengesetzten Blätter setzen sich aus drei gleich großen, elliptischen oder elliptisch lanzettförmigen, beidseitig zugespitzten oder abgerundeten, bis zu 6 cm langen Einzelsegmenten zusammen. Die Blattoberseite ist glatt, die Unterseite wirkt durch die dichte, kurze Behaarung etwas heller. Der Blattrand ist glatt. Die zahlreichen Blüten erscheinen im Mai und Juni und bilden dichte, biegsame, hängende, bis zu 30 cm lange traubige Blütenstände. Sie sind goldgelb gefärbt, innen rot gestreift und duften angenehm. Die Frucht ist eine bis zu 5 cm lange, unregelmäßig geformte Hülse.

Ursprung: Südeuropa.

Ökologie: Der Goldregen ist ein Element wärmeliebender und relativ trockener Laubwälder von der Tiefebene bis ins Bergland und lebt zumeist vergesellschaftet mit Steineiche, Flaumeiche, Stieleiche, Zerreiche, Hainbuche und Edelkastanie. Diese Art toleriert so gut wie jeden Boden.

Verbreitung: Vom Südosten Frankreichs bis in den Balkan.

Nutzung: Das schöne Holz des Goldregens spielt, wie auch das des Alpinen Goldregens, eine wichtige Rolle im Instrumentenbau, speziell bei der Herstellung von Holzblasinstrumenten. Es ist sehr hart und gleicht durch seine herrlich samtige dunkle Färbung dem Ebenholz, welches ebenfalls für diese Zwecke eingesetzt wird. Alle grünen Teile der Pflanze, speziell auch die Samen, enthalten ein giftiges Alkaloid, das Erbrechen, Diarrhöe und Atemlähmung hervorrufen kann.

Ähnliche Arten: Der **Alpine Goldregen** (*Laburnum alpinum* (Mill.) Bercht. & Presl) ist in etwas höheren kühlen Lagen vertreten und besiedelt Standorte bis in die Höhe des Rotbuchenmischwaldes. Diese Art entwickelt glatte oder nur spärlich behaarte Jungtriebe und spitz zulaufende Blätter und die dorsale Naht der Hülsen bildet einen 1 - 2 mm breiten, flügelartigen Saum.

Visitenkarte

Höhe
bis zu 6 m

Wuchsform
schlank oval

Rinde
grünlich braun mit pustelartigen Lentizellen

Blätter
aus drei Segmenten zusammengesetzte Blätter, Laub abwerfend

Blüten
hängende Blütentrauben mit Schmetterlingsblüten

Früchte
braune Hülsen

Robinia pseudoacacia

Robinie, Falsche Akazie

Visitenkarte

Höhe
bis zu 25 m

Wuchsform
oval bis unregelmäßig ausladend

Rinde
dick, graubraun, tief gefurcht

Blätter
unpaarig gefiederte, zusammengesetzte Blätter, Laub abwerfend

Blüten
weiße, hängende Blütentrauben mit Schmetterlingsblüten

Früchte
flache schwarzbraune Hülsen

Die bis zu 25 m hohe Robinie wirkt mit ihrer lichten, oft unregelmäßig geformten und hohen, hellgrün gefärbten Krone schlank und elegant. Der zylindrische, gerade wachsende Stamm ist von einer dicken, graubraun getönten und von tiefen, oft geschwungenen Längsrissen durchzogenen Rinde bedeckt. Der obere Teil des jungen Stammes und alle Zweige tragen spitze Dornen, die aus umgewandelten Stipeln hervorgegangen sind und den Baum gegen unerwünschte Blattfresser schützen soll. Die wechselständigen, bis zu 30 cm langen, unpaarig gefiederten Blätter setzen sich aus 13 - 15 elliptischen, bis zu 4 cm langen Segmenten mit abgerundeter Spitze zusammen. Die Blattoberseite ist matt, glatt und dunkelgrün mit einem leichten Blaustich, die Unterseite hell. Die Blätter entwickeln sich erst spät, etwa Mitte April. Die weißen, angenehm duftenden Blüten erscheinen im Mai und bilden bis zu 25 cm lange, hängende Traubenblütenstände. Der Blütenkelch ist grün und die Krone weist einen gelben Fleck an der Basis auf, wobei die Kronblätter schmetterlingsartig abstehen. Die Frucht ist eine flache, schwärzlich braune Hülse mit kleinen braunen Samen.

Ursprung: Das Primärareal der Robinie umfasst den Mittleren Osten der Vereinigten Staaten, speziell die Allegheny Mountains.

Ökologie: Diese Spezies war ursprünglich typisch für Laubmischwälder in kühl-gemäßig-

tem Klima, hat sich jedoch nach ihrer Einführung in Europa zu verschiedenen Ökotypen entwickelt, die sich an alle Klimazonen vom kühlen, feucht-gemäßigten ozeanischen Klima bis zum warm-gemäßigten Mittelmeerklima mit trockenen Sommern angepasst haben. Sie bevorzugt humusreiche Böden, die mit einer Schicht verrottenden Robinienlaubes bedeckt sind.

Nutzung: 1601 wurde diese Spezies erstmals angeblich von Jean Robin nach Paris in die Gärten des Königs von Frankreich gebracht, 1753 wurde sie von Linné beschrieben und benannt. Bis zum Ende des 19. Jahrhunderts blieb die Robinie eine Rarität, welche nur wenige Sammler exotischer Arten in ihren Gärten hielten. Als man jedoch mit dem Bau der ersten Eisenbahnstrecken begann, wurde diese Pflanze mit Erfolg zur Befestigung der Bahndämme eingesetzt, weil sich diese Art durch die hohe Bereitschaft zur Ausbildung von Wurzelschösslingen rasch vermehrt, dies besonders, wenn sie abgeholzt wird. Auf diesem Wege ist es der Robinie gelungen, so gut wie jede verfügbare Stelle im Freiland oder auf verlassenem Bauland zu erobern. Sie liefert gutes Brenn- und dauerhaftes Bauholz und darüber hinaus ist sie in manchen Ländern eine traditionelle Landmarke an den Grenzen der Feld- und Ackerfluren. Mittlerweile ist diese Art durch die Veränderung der landwirtschaftlichen Strukturen und die Umweltverschmutzung allerdings wieder im Rückgang begriffen.

Ähnliche Arten: Die verwandten Arten ***Robinia hispida* L.** aus dem Südwesten und ***R. viscosa* Vent.** aus dem Südosten von Nordamerika trifft man gelegentlich ebenfalls in Europäischen Parks oder als Alleebäume an. Beide entwickeln rosa Blüten, Erstere mit dichten, seidigen Blütenständen, die ebenso wie die Früchte mit zahlreichen Drüsen besetzt sind, Letztere mit klebrigen Blüten und Früchten. Der **Schnur- oder Pagodenbaum** (*Sophora japonica* L.) zeigt ähnliche Blätter, die jedoch aus zugespitzten Blattsegmenten zusammengesetzt sind. Die Spezies ***Amorpha fruticosa* L.,** deren Laub genau gleich aussieht wie das der Robinie, erkennt man an dem unangenehmen Geruch, den die Blätter verströmen, wenn sie gerieben werden. Darüber hinaus stehen die dunkelrotvioletten Blüten in dichten, aufrechten Blütenähren zusammen.

Die am Anfang des 17. Jahrhunderts in Europa eingeführte Robinie oder Scheinakazie wurde zunächst als botanische Rarität geschätzt, bis diese Art durch den Bahnbau am Ende des 19. Jahrhunderts eine fulminante europaweite Verbreitung als Brenn- und Bauholzlieferant erfuhr.

Eucalyptus globulus

Kugeleukalyptus

Visitenkarte

Höhe
bis zu 40 m

Wuchsform
schlank ausladend mit hängenden Zweigen

Rinde
hell graublau, in Bändern ablösend

Blätter
persistierende ledrige, harte Blätter

Blüten
achselständige weißgelbe Einzelblüten

Früchte
holzige, kreiselförmige Kapseln

Der Kugeleukalyptus wird in Europa bis zu 40 m und in seiner ursprünglichen Heimat Australien sogar bis zu 60 m hoch. Die Krone entwickelt sich hoch und schlank, wobei die Zweige an den Enden der Äste anmutig nach unten hängen. Der kräftige Stamm wächst gerade, und die dünne, blaugrau gefärbte Rinde löst sich der Länge nach in langen gelblichen bis bräunlichen Bändern ab. Junge stammbürtige Triebe und Wurzelschösslinge entwickeln gekreuzt gegenständige, durchwachsene, ovalrundliche, grau- bis blaugrün gefärbte, wachsige und stark aromatisch duftende Blätter, jene der reifen Zweige dagegen sind wechselständig angeordnet und lanzettförmig sowie sichelartig gekrümmt. Sie sind gestielt und haben eine grün gefärbte, bis zu 30 cm lange, zugespitzte Spreite, ihr Aroma ist weniger ausgeprägt. Die Blüten erscheinen von November bis Juni, sitzen einzeln an den Blattachsen und sind bis zu 3,5 cm breit und kreiselförmig. Das Ende des Blütenstiels ist konisch verbreitert, verholzt und duftet aromatisch. Das Perianth bildet eine Art Deckel, der sich während der Blüte löst, um so den zahlreichen Staubgefäßen mit ihren weißen Staubfäden und gelben Staubbeuteln den Weg freizugeben. Die Bestäubung erfolgt durch Insekten, gelegentlich auch durch den Wind. Die Frucht, eine ebenfalls kreiselförmige, mit Poren durchsetzte Kapsel, gibt die Samen durch spaltförmige Öffnungen im Deckel frei. Die Früchte öffnen sich bei Waldbränden besonders rasch.

Ursprung: Temperierte Klimazonen Australiens.

Ökologie: Diese Spezies bildet in Klimazonen, die den mediterranen Klimabereichen gleichen, ausgedehnte Eukalyptuswälder. Sie toleriert dabei trockene Sommer, wobei der Grundwasserhorizont jedoch nicht zu tief liegen darf.

Nutzung: Der Kugeleukalyptus wurde in der Mitte des 19. Jahrhunderts erstmals in den Mittelmeerraum eingeführt, wo diese Art forstwirtschaftlich zusammen mit anderen Eukalyptusarten speziell zur Trockenlegung von vernässten Gebieten, aber auch als Zierbaum eingesetzt wurde und sich so entlang der Küsten weit verbreitet hat. Aus den Blättern der Stock- und Wurzelschösslinge gewinnt man das Eukalyptusöl, welches sich bei Atemwegserkrankungen lindernd auswirkt.

Ähnliche Arten: Die Spezies ***Eucalyptus viminalis* Labill.** wird im Mittelmeerraum ebenfalls häufig angepflanzt und unterscheidet sich vom Kugeleukalyptus einerseits durch die Blütezeit (Juni bis November) und andererseits durch die in Dreiergruppen stehenden, ebenfalls achselständigen Blüten.

Aesculus hippocastanum

Rosskastanie

Visitenkarte

Höhe
bis zu 30 m

Wuchsform
rundlich ausladend

Rinde
graubraun, zuerst glatt, dann in längliche Platten gefeldert

Blätter
zusammengesetzte, gefingerte Blätter, Laub abwerfend

Blüten
weiße Blüten in aufrecht stehenden Rispen

Früchte
große braune Rosskastanien in stacheliger grüner Schale

Die bis zu 30 m hohe Rosskastanie entwickelt eine runde, dichte, bei älteren Exemplaren majestätisch wirkende Krone und einen geraden, im Alter höckerigen Stamm mit zuerst dünner, glatter, bleigrau gefärbte Rinde, die im Alter in dicke bräunliche Platten aufreißt. Die kandelaberförmig aufsteigenden Äste weisen charakteristische große, oval-zugespitzte, braun glänzende, klebrige Blattknospen auf, die schon gegen Ende des Winters dick anschwellen. Daraus entspringen dichte Büschel kräftig grüner, junger Blätter, welche an einem bis zu 20 cm langen Stiel ansetzen und sich aus 5 - 7 verkehrt eiförmigen, zugespitzten Blattsegmenten mit lang keilförmig zulaufender Basis zusammensetzen. Das größte Segment wird bis zu 25 cm lang, der Blattrand ist unregelmäßig gesägt. Die Blattoberseite ist glatt, dunkelgrün gefärbt und leicht glänzend, die Unterseite etwas heller und matt. Die ca. 2 cm breiten Blüten stehen in bis zu 30 cm langen, aufrechten Rispen und weisen einen fünflappigen Kelch sowie eine Blumenkrone aus fünf ungleichen weißen Kronblättern mit einem cremeweißen oder gelben Fleck an der Basis auf. Die Frucht, eine große grüne Kapsel mit nicht allzu spitzen Stacheln, springt im Reifezustand auf, um die Rosskastanien, große, glänzend braune, bis zu 4 cm breite und schwere Samen mit einem großen, hell gefärbten, runden, matten Fleck, freizusetzen.

Ursprung: Das Primärareal der Rosskastanie umfasst die Balkanhalbinsel (Mazedonien).

Ökologie: Die Rosskastanie bevorzugt als Bewohner kühler Mischwälder mit tiefen, nährstoffreichen Böden ein ähnliches Habitat wie die Rotbuche. In Bezug auf die Bodenbeschaffenheit ist diese Art sehr tolerant. Ein Schädling, die Kastanienminiermotte, deren Raupen in den Blättern minieren und dadurch eine vorzeitige Braunfärbung im Sommer verursachen, bereitet in Parks und Kastanienalleen in den letzten Jahren größere Probleme.

Nutzung: In der Vergangenheit wurden die Rosskastaniensamen, welche einen hohen Anteil an Saponinen enthalten, zerrieben und als Reinigungsmittel benutzt. Äußerlich wurde dieser Kastanienbrei in der Volksmedizin als Hausmittel gegen Hämorriden angewandt. Darüber hinaus enthalten die Kastanien Stärke und können in beschränktem Ausmaß auch an Tiere verfüttert werden, etwa, wie ihr Name schon sagt, an Pferde. Die

Ein Rosskastanienwald ist ein schöner Anblick (rechte Seite), dies umso mehr, wenn im Frühjahr die prächtigen, weithin sichtbaren Blütenkerzen die majestätischen Baumkronen zusätzlich schmücken.

zermahlenen Keimblätter werden heute in der Kosmetikindustrie verwendet. Den größten Wert hat die Rosskastanie jedoch sicherlich als Park-, Garten- und Alleebaum, weil ihre Krone imposant wirkt und die alljährliche Blüte im Frühjahr ein spektakuläres Ereignis darstellt.

Ähnliche Arten: Die **Rote Rosskastanie** (*Aesculus carnea* Zeyh.) entstand durch Kulturbastardierung zweier Arten, und zwar aus der beschriebenen **Rosskastanie** (*Aesculus hippocastanum* L.) und ***Aesculus pavia* L.,** einer kleinwüchsigen nordamerikanischen Art mit purpurroten Blüten. Durch die später erfolgte Verdoppelung des Chromosomensatzes wurde die Sterilität dieses Artbastards überwunden, es entstand eine neue Art. Man erkennt sie an ihren rosa- bis purpurfarbenen Blüten und den stärker glänzenden, gröber gesägten Blättern. Die Frucht ist etwas kleiner und weist fast keine Stacheln auf.

Acer campestre

Feldahorn

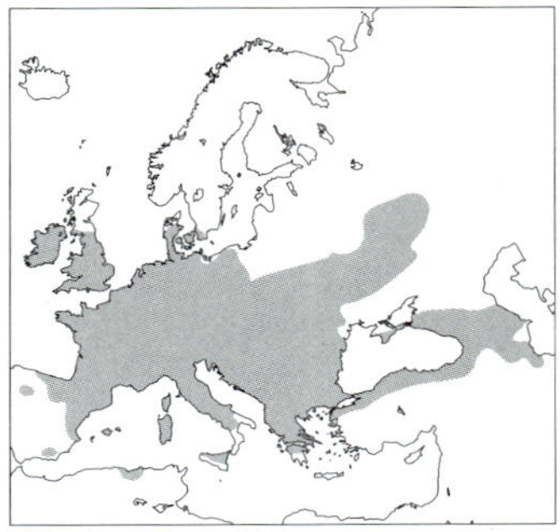

Visitenkarte

Höhe
bis zu 20 m

Wuchsform
regelmäßig ausladend

Rinde
rötlich bis orangebraun, dünn abschuppend

Blätter
handförmig in fünf Lappen geteilte Blätter mit abgerundeter Spitze, Laub abwerfend

Blüten
gelblich grün, in aufrechten gestauchten Rispen

Früchte
Spaltfrüchte mit Flügeln, die einen Winkel von fast 180° bilden

Der Feldahorn wird selten höher als 20 m und bildet eine dichte, regelmäßig nach allen Richtungen ausladende Krone mit einander überlagernden, fein abgestuften Verzweigungen von Ästen und Zweigen. Der Stamm wächst zumeist gerade, nicht selten etwas krumm, und ist von einer gelblich bis rötlich braun gefärbten, dünnen und feinrissigen Rinde bedeckt. Die einjährigen Triebe zeigen noch eine grünbraune Rinde, die mit gelbbraunen Korklentizellen bedeckt ist. Die gegenständigen, langstieligen Blätter weisen Blattspreiten mit den Maßen 6 - 10 x 5 - 8 cm auf und sind in fünf abgerundete Lappen unterteilt. Die Blattoberseite ist glatt, dunkelgrün gefärbt und leicht glänzend, die Unterseite matt und etwas heller. Die ein- und zweigeschlechtlichen Blüten entwickeln sich gleichzeitig mit den Blättern in Form aufrecht stehender, lichter Rispen, deren Stiele flaumig behaart sind. Die männlichen Blüten bestehen aus einem Kelch und einer Krone von fünf verkehrt lanzettförmigen, gelblich grünen Kronblättern. Die Flügelfrüchte bestehen aus zwei Segmenten, die einen Winkel von ungefähr 180° einschließen, wobei die Flügelfortsätze oft ein wenig gekrümmt sind.

Ursprung: Europa und Kaukasus.

Ökologie: Der Feldahorn besiedelt gemischte Laubwälder mit nährstoffreichen Böden bis 800 m Meereshöhe und teilt seine Habitate unabhängig vom Charakter des Untergrundgesteins mit zahlreichen anderen Laubbaumarten wie z. B. Eichen, Hainbuchen, Linden, Kirschen, Bergahorn und Französischem Ahorn.

Nutzung: Diese Ahornart wurde in manchen südlichen Regionen bisweilen angepflanzt, um daran die Stützdrähte für die Weinstockreihen zu befestigen. Sein Holz, welches sich gut zum Drechseln eignet, wird vor allem für die Anfertigung von Küchenutensilien und Pflanzwerkzeug verwendet. Auch als Zierbaum ist der Feldahorn beliebt, man sieht in häufig im städtischen Raum.

Ähnliche Arten: Im südlichen Italien existiert eine Unterart des Feldahorns, subsp. ***marsicum* (Guss.) Hayek.** Die Blätter dieser Spezies zeigen drei glattrandige, zugespitzte Lappen und ähneln damit dem **Französischen Ahorn** stark. Es ist nicht ausgeschlossen, dass es sich dabei um eine natürliche Kreuzung aus dieser Art mit dem Feldahorn handelt, wobei es in weiterer Folge zu mehrmaligen Einkreuzungen von jeweils einem der Vorfahren kam.

Acer saccharinum

Silberahorn

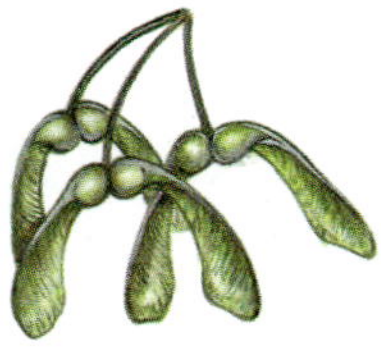

Dieser bis zu 30 m hohe Baum trägt seine silbergraue, anmutige, in alle Richtungen ausladende Krone auf einem geraden, schlanken Stamm mit zuerst glatter grauer, leicht glänzender, später matter und von feinen Längsfurchen durchzogener Rinde. Die Blätter sind gegenständig und stehen an 7,5 bis 10 cm langen, oft rötlich gefärbten Stielen. Die Spreite ist in der unteren Hälfte breiter, bis zu 15 cm lang und handförmig geteilt. Die Lappen haben einen gesägten, manchmal doppelt gesägten, mitunter tief eingeschnittenen Rand und laufen spitz zu. Die Oberseite ist hellgrün, die Unterseite weiß bis silbrig grau. Die eingeschlechtlichen Blüten stehen an verschiedenen Individuen (zweihäusig) und besitzen einen Kelch, jedoch keine Krone. Die männlichen sind zuerst rot, sobald die Antheren reif sind, werden sie gelblich grün. Die Frucht zählt zu den größten Ahornfrüchten und besteht aus zwei großen eiförmigen Samen und zwei Flügelfortsätzen, die einen Winkel von etwa 150° einschließen.

Ursprung: Osten der Vereinigten Staaten.

Ökologie: Gemischte Laubwälder in feuchtem wie trockenem Ambiente, auch in subaridem Klima. Toleriert jede Bodenqualität. Klimatisch und geografisch äußerst anpassungsfähig.

Nutzung: Trotz seines lateinischen Artnamens liefert der Silberahorn keinen süßen Saft. Er wurde in Europa in der ersten Hälfte des 18. Jahrhunderts als Zierbaum eingeführt. Schnell hat er Parks und Gärten erobert, auch als Alleebaum ist er häufig anzutreffen. Es gibt etwa 90 Ziervarietäten, die sich hauptsächlich durch Farbe und Form der Blattspreite unterscheiden. Besonders beliebt ist der Silberahorn auch wegen der schönen gelben Färbung seines Laubes im Herbst.

Ähnliche Arten: Aufgrund der charakteristisch silberweißen oder schneeweißen Blattunterseite ist der Silberahorn kaum mit anderen Spezies seiner Gattung zu verwechseln.

Visitenkarte

Höhe
bis zu 30 m

Wuchsform
hoch, ausladend

Rinde
grau, glatt
längs gefurcht

Blätter
handförmig
geteilt,
Unterseite
hell silbergrau

Blüten
zuerst rot,
dann gelblich
in Dolden

Früchte
Flügelfrucht
mit breit auseinanderstehenden Flügeln

Acer pseudoplatanus

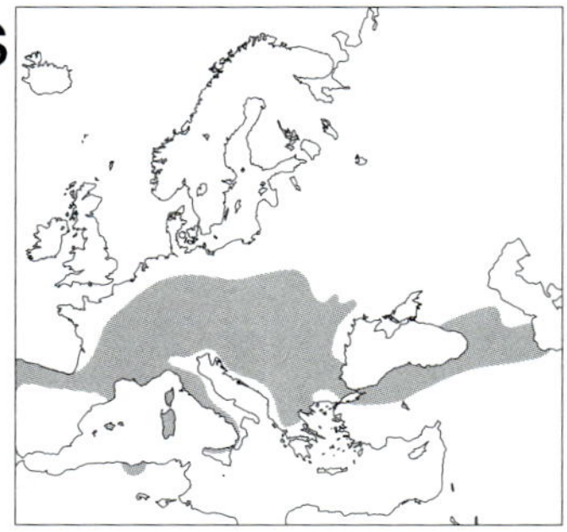

Bergahorn

Visitenkarte

Höhe
bis zu 30 m

Wuchsform
breit ausladend

Rinde
grau, glatt, später gefurcht

Blätter
handförmig gelappt, Laub abwerfend

Blüten
grünliche, hängende Rispen

Früchte
geflügelte Spaltfrüchte, Fortsätze in 90°-Winkel

Der bis zu 30 m hohe Bergahorn entwickelt eine dichte, dunkelgrün gefärbte Krone und einen geraden Stamm mit einer zuerst glatten, im Alter gefurchten und in unregelmäßigen Platten abblätternden grauen Rinde. Die Rinde der zwei- bis dreijährigen Zweige ist rötlich mit winzigen Korkwarzen (Lentizellen), die der einjährigen Triebe glatt und grün. Die gegenständigen Blätter weisen einen 6 - 15 cm langen Stiel auf, die bis zu 15 cm lange Blattspreite ist drei- bis fünffach gelappt, wobei die Lappen zugespitzt sind und gezähnte Ränder aufweisen. Die Blattoberseite ist dunkelgrün gefärbt und matt, die Nervatur deutlich zu sehen, die Unterseite ist heller und bläulich getönt. In der Natur sind die Blätter, speziell in höheren Lagen, oft rötlich getönt. Die eingeschlechtlichen Blüten entwickeln sich an einem Baum (einhäusig) und stehen in dichten, schmalen Rispen zusammen. Die männlichen Blüten bestehen aus einem flaumig behaarten Kelch und einer winzigen Krone sowie Staubgefäßen. Die Bestäubung erfolgt hauptsächlich durch den Wind, Insekten spielen dabei eine Nebenrolle. Die etwa 5 cm langen, zweiteiligen Flügelfrüchte weisen einen langen, dünnen Flügelfortsatz und einen runden, fast kugelförmigen Samen auf. Die Segmente stehen in einem Winkel von etwa 90° zusammen.

Alle Ahornarten zeichnen sich dadurch aus, dass sich ihre Blätter im Herbst spektakulär verfärben. Die des Bergahorns zeigen intensive sonnengelbe Farben.

Ursprung: Europa und Kaukasus.
Ökologie: Diese Spezies ist im Bergland zwischen 500 und 1500 m Seehöhe und gelegentlich auch auf Hochebenen bis zu 1900 m Seehöhe vertreten. Der Bergahorn lebt vergesellschaftet mit Hainbuche, Rotbuche, Weißtanne und Fichte und bevorzugt ebenso wie die genannten Arten tiefe Böden und feuchte, kühle Sommer. In den Voralpen ist diese Art häufig zusammen mit Kirsche, Linde und Feldahorn anzutreffen und signalisiert durch ihr Auftreten eine Degradation in der Vegetationsstruktur.
Verbreitung: Von der Atlantikküste bis zum Kaspischen Meer.
Nutzung: Seit Menschengedenken ziert der Bergahorn Parks, Gärten und Straßen im städtischen Raum; so sind im Laufe der Zeit über 130 Kultursorten entstanden, manche davon mit rotvioletten, andere mit weiß gesprenkelten, wieder andere mit dreifach gelappten Blättern.
Ähnliche Arten: Durch die auf der Blattoberseite deutlich sichtbare Nervatur und den gezähnten Rand ist diese Ahornart in unseren Breiten kaum mit anderen Spezies zu verwechseln.

Acer negundo

Eschen-Ahorn

Visitenkarte

Höhe
bis zu 20 m

Wuchsform
unregelmäßig ausladend

Rinde
olivgrün, später bräunlich

Blätter
zusammengesetzte, unpaarig gefiederte Blätter aus 3 - 5 Segmenten, Laub abwerfend

Blüten
grünlich, in kleinen Gruppen

Früchte
Spaltfrüchte mit kurzem, krummem Flügelfortsatz

Der bis zu 20 m hohe Eschen-Ahorn entwickelt eine meist ein wenig zerrauft wirkende, hellgrün gefärbte, ausladende Krone. Die Oberhaut der einjährigen Triebe ist zunächst bläulich gefärbt, wird dann aber grün und zuletzt braun. Der Stamm ist zumeist schon von der Basis an verzweigt oder mehrstämmig, schlank und von einer zuerst olivgrünen, glatten, später bräunlichen, in kleine, rechteckige Platten zerteilten Rinde bedeckt. Die gegenständigen, zusammengesetzten Blätter sind bis zu 15 cm lang, wobei die Blattoberseite grün und die Unterseite leicht behaart ist. Sie sind unpaarig gefiedert und setzen sich aus 3 - 5 kurz gestielten Segmenten zusammen. Sie ähneln damit, wie der Name schon sagt, ein wenig den Blättern der Esche. Das Endsegment ist meist mehr oder weniger unregelmäßig dreigeteilt, wobei die einzelnen Lappen wie die seitlichen Segmente oval-lanzettförmig und zugespitzt sind, ihr Rand ist unregelmäßig doppelt gesägt. Die eingeschlechtlichen Blütenstände entwickeln sich an verschiedenen Individuen (zweihäusig); die männlichen Blüten, deren Staubblätter zuerst rot gefärbte, dann gelbliche Staubbeutel aufweisen, in Form von hängenden Büscheln, die weiblichen in Form von Trauben. Die zwei Segmente der Flügelfrucht bestehen aus je einem länglichen Samen mit kurzem, gebogenem Flügelfortsatz. Sie schließen miteinander einen spitzen Winkel ein.

Ursprung: Das Primärareal des Eschen-Ahorns umfasst Nord- und Mittelamerika von Kanada bis Florida, Mexiko und Guatemala.

Ökologie: Der Eschen-Ahorn bevorzugt als Standort gemischte Laubwälder mit feuchten, nährstoffreichen Böden, wo er mit Weidenarten, Pappeln, Silberahorn und Zuckerahorn vergesellschaftet wächst.

Nutzung: Diese Spezies wurde ursprünglich am Ende des 17. Jahrhunderts nach Europa als Zierbaum für Parks, Gärten und Alleen eingeführt, wilderte von dort jedoch aus und siedelte sich in der freien Natur, speziell auf feuchten Böden und auf verlassenem Kulturland an. Es gibt mittlerweile zahlreiche Ziersorten, wobei zu den bekanntesten davon »Variegatum« mit weiß gesprenkeltem Laub und vereinzelt auch ganz weißen Blättern zählt.

Ähnliche Arten: Der Eschen-Ahorn ist kaum mit anderen Arten zu verwechseln.

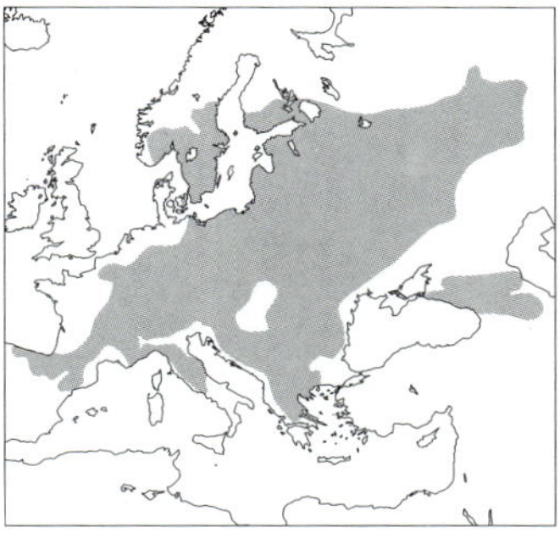

Acer platanoides

Spitzahorn

Der Spitzahorn wird bis zu 20 m hoch und entwickelt eine breit ausladende Krone mit rundlichem bis schirmförmigem Umriss. Der gerade Stamm ist von einer dünnen, bräunlich gefärbten, matten Rinde umgeben, die von feinen Längsfurchen durchzogen ist. Die 10 bis 15 cm lange Blattspreite sitzt an einem ebenso langen Stiel, ist rundlich, bis zu 17 cm breit und in fünf zugespitzte, grob gesägte Lappen unterteilt. Die Blattoberseite ist dunkelgrün, die Unterseite etwas heller, beide Seiten sind glatt. Es gibt mittlerweile auch Kultursorten, deren Blätter rot oder schwärzlich purpurfarben getönt sind. Die kleinen cremeweißen oder bei rotblättrigen Sorten rötlichen Blüten erscheinen noch vor den Blättern im März und April und stehen in auffälligen Dolden zusammen. Sie sind zweigeschlechtlich und weisen Kelch- und Kronblätter sowie Stempel und Staubgefäße auf. Die Flügelfrüchte bestehen aus zwei flachen, bis zu 7 cm langen Segmenten, deren Flügel zueinander einen Winkel von ca. 160° einschließen.

Ursprung: Europa und Kaukasus.

Ökologie: Der Spitzahorn bewohnt gemischte Laubwälder bis 1300 m Seehöhe, wobei diese Art als Standorte Talebenen und niedrige Berghänge sowie Böden mit einem gewissen Humusanteil bevorzugt. Er teilt dabei sein Habitat zumeist mit Eichen, aber auch Edelkastanie, Esche, Hainbuche und Feldahorn.

Verbreitung: Von Großbritannien bis ans Kaspische Meer.

Nutzung: Der Spitzahorn ist heute in erster Linie eine Zier- und Alleebaumart, von der im Laufe der Zeit etwa 80 Kultursorten herausgezüchtet wurden, wobei jene mit rot gefärbten Blättern und Blüten sicherlich die attraktivsten sind.

Ähnliche Arten: Die Spezies ***Acer lobelii*** **Ten.** ist eine interessante, im südlichen Apennin endemische Art, die dort in den Wäldern zwischen 750 und 1700 m Seehöhe vorkommt. Vom Spitzahorn unterscheidet sich diese Spezies durch die Sternform ihrer Blätter, deren Lappen glattrandig sind und sehr spitz zulaufen. Die Blüten weisen einen behaarten Kelch auf, die Kronenform ist säulenartig schlank.

Visitenkarte

Höhe
bis zu 20 m

Wuchsform
breit rundlich bis schirmförmig ausladend

Rinde
bräunlich, fein gefurcht

Blätter
handförmig gelappte Blätter mit 5 gezähnten Lappen, Laub abwerfend

Blüten
cremeweiße Blütendolden an unbelaubten Zweigen

Früchte
flache Spaltfrüchte, Flügelfortsätze in 160°-Winkel

Ailanthus altissima

Ailanthus oder Götterbaum

Visitenkarte

Höhe
bis zu 20 m

Wuchsform
weit ausladend

Rinde
graubraun, längs gefurcht

Blätter
unpaarig gefiederte Blätter mit unangenehmem Geruch, Laub abwerfend

Blüten
gelblich, stark duftend, in großen endständigen Rispen

Früchte
lanzettförmige, gedrehte Scheinflügelfrüchte mit Samen in der Mitte

Der anmutige, bis zu 20 m hohe Götterbaum entwickelt eine ausladende, unregelmäßige Krone, die von mächtigen, ab dem oberen Stammdrittel reichlich ansetzenden Ästen gebildet wird. Der Stamm wächst zumeist gerade, manchmal auch gekrümmt, ist schlank und von einer graubraunen, hellen, zuerst glatten, dann in feine, geschwungene Längsfurchen durchzogenen Rinde bedeckt. Die wechselständigen, zusammengesetzten Blätter sind bis zu 90 cm lang, unpaarig gefiedert und bestehen aus 6 - 15 Paaren kurz gestielter, oval-lanzettförmiger, zugespitzter Segmente mit 1 - 2 wenig ausgeprägten Zähnen am Blattgrund und aus einem etwas kleineren Endsegment. Die Blattspreite ist flaumig behaart und weist kleine Drüsen auf, die für ihren unangenehmen Geruch verantwortlich sind. Blattober- und -unterseite sind grün gefärbt. Die gelblichen, etwa 5 - 7 mm großen Blüten stehen in endständigen Rispen zusammen. Jedes Individuum entwickelt ein- und zweigeschlechtliche Blüten, wobei die eingeschlechtlichen Blüten an verschiedenen Individuen auftreten (zwittrig-zweihäusig). Die männlichen duften angenehm und bestehen aus fünf oval zugespitzten Blütenblättern und 10 Staubgefäßen. Die weiblichen und die Zwitterblüten weisen einen Fruchtknoten aus 4 - 5 Fruchtblättern auf, die sich trennen, während die Frucht heranreift. Die Scheinflügelfrucht besteht aus 2 - 4 Einzelelementen mit je einem lanzettförmigen, korkenzieherartig gedrehten Flügel und einem scheibenförmigen Samen in der Mitte.
Ursprung: Gemäßigte Klimazonen Chinas.
Ökologie: Der Götterbaum besiedelt heute in Europa Laubwälder, Flussufer, Ruinen, Bahndämme, Schutthalden etc. Das Primärareal dieser ungemein vitalen Art ist daher nicht leicht zu rekonstruieren, weil sie sich einerseits rasch und fast aggressiv auf frei gewordenem Gelände ausbreitet und auf so gut wie jedem Bodentyp gedeiht.

Als die Spezies im 18. Jahrhundert nach Europa eingeführt wurde, galt sie in Botanischen Gärten als Kuriosität, brach aber alsbald aus diesen Standorten aus und verbreitete sich schließlich von England über Mittel- und Osteuropa bis ans Mittelmeer.
Nutzung: Im 19. Jahrhundert versuchte man, nachdem die Seidenraupenbestände durch eine Epidemie drastisch dezimiert worden waren, die begehrte Seide auf andere Weise mit Hilfe des Ailanthusspinners *(Philosamia cynthia),* der sich von den Blättern des Ailanthusbaums ernährt, zu gewinnen. Dadurch wurde der Götterbaum noch weiter verbreitet, doch die Seidengewinnung brachte keine großen Erfolge, da sich der Ailanthusspinner anders als sein Futterbaum kaum an die europäischen Klimaverhältnisse anpassen konnte. Der Götterbaum bewährt sich in Gärten und Parks, wo er ansehnliche Größen erreichen kann, und nicht selten trifft man ihn in Strauchform wachsend auf den Trümmern von Ruinen. In Städten sieht man mitunter auch große Exemplare, die ihre Wurzeln in enge Baulücken und Mauerspalten zwängen.
Ähnliche Arten: Die **Schwarznuss,** welche man ebenfalls häufig als Alleebaum pflanzt, entwickelt ein dem Götterbaum ähnliches Laub, die Ränder seiner Blattsegmente sind jedoch gesägt, außerdem riechen die Blätter angenehm. Die Rinde der Schwarznuss ist darüber hinaus schwarzbraun und tief gefurcht.

Der Götterbaum ist ein invasiver Opportunist, der nahezu überall Wurzeln schlagen kann, sogar auf Bauschutt und auf den Mauern verfallener Gebäude.

Fraxinus excelsior

Gemeine Esche

Visitenkarte

Höhe
bis zu 30 m

Wuchsform
hoch, schlank

Rinde
grau, rissig, gefurcht

Blätter
unpaarig gefiederte Blätter, Laub abwerfend

Blüten
ohne Perianth, in traubenartigen Rispen

Früchte
schmale, lanzettförmige Flügelfrüchte

Die überall in den Alpen und Voralpen verbreitete Esche liefert hartes, dichtes und vor allem elastisches, nicht verformendes Holz. Die alten Griechen schätzten es als bestes Material für die Herstellung von Waffen.

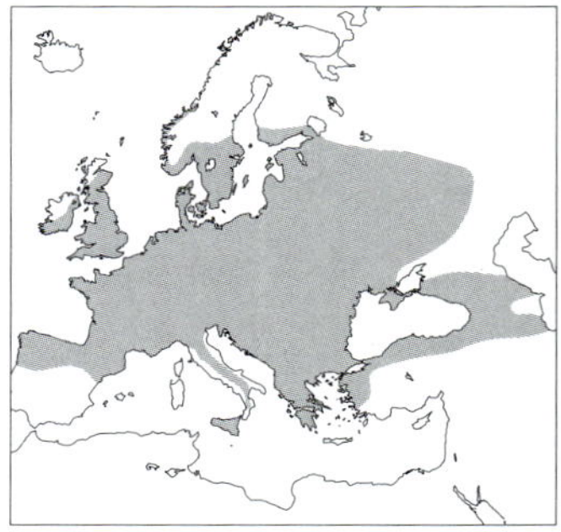

Die bis 30 m, in Ausnahmefällen auch 40 m hohe Esche entwickelt eine hohe Krone mit steil ansteigenden, an den Enden horizontal ausgerichteten Ästen. Im Winter tragen die Zweige auffällige schwarze, gekreuzt gegenständig angeordnete Knospen. Der gerade wachsende, schlanke Stamm ist von einer matten grauen, anfangs glatten Rinde bedeckt, die später von feinen, gewellten, oberflächlichen Rissen durchzogen ist, die so eine Art engmaschiges Netz bilden. Die gekreuzt gegenständigen, zusammengesetzten Blätter weisen bis zu 16 cm lange Stiele auf und sind unpaarig gefiedert. Sie setzen sich aus 7 - 13 elliptisch lanzettförmigen, oval-lanzettförmigen oder einfach-lanzettförmigen, ungestielten und bis zu 10 cm langen, zugespitzten Segmenten mit gesägtem Rand zusammen, wobei das Endsegment oft etwas länger oder breiter ist. Die Blattoberseite ist mattgrün gefärbt, die Unterseite etwas heller. Im Herbst nimmt das Laub für kurze Zeit eine lebhaft gelbe Färbung an. Die rispenartigen Blütenstände erscheinen im März und April an den noch unbelaubten Zweigen und weisen weder Kelch noch Krone auf, nur die purpurroten Staubbeutel an den nackten Zweigen fallen dem Betrachter auf. Die Frucht setzt sich aus einem länglichen Samen und der Hülle zusammen, die sich in einem schmalen, lanzettförmigen, zugespitzten oder schmal abgerundeten Flügel fortsetzt.

Ursprung: Europa, Kaukasus.
Ökologie: Die Esche ist ein typischer Baum der Uferbegleitsäume, der Schluchtwälder, der feuchten Talböden und der Seeufer sowie der Hügel- und Gebirgslandschaften von 200 bis 1500 m Seehöhe, wobei diese Art alpin-kontinentale Klimazonen bevorzugt und so gut wie jedes Substrat und auch gelegentliche Überflutungen toleriert.
Verbreitung: Von der nordeuropäischen Atlantikküste über ganz Europa bis ans Kaspische Meer.
Nutzung: Das zähe und elastische Holz der Esche war schon bei den alten Griechen als exzellentes Material für Lanzen und ähnliche Waffen bekannt, heute werden daraus wertvolle Möbel und Parkette hergestellt. Die Esche dient aber neben ihrer Bedeutung als Holzlieferant für die Forstwirtschaft auch als beliebter Zierbaum, der insbesondere in kühleren Gegenden und im Gebirge häufig in Parks und Alleen angepflanzt wird.
Ähnliche Arten: Die **Südliche Esche,** *Fraxinus angustifolia* Vahl subsp. *oxycarpa* (Willd.) Franco & Rocha Afonso, unterscheidet sich von der Gemeinen Esche durch ihre rundere, breitere Krone und den kräftigeren, oft verkrümmten Stamm. Die Blattsegmente sind etwas schmäler und das Endsegment unterscheidet sich nicht von den anderen. Im Herbst verfärbt sich ihr Laub rotbraun und die Flügelfrucht läuft deutlicher spitz zu. Im städtischen Raum wird gelegentlich die Spezies ***Fraxinus americana* L.** kultiviert. Man erkennt diese Art an ihrer tief gefurchten, in großen Platten abschuppenden Rinde sowie an den Blättern mit weniger Segmenten (5 - 9) und an dem Blütenkelch, dessen Reste auch an der Frucht verbleiben.

Fraxinus ornus

Blumenesche, Manna-Esche

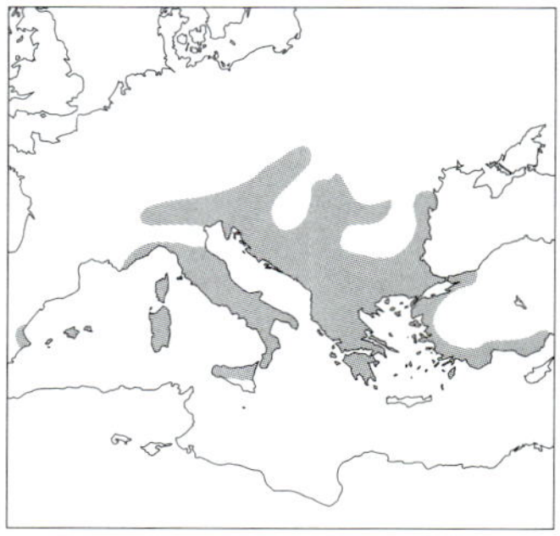

Visitenkarte

Höhe
bis zu 10 m

Wuchsform
rundlich ausladend

Rinde
schwarz, matt, gleichmäßig

Blätter
unpaarig gefiederte Blätter, Laub abwerfend

Blüten
cremeweiß, duftend, in dichten nickenden Rispen

Früchte
elliptisch spatelförmige Scheinflügelfrüchte

Die Manna-Esche wird selten höher als 10 m und bildet eine rundlich ausladende Krone. Der Stamm wächst gerade oder leicht gekrümmt, die Rinde ist schwarzbraun gefärbt, matt und leicht rau. An den winterlichen Zweigen sitzen gekreuzt gegenständige hellbraune oder haselnussbraune Knospen. Die gestielten, gekreuzt gegenständigen, zusammengesetzten Blätter werden bis zu 25 cm lang, sind unpaarig gefiedert und bestehen aus 5 - 9 elliptisch lanzettförmigen bis eiförmig rundlichen, zugespitzten Segmenten mit gesägtem Rand, die an einem kurzen Stiel sitzen. Die Blüten bilden auffällige, duftende cremeweiße Rispen. Sie bestehen aus je einer Krone mit vier weißen, 5 - 6 mm langen, linealischen Blütenkronblättern und je zwei Staubgefäßen aus langen Staubfäden und gelben Staubbeuteln. Die 2 - 3 cm langen Früchte sind elliptisch spatelförmig, wobei die Spitze des Flügelfortsatzes abgerundet ist.

Ursprung: Süd- und Osteuropa bis zum Schwarzen Meer.

Ökologie: Die Blumenesche bildet in submediterranen Klimazonen lichte Wälder. Im südlichen Apennin trifft man sie bis in Höhen von 1400 m Seehöhe, in den Alpen, wo diese Art ebenfalls weit verbreitet ist, speziell in den Südlichen Kalkalpen, ist sie bis in höchstens 600 m Seehöhe vertreten. Ihre nördliche Verbreitungsgrenze liegt an der Grenzlinie zwischen Süd- und Zentralalpen.

Verbreitung: Östliches Zentralspanien, Balearen, Provence, Korsika, Italien, Österreich, Ungarn, Balkanhalbinsel, Südtürkei und südliche Schwarzmeerküste.

Nutzung: In der Vergangenheit pflanzte man die Manna-Esche im Gebiet der Apenninen gezielt an, um daraus Manna zu gewinnen, einen zuckerhältigen Pflanzensaft, der im Frühling aus Einschnitten in der Rinde fließt. An der Luft eingedickt, wird dieser Baumsaft schmutzig gelb und schuppig, löst sich aber in Wasser leicht wieder auf. Er wurde vor allem Kindern als leichtes Abführmittel verabreicht. Abgesehen davon ist die Manna-Esche heute ein beliebter Zierbaum, von dem es zahlreiche Kultursorten gibt, die man in Parks und Alleen gelegentlich antreffen kann.

Ähnliche Arten: Sowohl die **Gemeine Esche** als auch die **Südliche Esche** weisen mehr Blattsegmente auf, die darüber hinaus elliptisch lanzettförmig oder einfach lanzettförmig und stärker zugespitzt sind, als die der Blumenesche. Die Blüten beider Arten weisen keine Krone auf und der Flügelfortsatz der Früchte ist zugespitzt.

Catalpa bignonioides

Trompetenbaum

Die Krone des bis zu 15 m hohen Trompetenbaumes zeigt sich nach allen Richtungen ausladend und entwickelt einen in etwa eiförmigen Umriss. Der Stamm wächst gerade, gelegentlich gekrümmt, und weist eine graubraune, sehr raue Rinde auf, die in unregelmäßige Schuppen zerteilt ist. Die bis zu 20 cm langen Blätter sind unterseits behaart und sitzen an einem Stiel. Die Blattspreite ist breit-oval zugespitzt, der Blattgrund herzförmig, gelegentlich mit einem seitlichen Zahn in der oberen Hälfte. Die röhrenförmigen Blüten mit bis zu 5 cm langen Kronblättern erscheinen im Mai und Juni, sind weiß gefärbt und im Inneren rot gesprenkelt und im Schlund gelb gestreift, um so den bestäubenden Insekten den Weg zum Nektar zu weisen. Die aufgewölbten Ränder der fünf Blütenblätter sind stumpf abgerundet, ihr Rand ist gekräuselt. Sie stehen in lichten, aufrecht stehenden, pyramidenförmigen und duftenden Rispen, die 15 - 20 cm lang sein können. Die Früchte, schmale, hängende Kapselfrüchte, sind bis zu 40 cm lang und weniger als 1 cm breit, zuerst grün, dann schwarzbraun gefärbt, und verbleiben bis zum Spätwinter auch nach dem Freisetzen der Samen noch an den Zweigen. Sie enthalten eine Reihe bräunlicher Samen mit je einem an den Enden ausgefransten, linealischen Flügel.

Ursprung: Der Süden und Osten der Vereinigten Staaten.

Ökologie: Der Trompetenbaum besiedelt in seinem Primärareal Laubmischwälder in warm-gemäßigten Klimazonen und benötigt als Kulturpflanze eine konstante Zufuhr von Wasser. Diese Art toleriert während des Sommers keine zu langen Trockenzeiten, gegen Winterfröste ist sie relativ widerstandsfähig.

Nutzung: Der Trompetenbaum wurde erstmals in der ersten Hälfte des 19. Jahrhunderts nach Europa eingeführt, um dort Parks und Gärten zu verschönern. Immer wieder gelingt es dieser Art, sich kurzfristig auch in der freien Natur zu behaupten.

Ähnliche Arten: In Amerika wird diese Spezies bis zu 40 m hoch, die Blüten bleiben jedoch kleiner. ***Catalpa speciosa* Engelm.,** ebenfalls eine nordamerikanische Spezies, wird bei uns mitunter, wenn auch seltener, in Parks kultiviert. Die Blüten dieser Art sind mit bis zu 6 cm Länge etwas größer und erscheinen erst im Juni und Juli, ihre Früchte werden bis zu 50 cm lang. ***Catalpa ovata* G. Don** ist ein chinesischer Verwandter der beiden anderen Spezies, ein kleinwüchsiger Baum, der selten höher als 9 m wird. Seine Blätter sind dunkler gefärbt und dreifach gelappt, die Blüten erscheinen im Juli und August und weisen eine gelbliche Krone mit deutlich purpurfarbenem Schlund auf.

Visitenkarte

Höhe
bis zu 15 m

Wuchsform
breite, ovale Krone

Rinde
graubraun, stark gefurcht und schuppig

Blätter
oval zugespitzte bis herzförmige große Blätter, Laub abwerfend

Blüten
weiß mit gesprenkelter Blumenkronröhre, in Rispen

Früchte
längliche, schotenartige Kapselfrüchte

Olea europaea

Ölbaum oder Olive

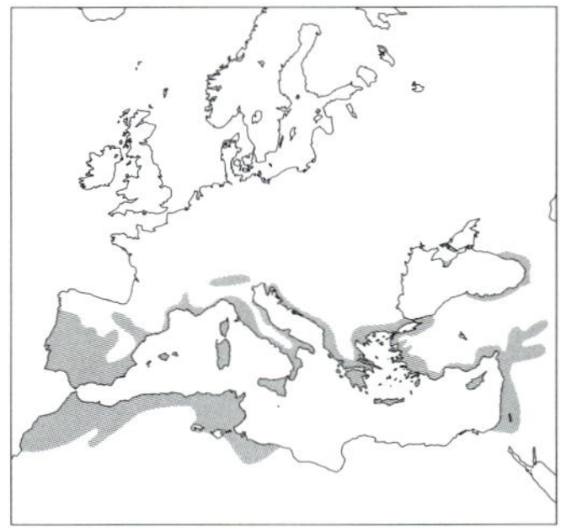

Visitenkarte

Höhe
bis zu 10 m

Wuchsform
unregelmäßig ausladend

Rinde
grau, rau, gefurcht

Blätter
schmale, unterseits silbergraue, steife Blätter, persistierend (nicht Laub abwerfend)

Blüten
gelblich weiße, unscheinbare Blüten in achselständigen Trauben

Früchte
zuerst grüne, dann schwarze Steinfrüchte, Oliven

Der gedrungene, höchstens bis zu 10 m hohe Ölbaum entwickelt eine dichte, mit zunehmendem Alter immer unregelmäßiger ausladende, silbrig graugrün schimmernde Krone. Der Stamm zeigt sich bei jungen Exemplaren noch zylindrisch und gerade, mit zunehmendem Alter wächst er jedoch stockig, gekrümmt, knorrig und verdreht, an der Basis überdimensioniert breit und im Inneren nicht selten hohl. Bei sehr alten Individuen kommt es gelegentlich zur Bildung einer mächtigen Stammbasis, die sich in Stamm- und Kronenfragmente aufspaltet. Die Rinde ist grau gefärbt, zuerst glatt, im Alter regelmäßig gefurcht und in viereckige Platten zerlegt. Die kurzstieligen immergrünen, gegenständigen Blätter weisen eine harte, ledrige, bis zu 8 cm lange und elliptisch lanzettförmige, bei den Wurzelschösslingen jedoch ungestielte und fast kreisrunde Blattspreite mit eingerolltem Rand auf. Die Blattoberseite ist dunkelgrün gefärbt, eher matt und mit winzigen graugrünen Sprenkeln übersät, die Unterseite schimmert silbrig weiß, wobei die Hauptader erhaben hervortritt. Die Blüten erscheinen im April und Mai in Form von kurzen, achselständigen, eher lichten Trauben. Sie weisen einen vierteiligen Kelch und eine Krone mit vier gelblich weißen, oval-zugespitzten Kronblättern auf. Die Staubgefäße ragen so weit heraus, dass die großen gelben Staubbeutel dem Wind zum Zweck der Bestäubung ausgesetzt sind. Die Frucht, eine mehr oder weniger rundliche bis längliche Steinfrucht, die Olive, ist zuerst grün, im Reifezustand schwarz glänzend. Der spindelförmige Steinkern ist hart verholzt, seine Oberfläche ist rau. Das Mesokarp (Fruchtfleisch) liefert das wertvolle Olivenöl.

Ursprung: Der Ölbaum ist eine domestizierte Pflanze, die vom wilden Ölbaum abstammt, welcher heute noch in der Küstenmacchie von Südspanien und Nordafrika bis Palästina und Syrien wild wachsend anzutreffen ist. Die Domestizierung des wilden Ölbaumes hat wahrscheinlich schon vor mehr als 5000 Jahren im östlichen Teil seines natürlichen Areals eingesetzt.

Ökologie: Die wilde Form des Ölbaums gehört zu den besonders wärmeliebenden Spezies der südeuropäischen Flora und besiedelt auf Abhängen und Felsformationen ökologische Nischen gemeinsam mit dem Johannisbrotbaum und dem Mastixbaum,

was sich z. B. auf den Inseln Sardinien und Sizilien häufig beobachten lässt. Die Art bevorzugt kalkhältige Böden, ist aber auch auf kristallinem Substrat zu finden. Der Kulturölbaum weist eine größere ökologische Flexibilität auf, wobei manche Sorten sogar in der Übergangszone zwischen mediterraner und submediterraner Klimazone mäßig winterhart sind. Die Olivenhaine am Gardasee, welche den besonders kalten Winter von 1985 ohne größere Schäden überstanden haben, sind jüngster Beweis für diese große ökologische Potenz. Der Ölbaum zählt zu den langlebigsten Spezies im Pflanzenbereich, davon zeugen z. B. zwei beeindruckende Exemplare im Garten Gethsemane, deren Ursprung wahrscheinlich auf die Zeit Christi Geburt zurückgeht.
Verbreitung: Von der Atlantikküste der Iberischen Halbinsel über Marokko, Italien und die Balkanhalbinsel bis in den Mittleren Osten.
Ähnliche Arten: Der Ölbaum kann kaum mit einer anderen Spezies verwechselt werden, doch gibt es Unterschiede zwischen der domestizierten und der wilden Form. Der wilde Ölbaum entwickelt dickere, dornige Jungtriebe und lanzettförmige bis runde Blätter, deren Grund öfters breit oder annähernd herzförmig und deren Spitze stumpf ist. Die Früchte der Wildform sind klein und fast kugelig mit dünnem Perikarp. Im Umfeld von Olivenhainen stößt man gelegentlich oft auf Individuen, die Charakteristika der wilden Form aufweisen, es handelt sich dabei jedoch zumeist um ausgewilderte Exemplare der Kulturolive, deren Samen von Vögeln und Wildtieren oft weit verbreitet werden.

Die beeindruckende Langlebigkeit des Ölbaums offenbart sich dem Betrachter schon an der Form des knorrigen, gedrungenen Stammes. Diese schon seit über 5000 Jahren domestizierte Art ist aus der Kulturlandschaft der Mittelmeerländer kaum wegzudenken.

Sambucus nigra

Schwarzer Holunder, Holler

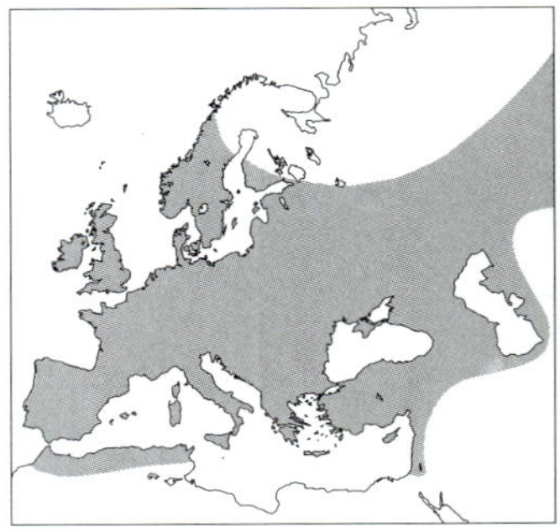

Visitenkarte

Höhe
bis zu 8 m

Wuchsform
ausladend mit geschwungenen, hängenden Zweigen

Rinde
graubraun, rau gefurcht, mit charakteristischen Lentizellen

Blätter
unpaarig gefiederte Blätter, Laub abwerfend

Blüten
endständige große, flache cremeweiße, doldenartige Blütenstände

Früchte
schwarze, glänzende Beeren

Diese meist strauchförmige oder als kleiner Baum wachsende Art erreicht selten mehr als 8 m Höhe und entwickelt eine dichte Krone mit rundlicher Silhouette, die von gekreuzt gegenständigen Ästen mit horizontal ausladendem bis hängendem Wuchs gebildet wird. Der Stamm entwickelt sich knorrig, verdreht und unregelmäßig gekrümmt, die Rinde ist graubraun, rau und von tiefen Furchen vor allem in Längsrichtung geprägt. Junge Zweige zeigen noch eine glatte hellgraue Rinde, die dicht mit kleinen, scheibenförmigen braunen Korkwarzen (Lentizellen) übersät ist. Abgeschnittene Zweige enthalten im Inneren ein auffallend dickes, helles und weiches Mark, das sich aus großen, kugelförmigen Zellen mit Zellulose verstärkten Zellwänden zusammensetzt. Die gekreuzt gegenständigen, zusammengesetzten Blätter sitzen an einem Stiel und sind 20 - 30 cm lang. Sie verströmen beim Reiben einen typischen unangenehmen Geruch und weisen zwei etwa 1 cm lange, ovale oder rundliche Stipel auf, die am Ende zugespitzt sind. Die Blattspreite ist unpaarig gefiedert und besteht aus 5 - 7 beinahe stiellosen, dünnen dunkelgrünen, oval-elliptischen bis oval-lanzettförmigen, zugespitzten Blattsegmenten mit gesägtem Rand und deutlich sichtbarer Blattnervatur. Die zahlreichen Blüten erscheinen zwischen April und Juni in großen, endständigen, flachen, schirmartigen Blütenständen, die bis zu 20 cm Durchmesser haben können. Sie entwickeln einen starken, angenehmen Duft, messen etwa 5 mm und haben eine cremeweiße Krone mit fünf abgerundeten Kronblättern, die nach kurzer Blühperiode rasch abfallen. Die Staubbeutel im Inneren der Krone sitzen an kurzen Filamenten und setzen große Mengen von schwefelgelbem Pollen frei, der hauptsächlich vom Wind, aber durchaus auch von Insekten transportiert wird. Die Früchte, kugelige Beeren mit etwa 5 - 6 mm Durchmesser, sind zuerst grün, im Reifezustand glänzend schwarz und saftig. Sie enthalten 2 - 5 sehr kleine, längliche Samenkörner mit netzartiger Oberfläche.

Ursprung: Europa, Kaukasus.

Ökologie: Diese Feuchtigkeit liebende Spezies trifft man häufig an Hohlwegen, in Schluchten und entlang von Wasserläufen im mitteleuropäischen Berg- und Hügelland bis zur Buchenwaldgrenze in etwa 1400 m Höhe an. Der Schwarze Holunder gedeiht unter Bäumen, von denen er direkt beschattet wird, kaum, nur in sehr lichten Wäldern oder etwa unter Robinien, ist sein Fortkommen möglich. Andererseits besiedelt diese Art rasch und aggressiv freie Standorte auf Lichtungen und Kahlschlägen, bevorzugt im übrigen Waldränder und ist auch innerhalb von Siedlungen und sogar im städtischen Raum ein kaum

Der Traubenholunder wächst in höheren Lagen des Berglandes und kommt dort häufig gemeinsam mit der Buche vor. Er wächst immer als Strauch und wird dabei höchstens 5 m hoch.

zu verdrängender Pionier. Der Schwarze Holunder benötigt lockeren, stickstoffreichen, aber nicht notwendigerweise tiefen Boden, denn seine Wurzeln, welche übrigens sehr rasch Schösslinge bilden, verlaufen dicht unter der Oberfläche.

Verbreitung: Der Schwarze Holunder ist heute ein Kosmopolit, der mittlerweile in den gemäßigten Klimazonen aller Kontinente anzutreffen ist.

Nutzung: Der Schwarze Holunder ist für den Menschen schon seit jeher eine vielseitig nutzbare Pflanze. Seit langem werden z. B. Blüten, Blätter und die frische Rinde als Heilmittel insbesondere gegen Erkrankungen der Haut eingesetzt. Alle grünen Teile der Pflanze, auch die unreifen Früchte, dürfen dabei jedoch nicht innerlich angewandt werden, weil sie Alkaloide enthalten, die Vergiftungserscheinungen hervorrufen können. Auch werden die Blüten zur Herstellung und Aromatisierung von Sirup, vergorenen Getränken (Hollersekt) sowie Süßspeisen und Sorbets benutzt. Aus den reifen Früchten gewinnt man Farbstoff für Lebensmittel und bereitet Gelee, Konfitüre, Sirup und Holunderwein. Das weiche Mark der Holunderzweige wurde früher in der Labortechnik und im Modellbau eingesetzt, ist jedoch heute bedeutungslos.

Ähnliche Arten: Der **Rote Holunder** oder **Traubenholunder** (*Sambucus racemosa* L.), der auf Almwiesen und im hohen Norden anzutreffen ist, wächst immer in Form eines kleinen Strauches und weist schmälere hellgrüne Blattsegmente, gelbe, kaum duftende Blüten und dichte, traubenförmige, sehr dekorative Fruchtstände aus korallenroten, länglichen Holunderbeeren auf. Der **Zwergblatt-Holunder,** *Sambucus ebulus* L., wächst als große, krautige Staude, ist oft massenhaft an Straßenrändern und in Mauerspalten wachsend anzutreffen und bildet dabei dichte, palisadenartig wirkende Bestände. Seine kleinen Blattsegmente sind lanzettförmig, oben dunkelgrün gefärbt, unten heller und behaart, die Blüten stehen in aufrechten Dolden und weisen eine strahlend weiße Blumenkrone und rotviolette Staubbeutel auf. Die Früchte sind schwarz glänzend und birnenförmig.

Ilex aquifolium

Stechpalme

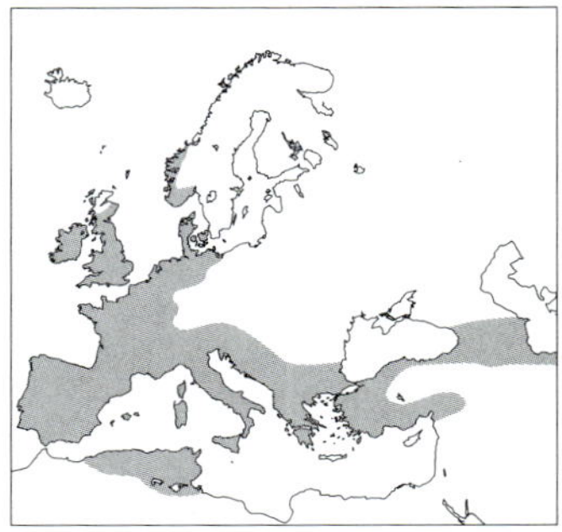

Visitenkarte

Höhe
bis zu 8 m

Wuchsform
pyramidenförmig

Rinde
grau, matt

Blätter
ledrige, stachelige immergrüne Blätter

Blüten
gelblich weiße, achselständige Blüten

Früchte
runde rote Steinfrüchte

Die bis zu 8 m hohe Stechpalme entwickelt eine dichte, konisch pyramidenförmige Krone und einen geraden, zylindrischen Stamm, der von einer dünnen grauen, matten und leicht rauen Rinde bedeckt ist. Die immergrünen, ledrigen und harten, im Umriss annähernd ovalen Blätter sitzen an einem kurzen Stiel. Die Blattoberseite ist glänzend dunkelgrün, die Unterseite zartgrün gefärbt. Der Rand der Blätter einzelner Zweige oder sogar des ganzen Baumes kann glatt sein, zumeist sind die Blätter jedoch scharf gezähnt mit spitzen, dornigen, oft etwas aufgebogenen Zähnen. Die eingeschlechtlichen Blüten entwickeln sich in kleinen, achselständigen Gruppen an verschiedenen Individuen (zweihäusig). Die männlichen Blüten bestehen aus einer vierblättrigen Blumenkrone mit löffelartig geformten weißen Kronblättern mit roten Rändern, die weiblichen sind einfärbig weiß mit einem auffälligen grünen Fruchtknoten in der Mitte. Die Frucht, eine glänzend rote Steinfrucht, ist beinahe kugelförmig und weist 8 - 10 mm Durchmesser auf, wobei die Reste des Griffels an der Frucht noch als erhabener Punkt zu erkennen sind. Die Früchte verbleiben oft den ganzen Winter über an den Zweigen.

Ursprung: West- und Südeuropa vom Atlantik bis zum Mittelmeerraum und Kaukasusgebiet.

Ökologie: Die Stechpalme besiedelt Standorte in bis zu 1400 m Seehöhe und bildet dort häufig die Strauchschicht in Buchenwäldern. Nicht selten teilt sie ihr Habitat auch mit Eibe und *Daphne laureola* L, dem Lorbeerblättrigen Seidelbast.

Verbreitung: Von Norwegen und Irland über Spanien nach Nordafrika sowie über Italien, Balkanhalbinsel und Syrien, in die Türkei und den Kaukasus.

Nutzung: Das besonders harte Holz der langsam wüchsigen Stechpalme ist bei Holzschnitzern und Kunsttischlern gleichermaßen beliebt, und wohl aus diesem Grund sind die natürlichen Stechpalmenbestände in der Vergangenheit stark dezimiert worden. In Deutschland zählt diese Art zu den geschützten Wildpflanzen. Als Zierpflanze ist *Ilex* weit verbreitet, wobei im Pflanzenhandel männliche Individuen mit aufgepfropften weiblichen Zweigen angeboten werden, damit die Fruchtbildung auch bei einer einzeln stehenden Pflanze gesichert ist. Die verlockend aussehenden roten Früchte enthalten ein Gift, das Diarrhöe und Erbrechen hervorrufen und insbesondere bei Kindern zu lebensgefährlichen Vergiftungserscheinungen führen kann.

Ähnliche Arten: Von der Stechpalme gibt es mittlerweile zahlreiche Kulturarten, unter welchen die Hybride ***Ilex*** **x** ***altaclarensis*** **(Loudon) Dallim.** mit glattrandigem, dornenlosem Laub besonders hervorzuheben ist.

Anhang

Einiges Wissenswertes über Herkunft und Methodik der Bäume

Schon bei oberflächlicher Betrachtung der meisten wissenschaftlichen Bezeichnungen von Bäumen lässt sich leicht feststellen, wie unterschiedlich deren Herkunft sein kann. Ein Botaniker, der eine neu entdeckte Spezies wissenschaftlich klassifiziert und beschreibt, kann dabei den Artnamen nach seinem Belieben wählen, wird aber zumeist dabei entweder die geografische Herkunft oder die Form der Blätter, der Blüten, der Früchte und auch andere morphologische Charakteristika wie etwa die Ähnlichkeit der zu benennenden neuen Art mit einer anderen Spezies in den Namen einfließen lassen. Gewissermaßen ist es auch üblich, eine Neuentdeckung einer wissenschaftlich herausragenden Persönlichkeit zu widmen und diese so geehrte Person gleichsam namentlich zu verewigen. Beispiele für Artnamen geografischer Herkunft sind etwa *Tsuga canadensis* (Kanadische Hemlock-Tanne), *Cedrus atlantica* (Atlas-Zeder) und *Cupressus arizonica* (Arizona-Zypresse).
Bisweilen unterlief den Autoren in der Vergangenheit dabei der eine oder andere Fehler, wie etwa das Beispiel des Artnamens der Aprikose zeigt, die Carl von Linné mit dem Namen *armeniaca* versah, weil er annahm, sie stamme aus Armenien. Erst viel später fand man heraus, dass der Ursprung dieser Art im Fernen Osten liegt. Auch der Name der Spezies *Celtis australis*, des Südlichen Zürgelbaumes, lässt sich hier als Beispiel anführen. Linné konnte zu jener Zeit nicht wissen, dass es Dutzende Arten tropischer Verwandter, also noch viel südlicherer Celtis-Arten gibt und taufte diese mediterrane Spezies *australis*, weil sie südlich von seiner Heimat Schweden beheimatet ist.
Besonders viele Artnamen beziehen sich auf morphologische Charakteristika der Pflanzen, wobei es an Beispielen hierfür nicht mangelt: *Magnolia grandiflora* etwa verdankt ihren Artnamen, wie unschwer zu verstehen ist, ihren beeindruckend großen Blüten; die Silberlinde, *Tilia tomentosa*, erhielt ihren Namen wegen des silbrigen Flaums auf der Unterseite ihrer Blätter.
Der Bergahorn, *Acer pseudoplatanus*, und der Spitzahorn, *Acer platanoides,* wiederum erhielten ihren jeweiligen Artnamen wegen ihrer handförmig gelappten, zugespitzten Blätter, die jenen der Platane gleichen, und auch die Scheinakazie, *Robinia pseudoacacia*, verdankt ihre Benennung der Ähnlichkeit ihrer Blätter mit jenen einer anderen Spezies, nämlich der Akazie.
Nicht selten tragen Spezies, wie schon erwähnt, Namen herausragender Persönlichkeiten der jeweiligen Forschungsepochen, wie z. B. die Douglasie *Pseudotsuga menziesii*. Ihr Artname ist einem englischen Arzt des 19. Jahrhunderts namens Menzies gewidmet, einem begeisterten Pflanzensammler und Entdecker neuer Arten an Standorten der nordamerikanischen Pazifikküste.
Während es noch immer relativ leicht ist, in den besonders artreichen riesigen, großteils noch unerforschten Regenwäldern Südamerikas, Südostasiens und Neuguineas neue Arten zu entdecken, sind die Chancen, auf eine neue Baumgattung zu stoßen, für den Botaniker fast verschwindend klein. Die letzte Neuentdeckung dieser Art liegt bereits an die 50 Jahre zurück und war damals nicht nur in Botanikerkreisen die Sensation des Jahrhunderts. In Zentralchina wurde damals eine Baumart angetroffen, die dieselben Charakteristika aufwies wie eine Pflanzengattung, die bisher nur als Fossil bekannt geworden war. Die Wuchsform der neuen unbekannten Art, ihre nadelförmigen Blätter und die Früchte ähneln jener der Gattung Sequoia, doch verfärben sich die Blätter dieses Baumes mit Beginn des Winters und fallen zusammen mit den Triebachsen ab, was bei Sequoia-Arten nicht der Fall ist. Aufgrund dieser Ähnlichkeit bekam die neue Spe-

zies, ebenso wie ihre fossile Verwandte, den Gattungsnamen *Metasequoia*. Im Unterschied zu den Artnamen wurden die meisten Gattungsnamen aus dem Lateinischen und Griechischen abgeleitet. *Picea* zum Beispiel stammt vom lateinischen Ausdruck *pix* für Pech ab. Tatsächlich benutzte man das Pech der Tannen im antiken Rom und Griechenland zum Kalfatern (Abdichten) der Schiffsplanken. Auch der Gattungsname *Juglans* für die Walnuss stammt aus dem Lateinischen und leitet sich von *Jovis glans,* Jupiters Eichel, ab. Hier kam die ranghöchste aller römischen Gottheiten persönlich zur Ehre, die Bedeutung dieser Art hervorzuheben, weil bei den antiken Römern Walnüsse zur Behandlung aller möglichen Leiden vom Haarausfall bis zur Nierenkolik verwendet wurden. Aus dem Griechischen stammen beispielsweise die Bezeichnungen *Tilia* (Linde), *Platanus* (Platane), *Cercis* (Johannisbrotbaum), *Fagus* (Buche) und viele andere Gattungsnamen, wobei die Linde ihre Gattungsbezeichnung einem Tragblatt, das einem Flügel ähnelt verdankt (*ptilon* = Flügel) und die Platane der Größe ihrer Blätter (*platys* = groß), während sich der Name *Cercis* (*kerkìs* = Stöckchen, Nadel) auf die Form der Früchte dieser Gattung bezieht. Die Bucheckern, nährstoffreiche Samen der Buchen, wurden früher an Schweine verfüttert, so leitet sich der Gattungsname *Fagus* von *faghèin* = fressen ab.

In vielen Gattungsbezeichnungen sind die Namen herausragender Wissenschaftler oder wichtiger Persönlichkeiten verewigt, wie z. B. der Robinie. Ein gewisser Jean Robin, Gärtner des Königs von Frankreich, führte diese Baumart erstmals 1601 nach Europa ein, Linné nannte diese Gattung daher *Robinia*, während er seinem schwedischen Freund Magnus Lagerstroem, dem damaligen Direktor der Ostindien-Kompagnie, die Gattungsbezeichnung *Lagerstroemia* widmete. In Frankreich war zu jener Zeit Montpellier, wo sich der 1593 gegründete, älteste botanische Garten Frankreichs befindet, ein wichtiges Zentrum der botanischen Wissenschaften. Ende des 17. Jahrhunderts leitete dort Pierre Magnol, dem wegen seiner Verdienste die Gattung *Magnolia* gewidmet wurde, als Direktor diesen Garten. In der Zeit der aufstrebenden Naturwissenschaften bestanden zwischen den Botanikern ganz Europas enge Kontakte und es wurden über die botanischen Gärten Samen und Jungpflanzen neu entdeckter und exotischer Arten rege ausgetauscht, auch in Berlin unter dem damaligen Direktor J. L. Gleditsch, dem ob seiner Verdienste eine Gattung gewidmet wurde, nämlich *Gleditsia* (Christusdorn).

Bei der Benennung des Ginkgobaumes, *Ginkgo biloba*, ließ sich Carl von Linné laut Überlieferung vom chinesischen Namen dieses Baumes, *yin-kuo*, Silberfrucht, inspirieren. Die chinesischen Mönche pflanzten diese Art häufig neben ihren Tempeln. Der Name *Sequoya* schließlich ist nichts anderes als eine Hommage des deutschen Botanikers Stephen Endlicher an Georges Guess, einen Mestizen, der von den Cherokee-Indianern *Sequoyah* gerufen wurde und der sich dadurch Verdienste erworben hatte, dass er zu Beginn des 19. Jahrhunderts ein eigenes Alphabet mit 85 Buchstaben für sein Volk entwickelte.

Der Baum in der Mythologie

Bäume haben den Menschen schon immer beeindruckt, so finden sich diese Lebewesen in sämtlichen Religionen, in Mythen und Aberglauben, in Sagen und selbst im Märchen kommen Bäume als Motive immer wieder vor. Der Baum verbringt sein ganzes langes Leben an ein und demselben Fleck, fest verankert in der Erde, aus der er geworden ist und in der er eines Tages vergehen wird. Dies musste die Fantasie der Menschen zu allen Zeiten und auf der ganzen Welt anregen und sich in Mystik und Religionen einen festen Platz erobern, was sich am Beispiel des Apfelbaums im Paradies und in Odins Esche Yggdrasil, dem Weltenbaum der nordgermanischen Mythologie, ausdrückt. So gut wie jede Kultur hat »ihren« heiligen Baum, der laut Tradition von bestimmten Gottheiten selbst auf die Erde gebracht wurde, um mit ihm das Werden und Vergehen des Lebens zu symbolisieren. Für die Griechen war es die Eiche des Zeus, welche Fruchtbarkeit und Stärke symbolisierte, für die Perser die Zypresse, die von Zarathustra geschaffen wurde, für die Ainu, die weißen Ureinwohner der japanischen Insel Hokkaido, die Ulme, vielleicht, weil man mit Hilfe ihrer getrockneten Wurzeln durch Reibungswärme Feuer entzünden konnte; und für die nordafrikanischen Berber war es ebenfalls die Esche, die für sie heilig war. Bäume haben Menschen begleitet, so weit wir zurückdenken können: Sokrates etwa erging sich unter Platanen, und auch Plinius der Ältere im Rom des 1. Jahrhunderts n. Chr. schätzte die schattigen Platanenalleen. Buddha meditierte der Überlieferung nach im Schatten eines Feigenbaumes, was dieser Art bis heute in Indien höchste Verehrung eintrug. Die Zypresse ist hingegen seit der Antike mit dem Totenkult verbunden, wahrscheinlich weil, wie schon Theophrast (4. Jahrhundert v. Chr.) feststellte, aus ihren Wurzelschösslingen keine neuen Pflanzen hervorgehen können.

Auch in der griechischen und römischen Mythologie spielen einige Baumarten eine wichtige Rolle. Die Waldnymphe Daphne etwa wurde, der Legende nach, zum Schutz vor Apollo in einen Lorbeerbaum verwandelt. Der junge Cypressus, zutiefst verzweifelt, weil er seinen Lieblingshirsch getötet hatte, verwandelte sich hingegen in eine Zypresse. Die Nymphe Phyllira gebar von Zeus geschwängert den Kentauren Chiron und verlangte, in eine Linde verwandelt zu werden, um so ihrer Schande zu entgehen. Wahrscheinlich handelte es sich dabei aber nicht wirklich um eine Linde, da Linden nicht zur mediterranen Macchie gehören, sondern um jene Art, welche Carl v. Linné - nicht ohne Grund, wie wir annehmen – mit dem Gattungsnamen *Pyllirea* bedachte. Das Zittern des Espenlaubes schon beim kleinsten Windhauch hat die Mythologie der Griechen ebenfalls inspiriert: Phaeton, der Sohn von Helios, fuhr den Sonnenwagen so nahe an die Erde heran, dass er sie fast in Brand steckte, worauf Zeus ihn als Strafe für sein Vergehen mit einem Blitzschlag in den Fluß Eridano, wahrscheinlich der heutige Po, schleuderte. Die Eliaden trauerten lange am Ufer über den Tod ihres Bruders und wurden schließlich in Espen verwandelt.

Im Mittelalter rankte sich mehr als zu irgendeiner anderen Zeit ein besonderer Aber- und Wunderglaube um Bäume. Ein anschauliches Beispiel dafür ist der berühmte Nussbaum von Benevento, den die Einwohner damals für einen Treffpunkt der Hexen aus ganz Europa hielten, wobei diese sich dort angeblich zur Sommersonnenwende versammeln sollten. Ein Mann der Kirche, Bischof Barabatus, war es schließlich, der diesem Aberglauben ein Ende bereitete, indem er den prächtigen Baum kurzerhand fällen ließ.

Bäume und Traditionen

Schon seit der Antike gilt die Stechpalme insofern als Glücksbringer, weil sie böse Geister fernhalten können soll. Die Germanen hängten daher zu Winterbeginn zu Ehren der guten Waldgeister in ihren Häusern Stechpalmenzweige mit schönen roten Beeren auf, und die Römer tauschten ebenfalls zu den Saturnalien im Dezember Glückwünsche und Stechpalmenzweige untereinander aus.
Der Ölbaum ist in der hebräischen und christlichen Tradition seit jeher ein Symbol des Friedens, bei den antiken Griechen hingegen galt diese Art als Symbol der Keuschheit. Diese Anschauung hat sich so hartnäckig über die Jahrhunderte gehalten, dass man noch in Handbüchern des 16. Jahrhunderts lesen kann, ein Ölbaum müsse von einem jungen Eunuchen gepflanzt und gepflegt werden, um gut zu gedeihen.
Im Volksglauben ist die Edelkastanie ein Symbol der Fürsorge und der Vorsicht, wahrscheinlich wohl, weil viele europäische Völker während Hungersnöten und nach schlechten Ernten auf Kastanienmehl zurückgreifen mussten, insbesondere in Zeiten, ehe die Kartoffel aus Amerika eingeführt wurde. Bereits die antiken Römer aßen Kastanien geröstet und buken aus ihrem Mehl ein spezielles Brot, das bei Festen zur Verehrung der Mutter Erde gereicht wurde.
Nüsse, die Früchte des Walnussbaums, waren im alten Rom ein Symbol für Wohlstand und Überfluss, und die Römer verteilten sie bei Hochzeitsbanketten, dem Baum hingegen maßen sie eine eher negative Bedeutung bei, weil sie glaubten, man bekäme schreckliche Kopfschmerzen, wenn man sich längere Zeit in seinem Schatten aufhielte.
Der Lorbeerbaum galt in Griechenland lange Zeit als prophetische Pflanze, dort nahm man an, es genüge, ein Lorbeerblatt unter das Kopfkissen zu legen, um im Traum zu sehen, was die Zukunft bringen würde. Im alten Rom war Lorbeer hingegen immer ein Symbol des Sieges, und der Lorbeerkranz für junge Akademiker geht als Brauch auf das Mittelalter zurück.

Glossar

ACHÄNE
Einfache Schließfrucht, deren Perikarp mit dem Samen verwachsen ist. Auch Nüsschen genannt.

ACHÄNENZAPFEN (BIRKE, ERLE)
Zapfenartiger Verband von schuppenförmigen Schließfrüchten, die spiralig um eine Achse angeordnet sind.

ACHSELSTÄNDIG
An den Blattachseln (Blatt- oder Stielknospen) ansetzend.

ANDROEZEUM
Gesamtheit der Staubblätter einer Blüte.

ANGIOSPERMEN
Decksamer, das sind Pflanzen mit »klassischen« Blüten, deren Fruchtblätter, sogenannte Karpelle, die Samenanlagen umhüllen und so einen Fruchtknoten bilden.

ANTHERE
Staubbeutel, der obere Teil der Staubblätter, in dem der Pollen heranreift.

APFELFRUCHT
Einfache Schließfrucht aus fleischigem oder ledrigem Exokarp, das aus Hüll- oder Vorblättern der Blüte gebildet wird, mit ledrigem oder leicht verholztem Endokarp.

AUTOCHTHON
Im betreffenden Gebiet ursprünglich heimisch.

BEERE
Einfache Frucht mit in fleischiges Perikarp und frei eingebetteten Samen mit dünnem Epikarp.

CUPULA ODER BECHER
Eine aus einer oder mehreren Reihen von Hüll- beziehungsweise Tragblättern gebildete Fruchthülle, in der z. B. eine Eichel steckt.

DOLDE
Blütenstand, bei welchem an einer zentralen Achse mehrere verschieden lange Blütenstiele seitlich derart ansetzen, dass alle Blüten mehr oder weniger in einer Ebene stehen.

DOLDENTRAUBE
Blütenstand, der einer Dolde ähnelt, wobei jedoch nicht alle Blütenstiele an einem Punkt der Achse ansetzen, sondern alternierend hintereinander.

DOPPELT GEFIEDERT
Zusammengesetztes Blatt, welches aus federartig angeordneten Segmenten besteht, die sich ihrerseits wieder aus Segmenten zusammensetzen.

EICHEL
Einfache Schließfrucht, deren Perikarp aus der Samenanlage gebildet wird und in einer meist becherförmigen Cupula steckt.

EINGESCHLECHTLICH
Blüten, die entweder ausschließlich Staubgefäße (männliche) oder Fruchtblätter (weibliche) als Fortpflanzungsorgane entwickeln.

EINHÄUSIG
Spezies, deren eingeschlechtliche männliche bzw. weibliche Blüten auf einem Individuum stehen.

ENDEMISCH
Eine Art, die nur in einem bestimmten Gebiet vorkommt.

ENDOKARP
Die innerste Schicht des Perikarps einer Frucht, es enthält den Samen und ist oft verholzt.

EPIKARP
Die äußere Schicht des Perikarps, die »Schale« der Frucht.

EXOKARP
Äußere Fruchthülle aus Kelch- oder Tragblättern.

FLÜGELFORTSATZ
Membranartige Verbreiterung, bei Flügelfrüchten um die Samenverbreitung durch den Wind zu begünstigen.

FLÜGELFRUCHT
Einfache Schließfrucht, deren Perikarp in Form von einem oder von zwei Flügelfortsätzen ausgebildet ist.

FRUCHTKNOTEN
Verdickter unterer Teil des Stempels, der die Samenanlagen mit den Eizellen enthält.

GEFIEDERT
Zusammengesetztes Blatt, von dessen Hauptachse seitlich Segmente abzweigen.

GEFINGERT
Pflanzenteile wie Blätter oder Blüten, deren Teile ähnlich angeordnet sind wie die Finger einer Hand.

GEGENSTÄNDIG
Paarig an den Blattknospen entspringende Blätter oder Zweige, die in Spiegelsymmetrie zueinander stehen.

GEKREUZT GEGENSTÄNDIG
Abwechselnd gegenständige Blattpaare, bei welchen jedes einzelne gegenüber dem darüber beziehungsweise darunter liegenden um 90° verdreht angeordnet ist.

GRIFFEL
Länglicher, dünner Teil des Stempels zwischen Narbe und Fruchtknoten.

GYNAEZEUM
Gesamtheit der Fruchtblätter, also der weiblichen Geschlechtsorgane, einer Blüte.

HERMAPHRODIT, ZWITTER
Pflanze, die beide Geschlechter in Form eingeschlechtlicher oder auch zwittriger Blüten an einem Individuum tragen.

HÜLSE
Frucht der Schmetterlingsblütler, welche sich aus einem Karpell (Fruchtblatt) entwickelt und sich entlang zweier Nähte öffnet, wobei die Samen an der ventralen Naht ansetzen.

HYBRIDE
Kreuzungsprodukte zweier unterschiedlicher Spezies, auch Bastard genannt.

KÄTZCHEN
Ährenartiger Blütenstand an einer biegsamen, meist hängenden Mittelachse.

KAPSEL
Aus mehreren Karpellen gebildete Streufrucht.

KELCHBLATT
Segment des Blütenkelchs, meist unauffällig geformt und grün gefärbt, ähnlich wie Laubblätter.

KRONBLATT
Meist auffällig gefärbte Blütenblätter, deren Gesamtheit die Blütenkrone (Corolla) bildet.

KULTURSORTE
Varietät, die entweder durch Domestizierung oder Kreuzung durch den Menschen geschaffen wurde.

LAUBBÄUME
Bäume, deren Blätter niemals nadel- oder schuppenförmige, sondern relativ breite Blattspreiten aufweisen.

LENTIZELLEN
Kleine, kreisförmige oder ovale Korkwarzen in der Borke, die aus Haufen von locker angeordneten dünnwandigen Parenchymzellen bestehen, um den Gasaustausch zu ermöglichen.

MAULBEERE
Fruchtstand aus mehreren Früchten mit saftigem Perikarp an einem Stiel.

MESOKARP
»Fruchtfleisch«, mittlere, oft fleischige oder saftige Schichte des Perikarps.

NADELBAUM
Baum mit nadelförmigen Blättern wie etwa bei Kiefern oder Tannen.

NARBE
Abgeflachtes Organ an der Spitze des Griffels zur Aufnahme des Pollens bei der Bestäubung.

NEKTAR
Zuckerhältiges, oft auch Aminosäuren enthaltendes Sekret, das die Pflanzen meist an den Blüten den bestäubenden Insekten zur Verfügung stellen.

NEKTARDRÜSEN
Im Inneren der Blüte, meist am tiefsten Punkt der Krone liegendes, Nektar absonderndes Gewebe. Manche Bäume, wie etwa Akazien, entwickeln auch außerhalb der Blüten Nektardrüsen.

PERIANTH
Die Gesamtheit von Blütenkelch und Blütenkrone.

PERIKARP
Die Gesamtheit der den Samen umgebenden Fruchtwand, die zumeist aus einer äußeren Schicht (Schale, Epikarp), einem fleischigen Anteil (Mesokarp) und dem Endokarp, das den Samen umschließt, besteht.

RISPE
Blüten- oder Fruchtstand, bestehend aus einer Hauptachse mit mehrfachen seitlichen Verzweigungen.

SCHEINFLÜGELFRUCHT
Einfache Schließfrucht mit einseitig verlängertem, flügelartigem Exokarp, das ein- bis zweimal so lang ist wie das Perikarp selbst.

SCHEIN-STEINFRUCHT
Einfache Schließfrucht mit verhärtetem, oft holzigem Mesokarp, das von einem fleischigen Exokarp umgeben ist.

SCHLIESSFRUCHT
Eine Frucht, die sich im Reifezustand nicht spontan öffnet.

SPORN
Fortsätze der Kronblätter, die Nektar enthalten.

STAUBBLÄTTER
Männliche Geschlechtsorgane der Blüte, die aus einem Staubfaden (Filament) und einem Staubbeutel (Anthere) an dessen Spitze bestehen.

STEINFRUCHT
Einfache Frucht mit fleischigem Mesokarp und einem oder mehreren verholzten, harten Kernen, welche die Samen enthalten.

STEMPEL
Weibliches Geschlechtsorgan der Blüte, das sich aus einem verdickten Teil an der Basis, dem Fruchtknoten, und einem länglichen Griffel sowie aus dessen Spitze, der Narbe, zusammensetzt, welche bei der Bestäubung den Pollen aufnimmt.

STIPEL
Oft verkümmerte oder in Form von Dornen oder auch gar nicht ausgebildete Nebenblätter, die an den Blattknospen sitzen.

STREUFRUCHT, SPRINGFRUCHT
Frucht, die sich spontan öffnet, um so die Samen freizugeben.

TAXON
Systematische, mit einem lateinisch oder griechischen wissenschaftlichen Namen bezeichnete Pflanzenkategorie in der botanischen Systematik.

TRAUBE
Blüten- oder Fruchtstand mit einer Mittelachse, die regelmäßige, einfache Verzweigungen aufweist.

VIKARIIERENDE ZWILLINGE
Ähnliche Arten, die sich unter verschiedenen geografischen oder mikroklimatischen Standortbedingungen zu unterschiedlichen Spezies entwickelt haben.

WECHSELSTÄNDIG
Abwechselnd, oft spiralig an den Zweigen angeordnet.

WIRTEL
Drei oder mehr Blätter bzw. Zweige, die quirlartig angeordnet rund um einen Knoten herum entspringen.

ZAPFEN
Fruchtstand aus entlang einer Mittelachse spiralig ansetzenden Fruchtschuppen, die einander dachziegelartig überlagern.

ZWEIHÄUSIG
Spezies, deren eingeschlechtliche Blüten sich getrennt an männlichen und weiblichen Individuen entwickeln.

ZWITTERBLÜTE
Blüte mit Stempel und Staubgefäßen und somit weiblichen und männlichen Geschlechtsorganen.

Einteilung in Familien

Wissenschaftliches Artenverzeichnis